U0176129

阅读成就思想……

Read to Achieve

数字身份

元宇宙时代的智能通行证

冀俊峰◎著

DIGITAL
IDENTITY

中国人民大学出版社
·北京·

图书在版编目（CIP）数据

数字身份：元宇宙时代的智能通行证 / 冀俊峰著
. -- 北京：中国人民大学出版社，2023.2
ISBN 978-7-300-31348-1

Ⅰ．①数… Ⅱ．①冀… Ⅲ．①电子签名技术－研究
Ⅳ．①TN918.912

中国国家版本馆CIP数据核字(2023)第004580号

数字身份：元宇宙时代的智能通行证

冀俊峰　著

Shuzi Shenfen : Yuanyuzhou Shidai de Zhineng Tongxingzheng

出版发行	中国人民大学出版社			
社　　址	北京中关村大街 31 号		**邮政编码**	100080
电　　话	010-62511242（总编室）		010-62511770（质管部）	
	010-82501766（邮购部）		010-62514148（门市部）	
	010-62515195（发行公司）		010-62515275（盗版举报）	
网　　址	http://www.crup.com.cn			
经　　销	新华书店			
印　　刷	天津中印联印务有限公司			
规　　格	170mm×230mm　16 开本		**版　次**	2023 年 2 月第 1 版
印　　张	21　插页 1		**印　次**	2023 年 2 月第 1 次印刷
字　　数	268 000		**定　价**	89.00 元

我们已身处信息社会中，这也是脱离工业化社会以后，信息将起主要作用的社会。从外在来看，信息社会是以电子信息技术为基础、以信息资源为基本发展资源、以信息服务性产业为基本社会产业、以数字化和网络化为基本社会交往方式的新型社会；从内在来看，信息社会是现实社会元素和关系在网络空间的映射，借助信息的可表达性及其快速传播处理，实现现实社会和虚拟社会的交互作用，达到加快社会发展进化的目的。

元宇宙是信息社会发展的新阶段。在信息社会发展的初始阶段，现实世界和网络空间是基本隔离的，这个阶段主要是由人类产生现实世界实体元素的描述数据、生成信息，然后使用独立的信息系统进行加工处理后，再由人类根据处理结果映射现实世界。随着物联网和人工智能的发展，新阶段由信息系统自动产生数据、生成信息，自主加工处理，然后再自主映射现实世界。元宇宙的概念应运而生，其是人类运用数字技术构建的，由现实世界映射或超越现实世界，可与现实世界交互的虚拟世界，产生了一种由现实世界延伸到虚拟世界的新型社会关系。

数字身份是元宇宙体系的秩序原点。社会关系的本质是秩序，随着现实世界和虚拟世界的隔离被逐步打破并呈现加速融合的态势，网络空间及虚拟世界中的"我是谁"（数字身份）的问题成为一个严肃而又基本的问题。现实社会的有序是基于明确的成员身份及其权利义务，通过规范责任体系来保证的。而在网络空间中，如要有秩序地进行诸如交互和数字资产确权等动作，显然准确理解数字身份概念并善于运用是非常有必要的。

本书作者以全球化的视角、前瞻性的理念，从元宇宙背景下的数字身份概念入手，介绍了世界各国推进数字身份的战略及实施，阐述了数字身份在政府和公共服务部门的应用方法及相关案例，讨论了存在的风险与挑战，探究了数字身份及相关数字经济社会治理的关系。同时，也对支撑数字身份的主要技术进行了研讨，并探讨了数字身份对经济社会治理的拓展应用。

全书系统性强，语言流畅优美、通俗易懂。作者因其深厚的学术功底、超前的洞察力和杰出的语言表达，第一次将这一新颖的技术问题和艰深难懂的社会问题阐述得如此清晰明了，深入浅出，也使普通读者备感亲切，亦可称善者。

温红子

国家能源局信息中心副主任

数字身份：网络迷宫中的阿里阿德涅之线

2020年新年伊始，突如其来的新冠肺炎疫情①在全球迅速蔓延，打乱了全球经济社会秩序，很多行业都受到了前所未有的冲击。由于社交隔离的需要，很多业务从线下迁移到了线上，由此，电子商务、远程办公成为主流，拥有模式创新优势的生鲜电商平台的销售量呈爆发式增长。为防控疫情，出示健康码已成为人们日常生活及工作中的常态。在确诊病例、疑似病例的流行病调查中，出行轨迹也大显身手。这些幕后的英雄就是数字身份。数字经济社会不断深化转型，越来越凸显了数字身份信息的重要价值。

同时，新冠肺炎疫情也是世界各国政府在第二次世界大战结束后面临的最大挑战，如频频封城封国，大批民众需要救济。具有讽刺意味的是，作为全球网络信息技术霸主的美国在这起疫情中的表现却令人大跌眼镜。不仅疫情失控，甚至连向7000万需救济的国民发放救济金还在使用邮寄纸质支票的传统方式，以致骗子在多个州冒领补贴近10亿美元。而在一些并不发达的国家，如智利、印度、爱沙尼亚、巴基斯坦等国，却在利用完善

---

① 2022年12月26日，国家卫生健康委员会发布公告，将新型冠状病毒肺炎更名为新型冠状病毒感染。

的数字身份和移动支付系统迅速对疫情冲击下的贫困人口和工人进行援助，并在一定程度上可掌握他们的工作和生活情况。

互联网是现代文明影响最深远的成就之一，它是由无数计算机、智能手机、网络设备等构成的庞大网络体系，已经成为像水和空气一样的生存必需品。然而，这个极其错综复杂的网络又像一个充满风险的克里特迷宫，黑客、暗网、电信诈骗等，犹如凶险的牛首人身怪物弥诺陶洛斯，危机四伏。数字身份就是能够保护和引导我们在网络迷宫中冲浪的阿里阿德涅之线[①]，使我们不致迷失其中。在当前火爆的元宇宙概念体系中，数字身份是元宇宙系统的关键特征要素，主要用于人们在其中进行交互和数字资产确权。

本书是一本以数字身份为主线的普及性图书，主要围绕数字身份的价值意义、风险及治理展开。

第1章主要介绍数字身份的概况，包括基本概念、构成要素、主要特征以及元宇宙等内容。

第2~4章是全书的重点内容。其中第2章和第3章主要介绍世界各国推进数字身份的战略及实施情况。其中，特别介绍了数字身份战略实施比较成功的国家和地区，如欧盟，还有近年来取得令人瞩目的成绩的印度。我国的数字身份方案eID和CTID很大程度上都与这些国际先进经验有相通之处。第4章主要阐述数字身份在政府和公共服务部门的应用方法及相

---

① 阿里阿德涅之线的典故源自古希腊神话。古希腊南部的克里特岛上有一座复杂的迷宫，里面住着一个牛首人身怪物，克里特国王弥诺斯强迫雅典国王每隔九年向其进贡七对童男童女，扔到迷宫里供怪物吃掉。雅典王子忒修斯自告奋勇作为选送的贡品。他在克里特公主阿里阿德涅的指点下，用一个线团作为迷宫中的线索，最后战胜并杀死了怪物弥诺陶洛斯。这个线团就被称为阿里阿德涅之线，意为摆脱困境的方法路径或解决复杂问题的关键线索。

关案例。通过数字身份认证和安全防护，人们在数字空间建立信任，有助于人们参与虚拟活动，完成各种交易。数字身份还可将人们散布在网上的个人信息、数字足迹归集关联起来，通过大数据分析获得精准的用户画像。这也是政府和公共服务部门实现个性化互动服务的基础，将大幅提升社会公共治理和服务的水平与效率。

第 5 章主要讨论数字身份的风险与挑战。数字身份是一把锋利的双刃剑，其背后隐藏着巨大的风险。从斯诺登爆料"棱镜门事件"折射出的美国政府对全球网民的信息监控，到剑桥分析通过选民社交媒体数据操纵总统大选，再从跨国互联网巨头的信息茧房到大数据杀熟、算法歧视等数据滥用问题，还有频频登上媒体头条的令人震惊的大数据泄露事件，以及让人触目惊心的暗网和网络黑市、黑灰产业链、电信诈骗等案件，这些都警示着人们对数字身份的治理刻不容缓。

第 6~7 章主要探究数字身份及相关数字经济社会治理。第 6 章根据数字身份治理对象特性，确定治理模式，并基于价值观和方法论等层面构建治理框架体系。这一治理框架包括数字身份的认证、数据的交易流动和个人数据保护，这不仅涉及技术、标准、法律，更需要数字身份体系中的各利益相关方的共同参与，实现生态化治理。随着区块链的兴起，去中心化身份和用户自主数字主权身份已经成为各国和各大企业巨头抢占的战略高地。为此，第 7 章除了介绍去中心化数字身份、用户主权身份等概念外，还基于美国联邦组织架构（FEA）参考模型设计了去中心化数字身份生态体系——鼎信体系（Trinity Trusted System，TTS），这是一个以数字身份、数字支付、数据授权保护为支柱的数字信任顶层框架体系。

第 8 章主要探讨数字身份对经济社会治理的拓展应用。数字身份通过标识各种文件、数据、软硬件设备，实现数据要素和数字资产的管理；数字身份还是物联网、车联网的基础，通过物理空间和数字空间的深度融合，实现超智能数字社会。

本书在内容和形式上力图体现以下几方面的特色。

第一，以全球化的视角。由于互联网具有超越地域的特性，很多理念和方法都具有全球性。本书的理论、观念及方法实践不局限于国内或特定国家，而是从全球化的视角，选取剖析国际公认具有较高创新性和影响力的战略、政策规划、法律法规、标准规范及最佳实践等。比如，欧盟的数字身份战略规划、数据保护立法及规则治理等实践，爱沙尼亚通过数字身份生态平台提升政府和公共服务，印度利用数字身份推进政府治理、无现金社会，美国的互联网商业模式及科技创新，以及我国在新冠肺炎疫情期间开发的健康码，等等。

第二，用体系化的方法。数字身份涉及信息技术、网络及信息安全、社会学、伦理、法律等学科，还有数字政府、公共服务、金融、商业、娱乐服务等领域。作为普及性专业读物，本书在内容上强调相关理念及战略的发展演进和关联关系，概括相关模式与方法的逻辑脉络，并基于本书提出的价值观、方法论构建数字身份应用及个人信息保护的监管治理体系。

第三，依前瞻性的理念。网络和数字技术发展迅速，很多新的理念不断出现。为此，本书还研究探讨了一些国际上的新理念和新方法，如去中心化数字身份、用户自主主权身份、物联网统一身份等，并提出一套创新的数字身份治理新体系。

本书既可为政府部门、公共及商业服务机构的数字身份战略规划提供借鉴，也可以作为高校师生的学习参考资料，而普通读者也可以用来了解个人身份数据的价值、面临的风险，以及如何保护个人隐私和权益。需要指出的是，我在本书中提出的观点、方法及建议大多都是个人思考或构想，并不代表供职单位的观点或立场。

本书在写作过程中得到了很多朋友的帮助和支持，在此深表感谢，特别是本书编辑闫化平老师，提出了很多修改意见。同时感谢华文未来文化传播有限公司提供的帮助和支持。

数字身份涉及内容广泛而复杂，由于作者水平局限，书中内容可能会有错误或不妥之处，敬请广大读者不吝赐教，提出批评或建议。

目录

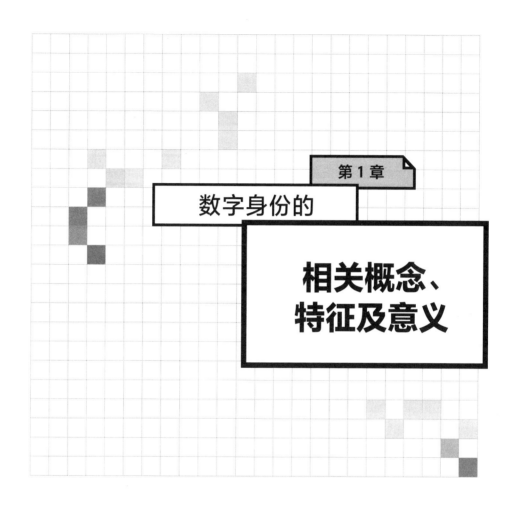

第 1 章

数字身份的

相关概念、
特征及意义

身份是一个熟悉而又古老的概念，它是人类认知革命的产物，也是社会信任与协作的基础。在不同的历史阶段，身份的内涵和范畴都在不断演变。不同地区、具有不同文化背景的人们，从不同视角出发会有不同的理解和诠释，比如中文中身份的含义与西方语境中的身份有显著的不同；不同领域和学科对身份概念的侧重点也有较大的差别，如族群的身份认同、现实世界中的个体身份、社会意义的公民身份等都是不同视角下的身份。而互联网的出现，更是引发了身份含义的突变。与传统身份相比，数字身份承载了更多的意义，蕴含了更多的价值，也面临着更多的风险。为此，我们首先要界定数字身份的相关概念，辨析其构成要素和特征，并探讨其管理、赋能与价值意义。

┃数字身份的相关概念┃

身份的概念及解析

本书的研究对象是数字身份，那我们首先就要明确什么是身份。按照《辞海》的定义，身份是指一个人的出身、地位或资格，但这并没有准确反映其实际含义。

本书讨论的身份对应英语中的"identity"，其来源于拉丁语"identitas"，意思是"同一"（same）。"identity"这个词的中文翻译为"认同""同一性"及"身份"等，这些含义看起来相去甚远。"identity"还是一个哲学术语，内涵复杂多重，在不同语境，其侧重点相差很大，以致很多学者都对其内涵和词源进行过探究和梳理。《社会、文化、人类学百科全书》给出的定义就体现了其含义的矛盾性：

一方面，它是指个体性和独特性，强调个体区别于其他人的本质差别；另一方面，它又指同一性，人们在此基础上以群体为单位发生联系。

可见"identity"的内涵既包括主体的差异性和独特性，同时又具有主体之间的同一特性。比如我们的身份证，其样式风格、属性格式等都具有同一性，强调身份的认同，即身份证代表着人与政府档案中的关联关系，这既反映了对国家的认同，也反映了社会认同；同时每张身份证上面都有独特的名字、照片和其他属性，作为识别"我是我"的证明，凸显了其与众不同。

从外延上来说，"身份"一词所涵盖的范围囊括了政治、经济、社会、文化、地域、心理及信仰等多个维度。英文和信息技术中所说的身份，即我们所研究的数字身份，与中文中的身份在范畴上也有较大差别。中文中的身份通常是指人，而数字身份不仅包括人，还包括如网络及计算设备、系统及应用软件、数据或其他信息资产等其他主体。

我们在本书中研究的是信息技术国际标准 ISO/IEC 24760-1 中给出的身份的定义，即"身份是一组与**实体**（entity）**相关的属性**（attributes）"。这里所说的实体为"操作某个特定域的相关项，具有物理或逻辑形态，包括自然人、组织、设备、SIM 卡、护照、网卡、应用软件、服务或网站等"。

身份相关功能包括识别、认证、签名、信任，而身份凭证起着重要作用。根据身份凭证颁发机构和颁发目的，当前身份可大致分为三类：第一类是基础性身份，如国家颁发的身份证、户口本等；第二类是功能性身份，比如驾照、护照、社保证、税务登记等；第三类是非政府身份，如银行卡、电话卡、信用身份等。身份凭证的形式也多种多样，有纸质或塑料卡片、本册等物理实体形式，还有智能卡、电话卡、身份卡等数字化形式。其中数字身份是本书研究探讨的核心主题。

数字身份

在数字经济时代，人类的经济和数据活动转移到了网络空间，传统身份认证体系难以适应数字经济的需求，数字身份的出现就是对传统身份认证体系的突破和超越。

我们先给出数字身份的一个完整的定义：

> 数字身份就是现实世界的人／物／系统等实体映射到数字／网络空间具有唯一性的标识符，以及实体相关属性的数字化表示。

数字身份可以采用实物凭证，如电子证卡、数字证书、智能卡等，也可以是虚拟标识符或数据。具体来说，数字身份有以下几种形式。

网络数字身份

数字身份是一个网络数字空间概念，主要用于在网络中标识个人、组织及电子设备，最早的数字身份是网络中计算机 IP 地址和域名，用于识别接入到互联网上的计算机，并通过用户使用计算机及网络的行为特征识别个人，但这种数字身份不能直接标识用户的身份。

网络数字身份通常包括用户名、口令以及权威机构颁发的数字证书等属性，用于鉴别用户身份的真伪。数字身份的使用范围可以限定于一台计算机、一个局域网系统，也可以适用于一个互联网的网站或平台系统。用户要访问不同的网络社区和平台，就需要注册多个不同身份账号，比如一个人有多个网购账号、社交网络账号或微博账号等，还有形形色色的网络社区和互联网网站也需要用户注册账号。

由于网络空间的持久化特性，任何活动必然会在网络留下痕迹，这些痕迹也被称为用户在互联网上留下的数字足迹，比如上网搜索或浏览记录、电商订单、社交聊天记录、银行流水记录、健康档案信息等，这些数据既是用户大数据，也是数字身份的重要内容，同时反映了用户的行为特征和习惯爱好，其中蕴藏着巨大的社会经济价值，但也涉及用户的很多隐私。

数字主权身份

网络数字身份的范围通常局限于特定平台或网站，而数字主权身份则是一种全局性身份体系，其目的主要用于满足政府及经济社会治理的需要，由国家公安机关或政府管理机构签发。主权身份有两重含义：一是国家赋予本国公民的法律属性的身份，代表了公民的义务和权利，如纳税的义务、有选举投票的权利等；二是社会阶层的身份，即人们说的出身、社会地位等，如学历、职务、职称等。主权身份的形式就是通常的身份证，包含唯一的证件号码，以及姓名、籍贯、出生日期等个人属性。数字主权身份是身份证的数字化形式，比如 eID、CTID 等，它是数字空间证明"我就是我"的电子凭证。

实体的数字身份

在网络和信息安全领域，数字身份建立在更广泛意义的"实体"空间，这些"实体"通常为重要资产，如人、服务、设备或组织机构等。通过对网络信息资产进行全面数字化身份标识，可以实现对网络中各实体在统一的身份框架下进行全生命周期管理。

在物联网空间，物已成为重要的网络参与实体。为了便于治理物联网，网络中的每一个物品都需要按照一定规则赋予其特定的标识，而这个标识就是物联网空间中的数字身份。物联网标识符（object identifier, OID），也叫作物联网域名，是由国际标准组织 ISO/IEC、ITU 共同提出的物联网标识机制，用于对任何类型的实体对象、概念或者"事物"在全球范围内进行无歧义的唯一命名。并且一旦命名，该名称就终生有效。

个人信息

与数字身份密切相关另一概念是个人信息。《中华人民共和国民法典》（以下简称《民法典》）第一千零三十四条规定了个人信息的定义：

> 个人信息是以电子或者其他方式记录的能够单独或者与其他信息结合识别特定自然人的各种信息，包括自然人的姓名、出生日期、身份证件号码、生物识别信息、住址、电话号码、电子邮箱、健康信息、行踪信息等。

《中华人民共和国网络安全法》和《中华人民共和国个人信息保护法》（以下简称《个人信息保护法》）中的定义与此基本相同。国家标准《信息安全技术 个人信息安全规范》（GB/T35273-2020，以下简称《个人信息安全规范》）中还详细列举了个人信息的范围和类型，其中还包括网络身份标识及信息、个人上网记录、个人常用设备等信息。

数字身份是个人识别信息。为了判定某项信息是否属于个人信息，《个人信息安全规范》给出了两个判定条件：一是单独识别特定自然人身份的信息，如姓名、身份证件号码、个人生物识别信息、住址、联系方式、账号密码等；二是与其他信息结合识别特定自然人的身份信息，如出生日期、医疗记录、财产金融信息、征信信息、行踪轨迹、住宿信息、健康生理信息等。

欧盟将个人信息表述为个人数据。欧盟的《通用数据保护条例》（GDPR）就是一部个人数据保护法，其中对个人数据的定义是：

> 个人数据指的是任何已识别或可识别的自然人（数据主体）相关的信息；可识别的自然人是能被直接或间接识别的个体，特别是通过诸如姓名、ID号、位置数据、网上标识，或者与该自然人的身体、生理、遗传、心理、经济、文化或社会身份有关的一个或多个因素。

欧盟对个人数据定义的范围很广，既有用户的识别数据，也有用户关联数据，无论在线，还是离线，所有数据都在条例的保护之下。是否属于个人数据还应基于语境，比如住房的价格，作为统计数据中的房价不属于个人数据，但在财产税的申报表中，这个房价就是个人数据了。

通常，数据和信息在含义上有一定区别，数据一般指未处理的原始数据，信息则是数据经过分析处理后的结果。但欧盟的GDPR中的个人数据与我国《个人信息保护法》及《个人信息安全规范》等所称的个人信息，无论是概念还是界定标准，几乎都是完全一致的。在当前语境下，这两个词没有本质区别，如果没有特殊说明，本书不对这两个词进行区分。

隐私是个人信息中最重要的部分。我国《民法典》第一千零三十二条第二款将"隐私"定义为：

> 隐私是自然人的私人生活安宁和不愿为他人知晓的私密空间、私密活动、私密信息。

个人隐私与个人隐私权相联系，属于人格权之一。个人隐私保护就是通过保护个人私生活秘密，来保障个人私密空间的安宁，不受他人非法干扰；保护个人私密信息，使其不受非法收集、刺探和公开等。

个人隐私信息通常都是个人敏感信息。我国《个人信息保护法》《个人信息安全规范》都给出了个人敏感信息的定义及判定方式（如泄露、非法提供或滥用），以及可能造成的后果（极易导致个人名誉、身心健康受到损害或歧视性待遇等）。规范中还列举了敏感信息的类型，主要包括个人生物识别、宗教信仰、特定身份、金融账户、医疗健康、行踪轨迹等，还有其他信息，如性取向、婚史、未公开的违法犯罪记录、通信记录和内容、通讯录、好友列表、群组列表、网页浏览记录、住宿信息、精准定位信息等。

GDPR 依据敏感性对个人数据进行了分类：第一类包括种族、民族、政治观点、宗教信仰、工会成员资格；第二类是生物特征类数据，如基因数据、生物特征数据；第三类涉及健康、性生活、性取向的数据，GDPR 将其定义为特殊类型个人数据，其处理要求更为严格。

隐私与信息安全密切相关，安全主要是对数据资源的防护，而隐私主要针对用户身份和个人数据的保护。随着个人数据的重要性和价值越来越大，隐私保护的紧迫性和关注度已经超过了传统的信息安全。

数字身份与个人信息的区别

人是数字空间活动的主体，每个人都应该拥有一个属于自己且无法被篡改的数字标识。对于个人来说，数字身份具有双重属性，一是个人身份标识，用于身份认证和授权；二是个人信息数据库，既包括个人的基本情况，也包括个人的网上行为产生的数字记录，以及与人有关的其他数据，如其驾驶的智能汽车车况、所在地区的天气情况等。可见，个人信息与人的数字身份就像一枚硬币的两个面，是从不同视角表述和应用的方式。这两个概念既有区别，又相互依存。个人信息可为数字身份提供身份认证所需要的相关属性，而数字身份则通过身份认证和授权保障个人信息的安全。其主要区别包括以下三项。

第一，两者的范围不同。数字身份的主体包括人、组织机构及设备，还有系统、服务、应用等，而个人信息的主体只能是自然人。对于个人来说，数字身份和个人信息的属性内容大部分都重叠，相互补充。数字身份侧重强调个人的当前属性，而个人信息则包含个人历史信息，由于时过境迁，这些个人信息在数字身份系统中应用不多。如一个人升职后，其身份属性就变成其当前的新职务，但个人信息则包括其以前曾经担任过的职务。另外，电商订单记录、聊天记录等也都属于历史数据。这些数据对于个人来说，价值意义不大，但对于互联网和大数据平台来说，就是个人大数据，可以提炼出反映个人性格特征和习惯爱好的数字画像，具有很高的商业价值。

第二，两者的使用目的不同。数字身份常用于网络与信息安全防护，比如用户身份辨识、认证、授权或访问管理等，以保护包括个人信息在内的各类信息资源的安全；个人信息的主要目的往往是利用大数据分析技术对个人数据进行分析、处理，获得个人数字画像，并将其应用到商业服务、政务服务、社会治理等领域，以释放其潜在的价值。个人信息还是一个法律术语，与个人信息权密切相关，公民可通过法律途径保护个人信息权益。

第三，两者存在的形态不完全相同。数字身份通常在数字或网络空间存在，基本都是完全数字化的形态；而个人信息尽管也多在网络上产生、处理和使用，但也有很多个人信息存在于物理空间，比如私人信件、日记等。

｜数字身份的构成要素｜

数字身份是传统身份在数字空间的映射，因此数字身份在构成要素上与传统的身份没有本质区别，同样需要身份标识、身份属性信息或声明，也需要权威机构的签字盖章背书。但这并不意味着可以直接将物理介质的证照数字化，而是需要运用数字技术、密码学、隐私保护以及机器可读等技术，不仅可以验证确权，还可以保证身份可控，且难以伪造等。

数字身份标识

身份的重要功能是**身份识别**，即将某个人的身份属性从其他人中识别出来。身份信任体系中的每个人都需要有一个独一无二的身份编码或标识符（unique ID number，UIN），如身份证号、护照号等，国外还可以使用社会保障号。在互联网上，UIN 就是一种个人已识别信息（personal identified information, PII），也是单独识别信息，包括账号、用户名、电子邮箱、手机号等，通过此类信息的任一数据项，可引导其他人直接识别出你。有时还可以使用与用户关联的网络设备标识符，如电脑网络设备的 MAC 地址、手机设备的统一编码（MEI）、IP 地址、Cookies 等。

数字身份主要解决互联网上"你是谁"的问题，因而数字身份还应该是全局性的。当前，不同网站或平台都有自己的身份系统，需要用户注册一个账号，作为用户身份登录的凭证。这些账号构成一个个碎片化的数字身份，如银行账号、QQ 或微信账号等，而在不同平台注册的这些账号往往可能对应着同一用户身份。用户身份标识的全局性可以让用户登录一次，就可以访问多个数字空间的资源和服务，并有助于对个人在不同平台产生的数据进行归集和分析。

从用户的角度看，用户在网上产生了很多敏感信息，这些信息如果被滥用或泄露，将造成难以预料的风险和损失。因此，用户往往不希望使用个人真实信息，以免个人数字信息被追踪和滥用。有些已验证标识（如身份证号码）隐含了个人出生日期，就有泄露个人隐私之嫌，最好使用随机数加密计算出一个唯一代表用户身份的标识编码。不仅如此，对于如用户的性别、年龄、婚姻状态、邮政编码等个人可识别信息，单独使用无法识别用户，但多个信息项结合起来，仍然有可能识别出用户的真实身份，所以这些标识数据也应该受到保护。

为此，机构在颁发数字身份时通常会根据个人身份信息，利用随机数加密计算出一个唯一代表用户身份的标识编码，其主要目的是向认证服务机构请求验证核实公民身份的真实性与有效性。该编码不应包含个人身份信息，也不能逆推出个人身份信息。

数字身份数据要素

数字身份要强调同一和认同，因而其数据格式通常为机器可读的结构化数据，以便于认证、检索和管理等。数字身份的数据格式主要包含三部分内容：一是身份主体，比如用户；二是主体的属性，如姓名、年龄、学历、职业等；三是属性的数值，如年龄数值为"30"，就意味着一个人声称自己的年龄为30岁。这种表述形式被称为声明，多个声明关联起来形成关于主体属性的信息图，可描述主体属性的复杂关系。

身份属性及其数值体现的是主体的各种真实信息，这也是数字身份的核心。根据应用的场景不同，属性具有多个维度或类别。国家法定基础性数字身份通常包括以下两个维度：

- 人口档案。姓名、性别、民族、年龄、住址及联系方式等，这是身份管理需要的基本属性；
- 生物特征。包括人脸照片及识别、指纹、虹膜、DNA 等直接关系个人生物特征的属性。

功能性数字身份除了包括基础性身份信息外，还有按照应用场景需求提供的声明信息，比如求学或求职的场景要求提供文化程度、职务、职称等。

另外，除了属性－数值这种类型之外，数字身份还可以有其他数据类型，比如教育经历、工作经历、医疗健康记录、消费购物记录、金融交易记录等行为记录，都是由与时间相关的多条记录组成的集合型信息。另外，随着大数据分析的普及，个人数字画像也是一个人的身份信息，通常是由描述个人性格特征或习惯爱好等方面的一系列文本标签组成，属于集合型身份信息。

数字身份证明

一个人的身份声明要让别人信任，就需要有证据支持。传统社会的契约信任可以通过签名的方式表明自己的身份和意愿，重要的声明还需要第三方权威机构的认证背书，如签署的合同协议、颁发的证明证件等。《韩非子》中就有"田婴令官具押券"的说法，这里的"押券"就是一种证明身份的签名。同样，数字空间也需要数字化的签名和证书。但由于数字空间数据的易复制性，不能简单地以传统签名的图像数字化实现，而是需要利用密码学原理，以加密数据的方式实现，保证签名难以伪造或篡改，这就是数字签名和数字证书，也是数字身份的重要基础。因此，数字身份本质上应该被称为数字加密身份，其核心在于加密。

数字签名

数字签名的技术基础是密码学算法，通常分为对称加密算法和非对称加密算法两大类。简单地说，使用对称加密算法，数据的加密和解密时都使用同一密钥；而非对称加密算法则需要一对密钥：公开密钥（公钥）和私有密钥（私钥）。私钥是随机生成的，并可由它来生成公钥。如果用公钥对数据进行加密，只有用对应的私钥才能解密。公钥需要告知别人，而私钥只能自己持有。我们可以将公钥比作用户名，那私钥就相当于登录口令。

数字签名中采用非对称加密算法的电子签名，以证明信息确实由身份所有者发出。由于只有信息发送者拥有私钥，所以其无法否认发送过该信息，从而就以技术手段防止交易中抵赖的发生。

与数字签名密切相关的一个概念是数字指纹，也称信息摘要，是指通过哈希算法对数据信息进行计算得到的一个固定长度的数字序列。

数字签名的具体使用流程是：

- 信息发送者 A 首先使用哈希函数计算对要发送的信息 i 进行数字摘要处理，得到固定长度的哈希值，即数字指纹 h；
- A 使用私钥对 h 进行加密处理，就得到了一个数字签名 S；
- A 把信息 i 和签名 S 一起发送给信息接收者 B；
- B 首先对信息 i 运行相同的哈希算法得到数据指纹 h1；
- 然后 B 用 A 发送来的公钥对数字签名 S 解密得到数据指纹 h2；
- 如果 h1=h2 则证明了该数字签名是由发送者签署的，身份鉴别完成。

上述使用过程简单概括起来就是，私钥用于加密生成签名，公钥解密验证签名，其流程如图 1–1 所示。数字签名常用于签署电子协议、合同、订单等场合，不仅可以识别签名人，还能证明签名人对文件内容的认可。按照《中华人民共和国电子签名法》的规定，经过认证的电子签名与传统意义的签名具有同等法律效力。

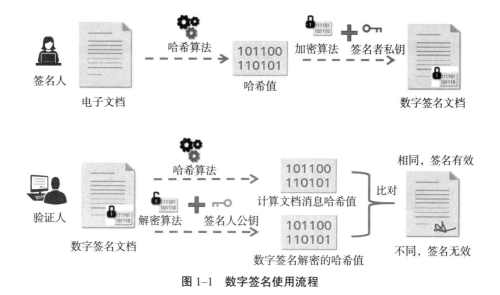

图 1-1　数字签名使用流程

数字证书

数字签名使用过程中存在一个可能的漏洞：由于信息发送者 A 的公钥是公开的，它有可能被另外一个人替换掉。为此，需要有一个权威的第三方机构，颁发一个数字证书，把公钥与其所有者的身份信息关联起来。这个机构就是数字证书认证机构（certificate authority，CA），通常要有政府背景或权威机构背书。CA 需要在其所颁发的数字证书中添加自身的数字签名，以证明证书签发者的身份，实现对证书的背书。数字证书就相当于在功能上为 CA 出具的鉴定印章。

数字证书通常用于证明某公钥确实对应其身份所有者，需包含公钥持有者信息、公钥、签发者签名信息、有效期以及扩展信息。目前国际上对数字证书的格式及认证方法遵从国际电联电信委员会（ITU-T）X.509 体系标准，以此为基础建立的公钥基础设施（public key infrastructure，PKI）是信息安全与信任服务体系的核心，包括了一系列相关标准、角色、机构、机制和软硬件系统等，其目的是通过密钥和证书管理，构建网络信任环境。

数字证书按照持有者的类型可分为：个人身份证书、企业或机构身份证书、服务器证书，分别证明相应主体在网络活动中的不同身份。数字证书需要具有三个特性：安全性、唯一性和便利性。通过基于数字证书的数字签名技术，既可以提供实体认证，又可以保障被签名数据的安全性和完整性，即确认数据无论是在传输还是在存储过程中都经过检查，确保没有被修改或调包。

数字身份凭证及载体

数字身份凭证

在物理空间，我们通过各种证件体现的身份，既有国家颁发的法定身份凭证，如身份证、护照、毕业证、职称证、驾驶证等功能性身份证件，也有短期有效的准考证、选举投票身份证明等。在数字空间与上述证照对应的是数字身份凭证，这其中包含了数字身份的各要素，也就是数字身份的识别符、声明，还有可验证证据——身份凭证颁发者的数字签名和数字证书，这相当于物理介质证照上权威认证机构的签名和公章。

数字身份凭证管理包括一系列环节，如注册、签发、验证和管理等。其中注册通常由用户发起，向专门机构发起请求。如果机构对身份凭证核验认可后，就会将身份凭证颁给申请人，并将身份信息记录到注册库。对于重要的身份凭证，其签发通常需要由有公信力的机构承担，最常见的是政府职能部门，比如我们的身份证、护照、社保、养老保险证明、房产登记证明、法人和企业营业执照等；也可以由专业机构颁发，如学历证书、驾驶执照、专业及职业资格证书等。当然，企业也可以颁发身份凭证，比如银行的客户身份核验、商业平台的数字画像、医疗健康档案、人事管理档案、信用证明等。对于一些如社交场合等不太重要的场景，个人也可以发布身份凭证，比如个人简历、数字名片等。在网络虚拟世界，身份凭证甚至可以不与真实身份一致，如游戏空间的角色。个人还可以为值得信赖的人提供家庭关系、社会关系、商业关系等方面的身份凭证。

数字身份凭证持有者如果想获得服务商提供的在线服务，就需要向服务商提供数字身份凭证，服务提供商被称为依赖方。依赖方为了验证身份凭证的有效性和真实性，需要将身份凭证提交给验证方，经身份签发方的许可与授权后，可以对身份凭证进行验证和认证。

为了便于各参与方使用身份凭证进行交互，系统还需要构建数字身份凭证注册库。这个注册库可以采用集中方式存储管理，也可以采用分布方式管理，还可以采用基于去中心化的区块链架构。

数字身份载体

数字身份凭证是数字形式，需要物理载体。在金融领域，常使用USBKey作为数字身份的载体。USBKey 是一种内置 IC 智能芯片的智能卡，其上有专门的中央处理器和芯片操作系统，通常以密码学为基础，执行生成公私钥对、硬件数字签名等运算，安全性较高。USBKey 形式上类似 U盘，可通过 USB 接口与电脑连接，其用于手机上的相应产品为 TFKey。更便利的方式是将智能芯片植入银行卡，称为 IC 卡或智能卡。智能卡既可以通过读卡器，也可以通过射频芯片实现无接触读取信息。

另一种数字身份载体形态是手机上的 SIM 卡，这也是一种智能芯片，可以存储用户身份识别数据、短信数据和电话号码。

目前，欧盟普遍采用电子身份标识（eID），这是一种基于密码技术证明公民身份的数字解决方案。eID 通常以智能芯片为载体，由政府身份管理部门为识别和认证公民的身份而颁发。eID 可以通过网络提供远程个人身份识别和认证服务，能够在保障网络和信息安全的条件下建立数字化信任机制，成为公民打开各项政务和公共服务之门的钥匙。eID 还可以为私营机构提供身份认证服务。另外，eID 还允许公民使用数字签名来签署电子文件。

eID 载体同样可以是 IC 智能芯片卡，被称为 eIC 或电子身份证，也可以使用手机 SIM 卡或 SIM-eID。电子身份证在外观形式上与普通身份证类似，也印有基本的身份属性，如持卡人的基本信息和照片，包括姓名、出生日期等，以供阅读。eID 芯片中的数据供机器读取，可以存储持卡人的基本信息和照片的电子版本，可以有多张照片，以便从不同角度拍摄面部表情，用于人脸识别。eID 还可以存储持卡人的指纹、虹膜等生物特征，以及持卡人的电子签名等。

数字货币的兴起催生了数字钱包。数字钱包是一种代理软件，主要用于管理数字货币使用的私钥。对于加密数字货币，私钥是唯一确定数字货币所有权的凭证，一旦丢失，用户就将失去对数字货币的控制权。数字钱包也可以用来管理数字身份使用的密钥以及身份凭证信息。数字钱包可以在线使用，称为热钱包；也可以离线使用，称为冷钱包。冷钱包在使用上更接近传统的身份凭证。

| 数字身份的主要特征 |

身份这一概念，经过几千年的文明历史沉淀，形成了一系列独有的特征。进入数字时代后，数字身份被注入了新的内涵和独有的特征。这些特征主要包括以下五个。

唯一性

身份的首要特征是其唯一性。每个人都有独一无二的身份特征，这也是身份实体能够被区分识别的基础。我们的身份证、银行账户等都是身份唯一性的体现。

最普遍的身份识别方法是基于人的生物特征，如人脸特征，这也是现实中辨识人的主要方式，但因为古代没有照相技术，而人脸画像对美术技巧要求很高，使用并不普遍，只是在重大罪犯通缉令上才会使用。19 世纪后期出现照相术后，很多国家政府开始利用人的照片来识别身份。到了现代，通过计算机进行人脸识别成为一种重要身份识别方式，这一技术的关键环节是面部特征的提取和匹配。由于人脸特征具有高度复杂性和多变性，传统的计算机识别技术效率不高，也就很难在实际中得到广泛应用。2012年基于深度学习的人脸识别技术取得了突破后不久，人脸识别就进入了实用阶段。

另一种常用于身份辨识的生物特征是指纹和脚纹。据考证，古埃及人在建造金字塔时就曾记录建造者的手印和脚纹。中国古代的契约文件的签署，如借贷契约、买卖文凭、婚约休书、狱辞供状等，通常就是按手印画押作为身份签名。19 世纪 80 年代，英国人亨利·福尔茨（Henry Faulds）发现了指纹的两个重要特征：一个是两个不同手指的指纹纹脊的式样互不相同，具有唯一性；另一个特征就是指纹纹脊的式样终生不会改变，具有较高的稳定性。指纹识别技术在数字身份认证，特别是手机身份认证中越来越普及。

其他生物特征身份识别方法，如声纹、虹膜、视网膜、掌纹等，与指纹认证类似，也是目前生物特征身份认证的重要手段。

虚构性与多态性

从文明形成与发展的历史上看，身份其实是人们虚构出来的概念。以色列历史教授尤瓦尔·赫拉利在其所著的《人类简史》一书中指出，大约在七万年前，原始人类发展出复杂的语言、八卦能力，还有虚构故事的能力。虚构能力让人类可以共同参与想象，虚构出个人头衔、身份地位，甚至国家、制度、商业品牌这些概念，建立了初步的身份"信任"体系。部落的人们，甚至不同部落的人们都可以有效地组织起来，以实现大规模的社会协同合作，文明因此而出现了革命性的进步，这就是所谓的认知革命。由于身份存在这种虚构性，所以需要通过身份证或其他身份证件等可见实物来体现，如学生证、工作证等。身份证也有其悠久的历史渊源。

早在战国时期，秦国的商鞅发明了历史上最早的身份证"照身帖"，这是一块打磨光滑的竹板，上面刻有持有人的头像及籍贯信息，由官府发放，秦国的每个人都有。可以说，商鞅是真正的"身份证鼻祖"。

历史上还出现过形形色色的"牌""牒"作为官员们的身份证明。比如宋代官员系在腰间的腰牌，明代改用象牙、兽骨等制成的"牙牌"，上面刻有持牌人的姓名、官职以及所在的衙门。清朝时，腰牌上的身份信息更为详尽，包括姓名、年龄、官位等，有的腰牌上甚至还录有持有者的面部特征，注明其用途。除了没有照片外，其信息功能与现代身份证相差无几。

尽管身份的概念是虚构的，但其属性还需要是真实的。但在现实中，很多人会出于各种目的进行身份匿名或仿冒。人们在网上使用别名或匿名，提供片面或不真实的身份信息，目的是为了保护自己的个人隐私。当然，也有人出于恶意或非法目的，篡改或伪造身份信息。因此在需要身份信息真实可信的场景中，必须利用身份鉴别技术对身份的真伪进行识别、认证 / 鉴别。身份认证是构建完善社会信任机制的关键要素之一。

在历史上，最早的身份认证方式叫作"符"。传说符是周朝开国军师姜子牙发明的，但它并非用于证明身份，而是调集军队的"权力凭证"或"兵符"。春秋战国时期使用的是虎形的兵符，即"虎符"，由国君与在外出征的将帅各持一半。当两个"符"合在一起，相互完全吻合，即通过了身份验证。战国时期信陵君窃符救赵的典故，说明虎符作为身份权力的凭证很难造假，所以需要挖空心思地去"偷"。

除了利用实物对人的身份进行识别验证外，历史上还有一种基于知识的身份验证方法，就是口令，俗称密码。口令使用不仅准确有效，成本还不高，曾被广泛用于身份认证。比如《一千零一夜》中阿里巴巴的"芝麻开门"、三国时期曹操的"鸡肋"等，都是口令认证身份的历史实例。

口令也是现代网络和信息安全防护体系中使用广泛的身份认证方法，即我们常说的用户名 / 口令的身份验证。口令虽然有时被叫作密码，但这一方法本身保密性较差，很容易被泄露或窃取。真正意义上的密码是一种用来迷惑敌方的加密技术，它将正常的、可识别的信息转变为无法识别的杂乱信息。密码学的基础是数学，基于密码的身份验证技术安全性较高。

身份具有虚构特性，而网络和数字空间的交互又具有虚拟性质，所以人的数字身份可以根据不同角色或场景构建多种不同的形态视图，每一种形态都是数字身份的一个子集，分别应用于用户的不同业务或场景，像银行账号、各类网站和 APP 账号都是数字身份多态性的具体体现。

稳定性

身份最主要的功能就是对身份的辨识和验证，因此，在选取身份识别信息时，要求身份信息具有一定的稳定性，也就是说，身份信息应该在一定时间段内不发生明显变化，否则就可能需要频繁采集用户的身份信息，不便于普及使用。

在人的生物特征里，面部特征具有相对稳定性，或者说，人的相貌在一定时期内一般不会经常发生大的变化。这也是人脸识别使用较为普遍的重要原因。

稳定性更高的生物特性当属指纹，指纹纹脊的式样甚至终生都不会改变。还有，每个人的虹膜纹理不仅独一无二，并且人在成年以后虹膜纹理几乎不会发生变化，具有很高的稳定性。这类特征比较适合用于身份验证。

当然，身份信息不是一成不变的。有些身份信息的稳定性较低，具有一定的可变性或流动性，如学历、职务、职业，可能会不定期地发生变动。在身份认证体系中，这类信息不太适合作为身份验证因子。

哲学上有一个身份更替的悖论揭示了身份的这种相对稳定性和可变性，这就是著名的忒修斯之船①。公元 1 世纪，罗马帝国时期的希腊哲学家普鲁塔克曾提出这个悖论，他先假设忒修斯驾驶着一艘能航行几百年的帆船，每当船上的某个部件损坏或腐烂，马上就用新的相同部件替换上。那么我们可以推测，总会有一天船上的所有部件都会被替换一遍。问题是，最后这艘船和最初的那艘是不是同一艘船呢？如果不是，那什么时候这艘船才变得不同了呢？后来，英国哲学家托马斯·霍布斯还对这一悖论进行了拓展，如果将原来忒修斯之船上替换下的旧部件组装成另一艘船，那这两艘船中的哪一艘才是真正的忒修斯之船呢？

---

① 忒修斯（Theseus）是希腊神话中的雅典英雄，他曾航海到地中海南部的克里特岛，杀死过牛首人身的怪兽弥诺陶洛斯。他回来后被当成英雄，他驾驶的那艘 30 桨帆船也被作为纪念碑陈列保存下来。

忒修斯之船是哲学史上最古老的悖论，它探讨了身份的本质意义，即身份的同一性与差异性之间如何界定，属于同一性悖论。不同流派的哲学家之间的观点区别也很大。我们从系统论的观点来看，假定每次替换下的旧部件的质料和原来完全相同，形式和结构也没变，也就是说这艘船的组成要素和连接关系并没有发生变化，并且其目标也没有改变，因而它的存在是连续的。

当然，这艘船所替换的部件也不会完全相同，因而其稳定性和连续性是相对的，变化则是绝对的。原来船上替换下的旧部件则成了历史信息，组装成的另一艘船也就是这艘船的历史存在。同样，人的生物特征也是在不断变化中，一个人年轻时跟老年时的面部特征相差甚远，但在一定时间内具有相对稳定性。

超域性

与物理空间中的身份不同的是，由于网络空间的虚拟性，数字身份能够超越地理空间以及时间上的局限。无论一个人身在何处，他的数字身份都可能一直伴随着他，即使他身在国外也可以通过手机随时登录他在国内的微信账号、淘宝店铺等，完成身份认证，使用授权服务等。

可追溯性

人们在上网时各种有意或无意的操作和行为都将被记录下来，不可避免地会在网络中留下一系列数字足迹。这些数字足迹具有持久性，特别是对于保存在区块链上的数据，具有不可篡改性，几乎不能被删除，很可能就在网络空间被永久保存了。通过数字足迹，很可能就追溯到个人的真实身份及各种信息。如果被他人用于非法场景中，将引发不可预料的风险，并侵犯个人隐私权益。随着个人在网上的时间和业务日益增加，数字足迹数据也急剧膨胀，这对个人身份的安全性提出了严峻挑战。比如，可利用密码算法对数字身份数据进行加密处理，以确保数字身份验证及信息安全可控。

数字身份的管理与赋能

综合运用数字身份的相关技术及管理手段，如身份认证与访问授权，就可以在数字空间建立信任环境。在此基础上，人们可以利用个人身份信息赋能经济社会等方面的应用，同时还可在保护隐私的情况下对数据进行开发利用。

身份认证与授权

由于数字身份信息具有易于伪造的特性，身份必须通过认证，以鉴别其真伪，因此，身份认证技术的目标就是在网络空间建立可靠的信任关系，将其中所有的交互实体都关联起来。

身份识别、认证和验证

身份具有可识别性，即将某个人的身份与其他人识别开来，这个过程称为**身份识别**（Identification）。在每一个身份信任体系中，每个人都有一个独一无二的身份标识符，如姓名、账号、用户名、身份证号或者生物特征，等等。通过唯一标识符就可查询出这个人的各类身份信息。身份识别主要用于确定身份的有效性，包括在系统中对身份信息进行注册登记，以及在系统中查询确定用户的身份。

基于用户名或账户的身份识别可保证用户身份的存在和有效性，但不能保证人与凭证的一致性，也不能保证用户的"在场证明"。人的生物特征（如人脸、指纹、虹膜等信息）都是独一无二的，难以伪造，其识别过程既能够证明身份的真伪，也能保证用户确在现场，适用于打卡考勤、结婚登记等场景。

身份认证 / **身份鉴别**是指验证用户（或其他实体）所声称的身份是否与其真实身份相符的过程，目的是为了证明"你是谁"。在信息安全领域，鉴别和认证这两个词的含义基本相同，标准及学术中多使用鉴别，应用中常使用认证。

最常用的身份认证方式是基于"所知道的独特内容"，如用户名+口令。由于实现和使用简单便捷，目前大多数网络安全系统仍在使用这一方式进行身份认证。口令可以是静态的，也可以是动态生成的。

身份认证方式还可以基于"你有什么"，如可以通过智能卡、USBKey等来认证身份的真伪。更安全的认证方式是基于密码的认证技术，其基础是密码学算法，使用的原理是类似钥匙的数字密钥，密钥持有者通过密钥向验证方证明自己身份的真实性。基于密码的认证技术既可以通过对称密钥制实现，也可以通过非对称的密钥制来实现。常用的基于密码的身份识别方法有数字签名和数字证书。

与身份认证类似的相关概念还有**凭证验证**，主要用于验证身份凭证的有效性。在有些情况下，人们并不需要进行实名认证，比如我们去电影院、公园、演唱会等，只需要出示门票就可以，这类凭证只是许可证明，不需要显示个人的真实身份信息。

访问授权

身份认证验证了用户身份的真实性，不同用户还可能有不同的访问权限。**授权服务**就是在网络空间按照安全策略规定的权限对用户操作和资源访问进行授权，即在用户角色与系统中用户操作权限之间建立映射关系，把用户的身份职责转换到特定应用系统中的具体操作权限。

授权策略决定了用户在系统中能访问哪些资源，访问控制或权限／许可控制便是我们用来实施这些策略的方式，用以准许或限制用户访问能力和范围。例如，只有人力资源部门的成员才能访问员工的工资数据，前台人员没有权限查看工程项目文件。

访问控制的主要目的有两个：一是防止合法用户超越权限的操作，二是防止非法用户入侵。

基于数字身份的零信任安全架构

传统网络和信息安全体系是基于边界安全防护模式，其理念首先是区分哪些设备或网络环境是可信任的，哪些是不可信任的，然后建立"城墙"把网络划分为外网、内网和隔离区等不同的安全区域，最后重点防护"城墙"，在边界上部署防火墙、入侵检测系统等网络安全防护技术手段重重防护，使不可信任用户无法访问到可信任的设备或网络环境的信息。

边界安全防护模式基于"过度信任"假设，忽视了部署内网安全防护措施的重要性。攻击者一旦突破网络安全边界进入内网，就如同进入一个不设防的系统。据美国旧金山计算机安全研究所统计，过去 60%~80% 的网络滥用事件来自内部网络。

2010 年，美国的技术及市场调研机构 Forrester 的首席分析师约翰·金德维格（John Kindervag）针对传统安全模型存在的问题提出了"零信任"[①]的概念，其核心理念是"从不信任，始终验证"。他认为，"企业不应自动信任内部或外部的任何人／事／物，应在授权前对任何试图接入企业系统的人／事／物进行验证"。概括起来就是：

- 不再以一个清晰的边界来划分信任或不信任的设备；
- 不再区分信任或不信任的网络；
- 不再区分信任或不信任的用户。

美国国家标准研究院对零信任的定义是：

> **零信任**提供了一组概念、思想，其假定当网络被攻破时，在执行信息系统和服务中的每次访问请求时，降低其准确决策的不确定性。**零信任架构**是一种基于零信任理念的企业网络安全规划，它包括组件关系、工作流规划和访问策略。

由此可见，零信任架构的本质是以身份为基础进行动态访问控制，或者说采用身份集中管理，网络防护不再区分内网和外网。零信任是对访问控制范式上的颠覆，标志着安全体系架构从"以网络为中心"转向"以身份为中心"。

用户画像

中文中的"用户画像"是一个承载多种含义的术语。交互设计之父阿兰·库伯（Alan Cooper）提出的"User Persona"是最早的用户画像，其主要针对产品设计和营销人员，帮助他们从用户群体中归纳出典型用户。User

---

[①] 零信任的含义并非不信任，而是从零开始建立信任关系。

Persona 更像一个需求分析工具，数量少，一般不超过三个。

本书使用的用户画像为另一概念——User Profile，也称数字画像，这是一个精准大数据分析工具。User Profile 是一种标签化的用户表示模型，首先通过归集整合用户的各种来源数据，按照商业或其他需求，利用数据挖掘、人工智能等技术，综合分析用户的各种情况，如个人偏好、行为轨迹、社交记录、工作表现、生活习惯、健康状况、经济条件等标识特征，最后构建出标签化的用户特征模型。用户画像一般是通过打标签的方式，而标签实际上代表用户某一维度的特征标识，将用户的各种标签数据结构化整合。

用户画像需要获得用户在多个网站或平台的数据记录，这个整合过程需要获得用户的全局性的唯一身份标识，如公民身份证号，还可以通过手机号、用户账号等进行补充，以便获得更加全面完整的特征数据。一般来说，数据来源越多，用户画像描绘得就会越精准，价值也就越高。

用户画像过程中最基础也是最核心的工作是构建标签体系，后续的建模、数据仓库搭建等都基于这个标签体系。由于标签都是人为规定的，不同行业、不同领域，甚至不同企业的标签体系都可能不一样，比如有电商类标签体系、金融类标签体系等。

用户画像的应用场景很多，如通过挖掘用户兴趣、偏好、人口统计学特征，可提升市场营销精准度、推荐匹配度和运营的精细化，为用户提供个性化产品或服务，优化用户体验。用户画像适用于潜在用户挖掘发现、新用户导引、老用户维系及流失用户挽回等环节。

用户画像还是金融诚信和普惠金融的基础。在金融领域，用户画像的方式为 KYC，这也被称为"了解你的客户"或"客户身份核验"，目的是通过全面了解客户的真实身份背景和信用状况等，来防范欺诈、打击洗钱、遏制恐怖主义融资等。对于金融理财机构，KYC 还是深度分析客户需求、应对客户需求变化的重要手段，有助于实现客户深度理财服务、专业化资产配置服务。

隐私保护计算

隐私保护计算，也称隐私增强技术，是近年来发展起来的一种积极的隐私保护技术。中国信息通信研究院给隐私保护计算的定义是：

> 隐私保护计算是指在提供隐私保护的前提下，实现数据价值挖掘的技术体系。

通俗地讲，隐私保护计算是一种独特的"可用不可见"技术，即数据在加密的、非透明的状态下，算法程序无须看见真实的隐私信息，就能进行数据价值的挖掘计算，以保护计算过程中参与各方的隐私信息安全。隐私保护计算也是一种涉及多学科的复合技术体系，涉及密码学、人工智能、分布式计算、数据科学等。

隐私保护的目的不是为了让数据成为孤岛，相反，通过隐私保护计算，可消弭由于个人数据泄露造成的信任危机，这样更有助于打通数据孤岛，并更安全地实现数据共享。同时，隐私保护计算也有利于企业实现监管合规。

数字身份与元宇宙

经过 20 多年的发展，互联网经历了 Web1.0、Web2.0 以及移动互联网等不同的技术形态，现在又面临着重大的技术变革。元宇宙被认为是新一代互联网的形态范式，它综合了扩展现实（XR）、数字孪生、大数据、人工智能、区块链、物联网等最新数字技术，将为用户提供具有高度沉浸感的使用体验，并且还可保护用户资产和隐私，具有广阔的发展前景。

元宇宙的概念与兴起

在讲述元宇宙之前，我们先回顾一下人与计算机交互模式的演变历程。

20世纪40年代至50年代，计算机刚刚兴起，这时与计算机打交道的都是研制和设计计算机的专家，他们的主要目的是为了得到更高的运算速度，而当时的计算机的计算能力很低。人与计算机的交互方式简单而粗暴，他们往往采用直接连接线路的方式，也就是说，每次计算前都由专家设计出线路连接方案，再交给接线员完成连接任务。

50年代后，人们开发了操作系统，有了编程语言，也有了显示器和键盘，用户终于可以坐在桌子前，通过文本命令操作计算机。但这些用户仍然局限于专家或专业人员，需要复杂的使用技巧。

70年代，美国兴起了计算机个人化运动，计算机应用开始面向普通人，其操作方式也需要与时俱进。美国施乐公司的帕洛阿图研究中心提出了图形用户界面（GUI）的先锋概念，并研发出原型系统。GUI通过利用图形窗口、图标、鼠标和弹出式菜单，打造出"小孩子也能轻松操作的系统"，用来取代不友好的命令提示符。这一技术在80年代经过苹果公司和微软公司的发扬光大，到90年代已成为操作计算机的标准方式。

尽管GUI给我们提供了很多便利，但在交互方面仍然不能让人随心所欲地进行自然交互，用户很难以沉浸方式融入其中。美国在60年代开发的虚拟现实技术（VR），在当时专门用于航空航天。到了 80 年代，开始有人将其应用到民用计算机中。

VR 技术需要复杂的头盔显示装备，因其不仅笨重，设计和制造的技术难度大，制造成本高，一直没有被普及。直到 2012 年，美国人帕尔默·洛基（Palmer Luckey）研制出一款性价比适中的 VR 头显，并创立 Occlus 公司，VR 技术开始进入寻常百姓家。

有关 VR 的应用最早出现在科幻小说和影视作品中。1979 年，美国作家弗诺·S. 文奇（Vernor S. Vinge）出版小说《真名实姓》。书中构造出了一个虚拟世界"另一平面"，现实世界中的人可以通过类似脑机接口的设备接入这个虚拟世界，并用大脑操控其在虚拟世界中的行为。

1984 年，美国作家威廉·吉布森（William Gibson）出版小说《神经漫游者》。这本书首创了虚拟的"赛博空间"（Cyberspace，也称"网络空间"）的概念，还引发了"赛博朋克"（Cyberpunk）风格及文化。

元宇宙的概念产生于 1992 年，尼尔·斯蒂芬森（Neal Stephenson）出版了小说《雪崩》。这本小说在理念上与《真名实姓》《神经漫游者》等一脉相承。元宇宙是书中设定的虚拟数字世界的名称，具有浓厚的赛博朋克风。这一术语后来被互联网拿来借用。

VR 技术在电子游戏中首先得到广泛应用，各种 3D 游戏需要以身临其境的参与感吸引玩家。美国 Epic Games 公司的《堡垒之夜》现在已经发展成为一个综合性平台，用户不仅能在其中玩游戏，还可以进行社交，举行虚拟演唱会，等等。

建造类游戏平台主要提供用户创造功能。比如，《我的世界》允许用户使用几百个基本方块就能造出一个个虚拟的大千世界场景，如旅游景点、大学校园等。2020 年，新冠肺炎疫情暴发之初，由于社交隔离，很多大学生无法聚在一起举行毕业典礼。美国加州大学伯克利分校的学生们就一起建造了大学校园的虚拟场景，学生们都通过自己的虚拟分身进入其中，参加虚拟毕业典礼。在这个虚拟毕业典礼上，校长致辞、学位授予、抛礼帽等该有的环节一个也没少。校长还使用自己形象的虚拟人物发表了毕业致辞。

Roblox 公司以教育游戏起家，其游戏平台上并没有提供多少游戏，但提供了一个游戏制作工作室，用户在其中可以开发自己的游戏，并可邀请朋友一起玩自己创作的游戏。2021 年 3 月 10 日，Roblox 公司在美国纽约交易所上市，首日市值即上涨至 400 亿美元。由于公司招股书中率先写入元宇宙，迅速成为互联网科技资本圈炙手可热的新星，其平台也被认为是最具元宇宙特征的应用平台。

究竟什么是元宇宙呢？从字面上讲，元宇宙（Metaverse）的词根"-verse"源自英语单词"universe"，直译就是"超越宇宙"，意指一个脱胎于现实物理世界，但又超越它，并始终在线的平行数字虚拟世界。

维基百科对元宇宙给出的描述是："通过虚拟增强的物理现实，呈现收敛性和物理持久性特征的，基于未来互联网，具有链接感知和共享特征的 3D 虚拟空间。"

根据当前业界的主要观点，我们对元宇宙做了一个概念性描述：元宇宙是互联网上数字空间及时间节点相互交织而成的多维时空。作为数字空间，其具有虚拟属性，但它同时还与现实物理世界高度关联，且可交互与赋能。在时间维度上，元宇宙与现实世界平行且同步运转，拥有独立运行的经济社会系统，人们可使用数字身份和数字分身（Avatar）参与其中，并进行社交、生活、工作和创造。概括来说，元宇宙是可视化的新一代互联网。

数字身份、数字分身与数字资产

元宇宙具有哪些特性呢？按照 Roblox 公司 CEO 巴斯祖奇的观点，元宇宙包括以下八项基本特征。

- **身份**：在元宇宙中，身份不仅是用户的通行证，还包括形象化的数字分身，具有不同职业，如银行职员、时装模特等，可与现实中不同；
- **社交**：提供社交工具结交朋友是元宇宙的核心特征之一；
- **沉浸感**：让人有身临其境的交互和体验；
- **低延时**：人与人、人与网络系统之间的交互要即时响应，并可快速同步；
- **多元化**：元宇宙不仅有各种参与者，而且有大量且多样化的内容，包括玩法、道具、素材等，用户还可创造内容；
- **随时随地**：支持多种终端设备，以各种方式，随时随地进入元宇宙；
- **经济系统**：指与现实世界相关联且又独立的虚拟经济系统；
- **文明**：人们建立虚拟社区聚到一起，为保障安全与稳定，需要共同建立数字文明规范。

在上述特征中，数字身份位列首位。元宇宙中的数字身份不仅包括我们在前面介绍的数字身份，以识别、区分和验证用户，还可以视为用户在元宇宙中的通行证或身份证。同样，人们很自然地想象到，在数字空间也应该有一个数字化的拟态自我，这就是"数字分身"。

数字分身最早出现在科幻电影和第一视角类的游戏中，是用户在虚拟空间中的替身或代理。比如在电影《阿凡达》中，人们可以驾驭控制自己的数字分身，在虚拟空间从事各种活动。数字分身需要有体现用户的外在形象，就像我们在社交网站上使用头像、皮肤或个性签名来展示自我。数字分身可以是与用户形象完全相同的 3D 数字人，就像其本人的数字孪生体，也可以呈现为二次元卡通形象。用户戴上 VR 头显，就可以进入有着 3D 界面的元宇宙环境，在其中交互或交流，并获得高度沉浸感和现场感体验。

元宇宙还需要拥有独立而又与现实世界相关联的虚拟经济系统。这个经济系统也需要包含现实经济系统中的各种要素，比如上面说的数字身份 / 数字分身，还有独立的数字货币、数字资产等。数字身份是元宇宙的价值锚定，可以让用户拥有数字货币和数字资产，对其进行完全地拥有和控制。

元宇宙还要有自己的经济活动，比如用户通过相关平台设计 / 创作元宇宙内容或资产（UGC），或者为其他人提供服务。元宇宙要有完善的交易系统，实现数字资产和数字货币的快速销售、转售、存储保管，还要有规则体系保障用户的隐私和财产安全。

在数字空间，无论是数字身份 / 数字分身，还是数字货币、数字资产，都面临一个难题，那就是数字化内容的传播流动速度快，更重要的是数据具有可复制性和非消耗性，边际成本极低，使用上还具有非排他性。而很多物品的价值主要来自其稀缺性，这就与数字物品易复制性形成尖锐的矛盾。传统的解决方法是将数字身份和资产保护交给各种互联网服务平台，如电商平台淘宝、京东等，或者是其他游戏平台、娱乐平台等。平台提供统一的服务，并通过安全防护措施对用户的资产提供安全保障。这种管理方式，不仅让用户使用起来不方便，还可能发生用户数据泄露和资产被窃。平台还可能滥用用户数据，甚至删除用户，或者冻结、剥夺用户资产。

在元宇宙中，这个问题的解决之道就是去中心化机制，具体来说就是区块链，或者分布式记账本。让每个用户都参与记账，并采用加密方式保证数据安全。加密货币、去中心化数字身份、非同质化通证（Non-Fungible Token，NFT）都是基于这一机制。加密货币和 NFT 本质相同，但数字货币都是同质的，即用户 A 拥有的 1 个比特币与用户 B 拥有的 1 个比特币没有区别；而 NFT 的每一枚都可以不一样。去中心化打破了集中式平台的垄断，更有利于数字经济的发展。

数字身份不仅是元宇宙的通行证，还是价值的承载者，它可以锚定用户拥有的数字货币以及 NFT 数字资产。为保障用户个人信息与资产的安全，用户通常需要数字钱包，将数字货币、数字资产，乃至数字身份在区块链上的地址和密码口令进行统一存储和保管。

元宇宙还引发了新商业模式的变革。元宇宙社区的治理可采用去中心自治组织模式（DAO）。在商业社会，人们通常采用股份公司的方式对组织进行治理。这种方式采用多层次架构，有董事长、董事会、董事等复杂的层级。DAO 则是社区群体基于共识自发产生的组织形态，采用扁平化的组织结构，秉承共创、共享、共治的原则，具有充分开放、自主交互、去中心化控制、复杂多样等特点。DAO 的管理和运营规则均以智能合约的形式体现，不需要中心化的控制和第三方干预。

智能合约本质上是一种运行在区块链上的计算机程序，它通过事先约定的规则代码，自动执行合约条款，无须人工干预和第三方中介，也没有人能够随意修改。这一方面可以减少恶意和意外情况，另一方面可以减少信任中介。智能合约通常基于区块链，通过共识算法来执行，以保证一致性。智能合约能实现跨行业、跨领域、跨生态的价值传递。在智能合约中，数字身份及签名发挥着关键作用。

参考文献

[1]　辞海编辑委员会 . 辞海（1999 年版缩印本）[M]. 上海：上海辞书出版社，2000.

[2]　孟瑞 . "身份认同"内涵解析及其批评实践考察 [D]. 杭州：浙江大学 .

2013–05–22.

[3]   上官晓丽. 国际身份管理和隐私保护标准研究 [J]. 信息技术与标准化，2012（Z1）.

[4]   World Bank Group. G20 Digital Identity Onboarding [R]. 2018.

[5]   IDHub 数字身份研究所. 区块链数字身份背后：重塑政府公共服务形态 [EB/OL]. 链得得.（2018–11–14）. https://www.chaindd.com/3141188. html.

[6]   洒脱喜. 数据统治世界？看区块链如何解决数字身份难题 [EB/OL]. 巴比特网.（2019–03–27）. https://www.8btc.com/article/380114.

[7]   IDHub 数字身份研究所. 白话数字身份系列之一：身份和数字身份是什么？[EB/OL]. 巴比特网.（2018–07–11）. https://www.8btc.com/article/233993.

[8]   CTID 与 eID 共舞，引领中国数字身份发展 [EB/OL]. 移动支付网.（2019–05–13）. https://www.mpaypass.com.cn/news/201905/13114413.html.

[9]   奇安信身份安全实验室. 全面身份化：零信任安全的基石 [EB/OL]. 安全内参网.（2018–09–26）. https://www.secrss.com/articles/5331.

[10]   子凡. 什么是物联网标识 [EB/OL]. 泪雪网.（2019–12–26）. https://www.leiue.com/what-is-internet-of-things-logo.

[11]   陈兵，赵秉元. 民法典时代个人信息的保护和开发 [EB/OL]. 澎湃新闻.（2020–06–05）. https://www.thepaper.cn/newsDetail_forward_7715537.

[12]   张彤. 论民法典编纂视角下的个人信息保护立法 [J]. 行政管理改革，2020（2）.

[13]   胡智俊. 浅析我国个人信息定义与欧盟个人数据定义的不同 [J]. 上海律师，2020（10）.

[14]   王春晖. GDPR 个人数据权与《网络安全法》个人信息权之比较 [EB/OL]. 中国电子银行网.（2018–10–12）. https://www.cebnet.com.cn/20180712/102506315.html.

[15]   葫芦娃集团. 民法典对隐私权和个人信息保护有这些规定 [EB/OL]. 搜狐网.（2020–08–28）. https://www.sohu.com/a/415368911_100150040.

[16] 张新宝 . 从隐私到个人信息：利益再衡量的理论与制度安排 [J]. 中国法学，2015（3）.

[17] 宋宪荣，张猛 . 网络可信身份认证技术问题研究 [J]. 网络空间安全，2018，9（3）.

[18] 韩广利 . 当我们在谈论 eID 的时候，我们在谈论什么 [EB/OL]. 微信公众号：TalkingData.（2019–08–08）. https://mp.weixin.qq.com/s/3ysEgJRpSg2r-0feCeWsQrA.

[19] 分布式数字身份产业联盟 . DIDA 白皮书 [R]. 2020–08.

[20] 陆弃 . 古人怎么证明自己的身份？解读古代身份证的演变史 [EB/OL]. 网易 .（2019–06–12）.http://dy.163.com/article/EHFT3B3A05437ZOZ.html.

[21] 子阳 Alex. 数字身份应用中的区块链和 PKI 技术 [EB/OL]. 知乎 .（2019–11–19）. https://zhuanlan.zhihu.com/p/92578895.

[22] 梅臻 . 电子合同干货大放送：数字签名的证据效力（中）[EB/OL]. 法大大网 .（2017–10–19）. https://www.fadada.com/notice/detail-440.html.

[23] 贾铁军，陈伟，刘虹 . 网络安全管理及实用技术 [M]. 北京：机械工业出版社，2019.

[24] 刘怀北 . 浅谈生物特征识别的身份认证技术 [J]. 海峡科学，2012（10）.

[25] 席雅芬，姚奇 . eID 技术研究发展及前沿探索 [EB/OL]. 移动支付网 .（2018–07–19）. https://www.mpaypass.com.cn/news/201807/19103607.html.

[26] 闻西 . 大话人脸识别（四）：帅气登场 [EB/OL]. 知乎网 .（2018–08–22）. https://zhuanlan.zhihu.com/p/42622132.

[27] Shiler. 指纹识别系统概述 [EB/OL]. CSDN.（2022–07–11）. https://blog.csdn.net/wangyaninglm/article/details/87296595.

[28] 尤瓦尔·赫拉利 . 人类简史：从动物到上帝 [M]. 林俊宏，译 . 北京：中信出版社 . 2014.

[29] 陆弃 . 古人怎么证明自己的身份？解读古代身份证的演变史 [EB/OL]. 网易 .（2019–06–12）. http://dy.163.com/article/EHFT3B3A05437ZOZ.html.

[30] 董军，程昊.大数据时代个人的数字身份及其伦理问题 [J].自然辩证法研究，2018，34（12）：76–81.

[31] 周宇恒.忒修斯之船 [EB/OL]. bilibili 网.（2020–07–26）. https://www.bili-bili.com/read/cv6909668/.

[32] 李小燕.网络可信身份认证技术演变史及发展趋势研究 [J].网络空间安全，2018, 9（11）.

[33] 周彦萍，崔彦军.PMI 授权管理系统设计与实现 [J].计算机技术与发展，2012，22（1）：228–232.

[34] 蓝鲸财经.网络安全的新基石，从零信任开始 [EB/OL].新浪网.（2020–04–27）. https://cj.sina.com.cn/articles/view/5617041192/14ecd3f2802000xbu7.

[35] Evan Gilman, Doug Barth. Zero Trust Networks[M].CA: O'Reilly. 2017.

[36] 很好还好还好.用户画像总结 [EB/OL]. CSDN. (2018–03–28). https://blog.csdn.net/zzhhoubin/article/details/79727130.

[37] 邹雨晗.如何破解"千人千面"，深度解读用户画像 [EB/OL].微信公众号：神策数据.（2017–08–21）. https://mp.weixin.qq.con IS/5P_BW4gSByMcd-cykjwU3Sg.

[38] 中国信息通信研究院，安全研究所，阿里巴巴集团安全部，北京数牍科技有限公司.隐私保护计算技术研究报告 [R]. 2020–11–19.

[39] 翼俊峰.元宇宙浪潮：新一代互联网的风口 [M].北京：清华大学出版社，2022.

[40] Dave Baszucki. Roblox CEO: Metaverse 有 8 个特点，玩家将是真正的创造者 [EB/OL].游戏大观网.（2021–03–01）. http://www.gamelook.com.cn/2021/03/415748.

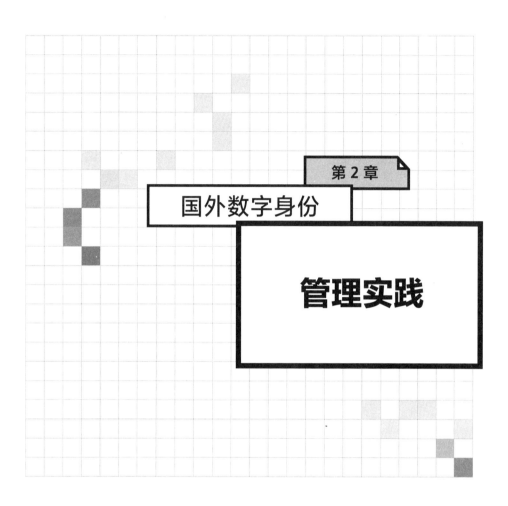

第 2 章

国外数字身份

管理实践

19 世纪后期，以照片、个人信息为特征的纸质身份证件使政府能够识别其公民，实现对国家经济社会的高效治理。现代金融和商业活动的信任基础也是身份体系。世界各国的身份管理体系多种多样，有的采取国家统一颁发管理，比如欧盟国家、东南亚地区，以及我国；而英美等国没有使用国家统一身份体系，而是使用驾照、社会保险号等构建的分散的身份体系。在互联网时代，数字身份也就成为国家数字经济社会的关键基础设施。世界各国政府都在积极行动，布局打造数字身份管理体系，建立数字空间的信任体系。

先入为主的全球规则引领者：欧盟

欧盟数字身份管理实施战略概况

在国家层面实施数字身份认证与管理方面，欧盟是先行者，其数字身份应用也最为成熟。早在 20 世纪 90 年代，欧盟就开展了数字身份、电子签名的示范性研究。1998 年，欧盟发布了第五次技术发展和示范研究框架计划（FP5），围绕电子政务、个人隐私保护等课题开展数字身份研究。2002 年的第六次技术发展和示范研究框架计划（FP6）则开展数字身份的部署和管理研究，包括 eID 通用框架、身份认证模式、关键技术等。

2006 年，欧盟委员会发布了纲领性文件《2010 年全欧洲 eID 管理框架路线图》（以下简称《路线图》），这是欧盟推进 eID 的顶层设计方案。《路线图》从欧盟层面统筹指导各成员国实施 eID，提出在五年内建设欧盟层面的统一 eID 管理框架，并给出了具有可操作性的分阶段推进路线图。《路线图》的目标是通过建立统一的身份认证体系，实现各成员国 eID 的互联互通及互操作。这样，欧盟成员国公民持有本国 eID 便可在任一成员国享受医疗保险等公共服务。《路线图》还确立了欧盟 eID 管理的原则和核心价值观，即在推进 eID 过程中，要以公民为中心，为公民提供服务，并保障公民隐私权。

2009 年，欧盟发布了《全欧洲电子身份管理行动发展报告》，提出进一步推进 eID 的两项建议策略：一是构建欧盟统一 eID 认证基础设施，实现跨境身份认证，这一举措包括标准化倡议和互操作性倡议；二是建立跨境身份信息资源互换机制，打破当前成员国之间的法律壁垒，实现欧盟公民的自由流动和无国界生活与工作。

欧盟各成员国也都纷纷出台配套政策法规，积极推进 eID 的实施，取得了显著进展。目前，在欧盟 27 个成员国中，德国、比利时、意大利、西班牙、爱沙尼亚和荷兰等 17 个成员国都已经发行了国家 eID。其中，比利时、德国、奥地利、意大利、西班牙、爱沙尼亚等国家 eID 不仅起步早，而且普及率高。如比利时人口约 1100 万，eID 的使用人数超过 900 万；爱沙尼亚的数字化程度不仅在欧盟领先，在世界范围也名列前茅，其 eID 人口覆盖率高达 96%，且相关应用及服务广泛，包括 600 多项公共服务、2400 多项商业服务。

欧盟还积极开展跨境身份网络的互联互通和相互承认，在欧盟内部实现数字身份及信任服务的一体化。2014 年，欧盟通过《数字身份和信任服务条例》，在充分保护个人隐私及数据安全的基础上，为欧盟公民、企业和政府机构跨境电子身份提供相互认证机制，并在必要时分享个人数据。截至 2019 年底，德国、意大利、西班牙、爱沙尼亚、克罗地亚和卢森堡六国已经实现了 eID 的跨境互认，即持有其中任一国家颁发的 eID，都可以跨境到其他国家获得该国公民同等公共服务，如网上纳税申报、建立银行账户、登记企业、申请学校、读取个人电子病历等，并承认 eID 具有与传统纸质文件同样的法律效力。

欧盟将数字身份作为社会数字化转型的关键要素。2021 年 3 月，欧盟委员会发布报告《2030 数字罗盘：欧盟数字十年战略》，提出在 2030 年前实现所有关键公共服务以在线方式提供、所有公民均可访问电子医疗记录、80% 的公民使用数字身份解决方案。2021 年 6 月，欧盟委员会公布了《欧盟数字身份框架》倡议，提出成员国认可的公私机构应向公民、常住居民、企业提供"数字身份钱包"，用于管理证明其个人信息的国家身份文件（例如驾照、学历证书、银行账户等），这样用户可自主选择与第三方分享其身份数据，在保证个人数据安全的前提下，轻松便捷地验证个人身份并访问在线服务。

欧盟在保护个人信息方面也不遗余力。2016 年 4 月，欧盟通过了《通用数据保护条例》（GDPR），并在 2018 年正式生效。GDPR 对个人数据和隐私保护严格，且具有较高的可操作性。为此，美国互联网巨头迅速按照 GDPR 要求修改了全球用户协议，新版本协议还覆盖了全球其他地区的用户，这相当于为个人数据保护设定了全球标准。

在电子签名方面，欧盟也建立了成熟的体系。欧洲电信标准化协会是欧盟电信标准化机构，其下属的电子签名和基础设施委员会专门负责电子签名和数字身份相关标准的制定。目前，欧盟已经建立了较为完善的电子签名技术标准体系，内容涵盖签名设备、签名生成与验证、证书策略等。另外，欧盟还重视网络应用的可信性和跨境互操作性，制定了可信服务标准，包括支持电子签名的时间戳服务、证书服务、签名生成和验证服务标准等；可信应用服务标准包括应用电子签名注册电子邮件、数据存储、电子发票标准等；可信服务状态列表标准包括可信服务状态、可信服务提供商状态列表等。这些标准不仅在欧盟范围内被广泛使用，还对相关国际标准产生了影响。

爱沙尼亚模式的数字身份管理

爱沙尼亚是 1992 年才从苏联独立出来的一个波罗的海小国。经过近 30 年的发展，爱沙尼亚在电子政务等方面取得了令人瞩目的成就。英国首席科学顾问报告认为，世界上第一个实现数字政府的国家就是爱沙尼亚，英国巴克莱银行将爱沙尼亚评为"世界数字化转型进展最好的国家"。在 2020 年版的《联合国电子政务调查》中，爱沙尼亚的电子政务发展水平名列第三。这些成就很大程度上要归功于爱沙尼亚的 eID 实施策略和方法。新加坡总理李显龙表示，希望新加坡能够复制爱沙尼亚数字身份系统的成功。爱沙尼亚数字身份驱动的国家数据共享平台 X-Road 已被包括芬兰、墨西哥、日本等在内的很多国家引进。加拿大银行家协会也建议加拿大的数字身份战略应借鉴爱沙尼亚的成功经验。

爱沙尼亚的 eID 实施策略

爱沙尼亚数字身份实施成功的关键首先是战略上重视，将其与数字政府一起进行整体规划。1998 年初，爱沙尼亚议会通过了《爱沙尼亚信息政策原则》，这是爱沙尼亚建立数字社会的纲领性文件，也是国家数字化转型的规划。文件强调公私配合、共建高效信息社会的重要性。1999 年，爱沙尼亚启动 e-Estonia 项目。这个规模宏大的项目致力于从零规划设计整个国家的信息基础设施，并着手将政府服务和公共服务从物理空间迁移到数字空间。

爱沙尼亚的数字身份项目是在相关法律的基础上实施的。国家投资建设信息系统之前，首先由相关职能部门起草相关法律，再交给议会审议通过。1999 年 2 月，为了配合实行国家电子身份卡 e-ID 项目，议会审议通过《身份证明文件法》，2002 年开始为公民颁发数字身份卡 eID。

数字签名也是 eID 的重要功能。爱沙尼亚的《数字签名法》于 2000 年 3 月由议会审议通过，2000 年 12 月 15 日正式实施。这项法律授予数字签名与手写签名同样的法律地位，要求各单位必须承认并接受包含数字签名的文件。该项法律明确要求，安全签名生成设备要符合欧盟指令 1999/93/EC 中关于电子签名的共同体框架的要求，确保电子签名发挥出设计功能。

电子身份卡

爱沙尼亚数字身份体系的核心是电子身份卡（e-ID）。2000 年 1 月 1 日，爱沙尼亚的《身份证明文件法》正式生效实施，启动强制性国家身份卡项目，其中身份卡采用 e-ID 或智能卡方式。e-ID 既可作为物理身份证，也可作为电子身份证使用。该法令规定，e-ID 应包含数字证书，供公民在网上进行数字身份认证使用。法令还特别要求 e-ID 支持数字签名。也就是说，e-ID 的芯片中包含两个证书：一个用于数字身份认证，另一个用于数字签名。e-ID 还包含持卡人的姓名和身份证号码，身份认证证书还包含一个官方分配的电子邮件地址，这个地址对于每个持卡人也是唯一的。就像身份证一样，每一位 15 岁以上的公民都必须领取 e-ID。

2002 年，爱沙尼亚开始发行 e-ID，这一年共发行了 13 万张卡。到了 2011 年，爱沙尼亚共发行了 120 万张 e-ID，而爱沙尼亚总人口有 130 多万，也就是说爱沙尼亚政府已经将 e-ID 分发到大多数国民的手中。此外，在爱沙尼亚的外国侨民也可以领取爱沙尼亚的 e-ID。

爱沙尼亚 e-ID 项目实施的参与者既有公共部门，也有私营部门。正式授权的 e-ID 管理者是爱沙尼亚公民身份和移民委员会，这是爱沙尼亚内务部所属的一个政府职能部门。e-ID 基础设施的维护单位是证书管理中心、两家银行 Hansapank 和 Eesti Ühispank 组成的联合体，还有两家电信公司 Eesti-Telefon & EMT 组成的联合体。证书管理中心是 e-ID 认证的权威机构，主要负责身份认证相关服务工作。同时，该中心还负责 e-ID 的发放工作，公民可以到指定的银行网点领取 e-ID。

爱沙尼亚政府要求公共部门提供的服务必须具有 e-ID 身份认证功能。政府对私营部门使用 e-ID 没有任何限制，其认证机制对所有外部开发者开放，鼓励对其拓展开发，这样一来，任何机构都可以在自己开发的应用程序中利用 e-ID 进行身份识别和认证。目前，已经授权利用 e-ID 的应用有银行交易、合同签署、税务申报、无线网络认证、政府数据库的访问、建筑物自动门禁等系统。

移动身份卡

2007 年，爱沙尼亚启动了"移动身份卡（m-ID）"项目，允许将手机卡作为 e-ID 使用。m-ID 是一种可被手机或其他电子设备识别的特殊 e-ID，m-ID 直接关联相应的 e-ID，m-ID 和 e-ID 的法律地位是相同的。

与 e-ID 一样，m-ID 也包含身份证书，可用于识别验证持卡人，并可对文件签署数字签名。m-ID 的证书信息存储在移动手机的用户标识模块（SIM）卡中。相比 e-ID，很多电子公共服务系统更希望用户使用 m-ID，因为其使用更为便利。除了使用手机的 m-ID，各种智能卡也可以用来承载 e-ID。

世界电子居民

2014 年，爱沙尼亚向全世界开放颁发世界电子居民（e-Residency），这是世界上第一种无国界数字身份证，旨在打破国家物理边界，在数字空间打造全球第一个数字国家。只要你申请到 e-Residency，你就成了爱沙尼亚的"电子居民"，你不仅会得到爱沙尼亚政府颁发的电子身份证号码，还可以使用爱沙尼亚的部分在线服务，比如可以在线注册创建欧盟公司，开拓国际商贸业务。这一项目旨在吸引国际人才和国际业务，并扩大爱沙尼亚的国际影响力。

不过，目前的 e-Residency 只能用于网络数字空间，使用在线数字服务，不能作为到爱沙尼亚或其他国家的护照或签证。作为真正签证使用的是 2018 年开始的数字游民签证，这才是爱沙尼亚的数字绿卡，专门颁发给可以跨国远程移动办公的数字游民，可让他们在爱沙尼亚边旅游边工作。

公共数字签名平台

在爱沙尼亚，数字签名和纸质签名具有同等法律效力。为此，需要构建一个安全、易用的平台，方便机构、企业和个人添加数字签名，并可传输文件。爱沙尼亚开发了一个免费使用的公共数字签名平台（DigiDoc），允许用户创建数字签名，并可对签名进行鉴别、验证。

DigiDoc 平台包括一系列的程序库和最终用户工具，主要有时间戳记、联机证书状态协议、数字签名的长期有效机制、签名文件格式，以及用于发放、处理并验证数字签名的系统。

DigiDoc 平台采用基于 XML 的高级电子签名，符合欧洲标准 XAdES。签名文件定义了存储签名数据、数字签名以及安全属性等信息结构，使用符合国际标准的 BDOC 格式，这是一种文本格式，并经过 ZIP 算法压缩。DigiDoc 平台通过使用标准化的数据格式保证其互操作性。这些措施是为了保障机构之间、部门之间能够相互承认数字签名。为了保障安全，DigiDoc 平台使用 e-ID 对数字签名进行公钥加密，其加密算法具有很强的鲁棒性，标准符合欧盟最严格的安全要求。

DigiDoc 平台的使用流程很简单，用户首先要使用 e-ID 或 m-ID 登录到系统，上传文件后即可添加数字签名，然后再发送到协议的对方进行签名。文件可以是任何类型，无论是文字处理文件、照片，还是即时聊天信息。录制的语音文件也可以上传到 DigiDoc 平台。用户上传的文件被存储到用户自己单独的文件夹中，只要登录系统，用户就可以看到自己上传的文件以及自己签名的其他文件。

目前，数字签名在爱沙尼亚全国范围内可实现完全互操作，并且不仅限于公共部门，企业、个人在签署协议合同、银行文件等方面已广泛使用数字签名。

公共密钥基础设施

公共密钥基础设施（PKI）主要用来保证身份认证和数字签名的安全，允许使用密钥对发送加密数据：加密公钥和解密私钥。爱沙尼亚的 PKI 技术与电子身份（e-ID、m-ID 和数字证书）密切相关。

爱沙尼亚的公共密钥基础设施是国家级 PKI，这意味着国家承担并保证 PKI 的运行和使用责任。与 PKI 相关的大部分服务都是向私营企业购买的，比如证书及其有效性验证的设施、公钥发放设施、密钥的创建环境（也就是 ID 芯片）。

美英等发达国家数字身份战略及实施

世界各国的国情、文化等因素较为复杂，数字身份的模式和实施也千差万别。尽管欧盟的数字政府和数字身份在全球领先，而美国、加拿大、澳大利亚、英国、日本、韩国等国，到目前为止还未建立起国家统一身份证体系。公民在需要证明身份时通常使用护照、驾驶证、社保卡、医疗卡或其他证件。但同属英语系发达国家的新加坡在数字身份应用方面却处于世界前列。

美国：私营机构主导模式

美国是互联网的发源地，也是世界上网络活动最活跃的国家，其对互联网的依赖程度居世界首位。美国的数字身份管理也是世界领先，但这主要是由互联网巨头牵头实施，像谷歌、苹果、Facebook、Twitter 等，在世界范围内都有超过 20 亿人的庞大用户身份数据库。但这些身份数据主要是用于商业目的，并非国家数字身份。

美国联邦政府内部在数字身份应用方面也比较成熟。2004 年，美国联邦政府为管理联邦雇员出台了第 12 号国土安全总统令（HSPD-12），提供了一套身份管理标准策略。2009 年发布联邦身份、凭证与接入管理路线图和实施指南。

美国联邦和州政府部门有很多为公民提供政务及公共服务的网络系统需要身份认证。但到目前为止，美国还没有一个全国性的数字身份管理体系。公民需要在政府机构、公共服务部门或银行的系统分别注册身份账号。身份认证方式和途径很多，如社会安全号码、护照、驾照等。这种碎片化的身份管理模式，不仅不便于管理，注册流程复杂，给民众和企业都带来诸多不便，难以适应数字化时代的需要，更重要的是，还有巨大的安全风险。

在联邦政府身份管理经验的基础上，奥巴马政府在 2011 年发布了《网络空间可信身份管理战略》(NSTIC)，提出要建立一套覆盖全美、以用户为中心的数字身份生态体系，允许个人、机构等各类实体参与者遵循统一策略、标准和流程进行身份识别与认证，以保护用户隐私、降低网络交易成本、提高安全性。NSTIC 的目标是保护电子商务、在线金融服务等，并打击在线身份盗用。

NSTIC 主张数字身份管理应该由私营机构主导，强调公民和机构自愿参与。联邦政府只是在项目启动、创新应用上做示范，并提供政策引导与保障。在组织机构方面，商务部成立国家项目办公室负责战略的实施，具体由国家标准与技术研究院领导。项目办公室设立一个由私营机构主导的身份生态指导小组，负责生态系统框架的制定和推广应用。联邦政府还资助建设导引项目作为示范，国家项目办公室专门成立可信身份小组负责领导工程的实施管理。

2014 年，美国在宾夕法尼亚、密歇根、加利福尼亚等州开展了网络身份认证的在线测试，并开展相关法案的制定，内容涉及电子商务、居民健康、网上教育等领域。2014 年 12 月，联邦政府推出了联邦云凭证服务平台 connect.gov，其主要目标是让私营机构链接到政府部门。2017 年，更为简单安全的 Login.gov 上线，取代了 connect.gov。Login.gov 作为政府信息服务的统一入口，只要提供邮箱和口令，即可访问政府部门的所有服务项目。

加拿大：公私机构合作模式

加拿大的数字身份体系伴随着其电子政务发展而建立，旨在保障公民隐私和安全，增强公民对政府服务的信任。2006 年 11 月，加拿大公共部门服务联合委员会提交报告，提出制定跨辖区的公民和企业身份管理和认证标准、框架及参考模型。依据这些准则和指南，政府各部门可为公民和企业提供以用户为中心、跨辖区的公共服务。

加拿大的数字身份权威机构是加拿大数字身份和认证咨询委员会，它由加拿大的公共部门和私营机构联合组建。该委员会制定了《数字身份生态系统原则》，并设计了一个公共和私营部门数字系统访问的信任框架——全加拿大信任框架（Pan-Canadian Trust Framework，PCTF）。PCTF 是一个指导和评估数字身份计划的工具，主要利用现有的标准、政策、指南和实践，构建数字身份管理方案。

2018 年 5 月，加拿大银行家协会发布了《加拿大数字身份认证的未来——联合身份认证白皮书》，提出了加拿大建设数字身份体系的技术方案和实施路径。白皮书还建议加拿大采取公私机构合作的模式进行数字身份的实施与监管，鼓励创新数字身份解决方案。白皮书还提出《联合数字身份识别框架》，即不建立集中式身份数据库，而是基于联邦模式，将个人身份信息存储在相互联通但又各自独立的不同系统中。用户进行身份认证时，可调用相应数据库，为用户提供无缝体验。

2018 年 10 月，加拿大几大银行联合推出了数字身份认证应用 Verified.Me，其功能实现主要依赖各银行及电信运营商的身份认证体系。用户首先选择信任的银行或电信运营商为其创建数字身份，当某一网络服务需要用户提交身份信息时，Verified.Me 将允许用户使用其在身份注册机构的登录凭证访问其他在线服务。比如，用户在银行注册身份信息后，可以通过该银行的网上登录凭证访问税务网站，或预约医生、查看健康档案、租赁房屋等。

新加坡：通过智慧国家战略实施

在新加坡实施的智慧国家或智慧城市战略中，国家数字身份体系

（NDI）的作用至关重要。总理李显龙认为，国家数字身份体系将是新加坡智慧国家愿景的基石。NDI 主要包括两个子系统：SingPass 和 MyInfo。

早在 2003 年，新加坡就建设了国家数字身份验证系统——新加坡个人访问系统（Singapore Personal Access，SingPass），其移动应用版本为 SingPass Mobile。SingPass 主要为公私机构的数字系统提供系统登录、身份验证、身份授权等功能，包括人脸验证等生物特征方式。SingPass 系统作为公民的数字身份 SingPassID，主要解决政府部门政务和服务系统的统一身份认证问题。有 380 万公民或居民领取过这种数字身份 SingPassID，可访问 140 多个政府部门和私营机构的 400 多种数字化服务系统，如纳税申报、申请公共住房等。

早期的 SingPass 系统采取传统身份认证方式，需要人们记住用户名和口令，使用繁琐，已经不能适应新加坡智慧国家战略的需要。为此，新加坡政府在 2018 年决定升级 SingPass 体系，其参照标杆就是数字身份全球领先的爱沙尼亚 eID 数字身份系统，使用数字加密技术保障安全性。为了使用便捷，新加坡政府还将人脸识别技术引入到身份验证环节，并要求全体国民都必须采集面部识别信息。有隐私保护倡导者和技术机构担忧政府对人脸识别数据有可能滥用的风险，还有人担心人脸数据被未明确同意的其他机构利用，但系统开发商承诺，新加坡的数字身份采用的是"人脸验证"技术，这与"人脸识别"不同。其最主要的区别是，"人脸验证"要求主动明确同意，"人脸识别"是被动搜集。

MyInfo 是 NDI 的另一组件。这是一个便捷的国家级客户身份核验平台，其设计理念是"只告诉我们一次"。平台系统将每个新加坡公民分散在各个政府机构的个人信息搜集整合成为统一个人档案，公民不仅可以添加修改额外信息，如收入、教育、就业和家庭等数据，还可管理与控制个人信息。

当公民需要在线填写不同形式服务表单时，系统就可以自动从 MyInfo 平台提取相关信息，而无须填写重复的内容，这给民众带来很多便利。

对于政府部门，MyInfo 将民众在所有政府网站上的信息都连接起来，形成一个公民信息共享协作平台，通过数据分析可实现部门数据之间的精准匹配和无缝对接，有助于实现政府部门间的合作协调和政府事务流程的一体化，这充分体现了整体政府的理念。由于公民在政府网上都留下了数字脚印，很多行为都是有迹可循的。这些信息不仅可用于设计满足民众个性化需求服务，还可用于政府决策及政策制定。截至 2018 年，已有 145 个政府部门和 155 个私营机构的数字系统接入到 MyInfo 平台。

澳大利亚和日本：政府推动模式

澳大利亚

与美国和加拿大不同，澳大利亚的数字身份管理策略是由政府主导的。主要方法是通过在电子政务中应用数字身份，增强政府各部门之间的相互协调，避免出现"信息孤岛"。为了解决信息安全、身份认证和保密性等问题，澳大利亚还制定了联邦公钥基础设施（PKI）标准。2000 年 11 月，澳大利亚重建政府门户网站，以澳大利亚商业编码管理体系为基础，发放面向政府在线服务和电子商务的"澳大利亚商业编码—数字签名证书"，以简化商业与政府、商业与商业之间的在线交易。

澳大利亚基于 PKI 构建其公民数字身份体系。这一体系采用非集中式的注册管理策略，即不建立国家中心机构来验证公民身份。政府鼓励采用国家电子认证身份框架，但身份证书的发放主要根据公民的具体需求。如澳大利亚税务局发放的 MyGovID，澳大利亚邮政 AusPost 颁发的 Digital

ID，2005 年之后的银行卡、社保卡以及公务员服务卡都具有公民身份卡的功能，这些身份卡可以相互通用。目前，澳大利亚公民基本都拥有一张这种身份卡，可用于政务及公共服务以及电子商务，如在线纳税、医保结算等。

为打击网络欺诈、多重身份、网络盗窃等网络犯罪，澳大利亚政府在 2007 年启动全国网络身份管理战略，其中国家证件验证服务（DVS）是其重要组成部分，主要用于实时验证公民身份证件是否合法、有效，证件中数据是否与持证人一致等。这一系统不仅能为政府部门的政务和公共服务提供身份验证，也能为私营商业机构提供相应服务。2016 年，澳大利亚政府上线新的人脸验证系统（FVS），作为 DVS 的重要补充。评估表明，FVS 可以增强身份验证的安全性和可靠性，更好地保护个人隐私。

2017 年 5 月，澳大利亚政府发布了数字化身份发展计划 GovPass，提出将在 2017—2018 财年内投入 2270 万澳元建立国家可信数字身份框架，建立应用更广泛的身份认证体系，以帮助公民取得数字化身份证明，并对接现有 DVS 和 FVS 系统，方便公民使用政府提供的各项在线服务。

2017 年 11 月，澳大利亚政府的数字化转型局发布《可信数字身份框架》，用于规范公民的数字身份信息管理。框架提出将基于 e-ID 建立全国统一的在线身份认证生态体系，并制定了各参与方应该满足的要求；同时发布的还有数字化身份信息的收集、存储与使用方面的安全性与可用性相关标准，以实现对个人身份信息的有效保护。该框架共包括 16 份文件草案，内容包括面向供应商的身份认证和证书要求、可信框架及认证流程、数字化身份验证要求、核心用户体验要求、隐私保护要求、保护性安全要求、风险与欺诈管理要求等。此外，框架还规范了可用性与可访问性等要求。

日本

另一个采用政府主导模式实施数字身份管理的国家是日本。第二次世界大战期间，日本政府曾通过身份证制度对民众进行全面控制，日本国民非常警惕国家统一身份管理制度。因此，日本一直没有国家统一颁发的身份证。直到 1999 年，日本议会通过《居民基本注册修改法案》，规定政府向民众颁发 11 位的身份号码，还包括姓名、性别、生日、住址等信息。2002年，日本政府建立了全国性的身份管理网络 Juki 网，为公民提供可自愿选择的 e-ID，即 Juki-net Card。这种身份卡自愿申领，但由于反对党的反对，有些地方政府拒绝实施，这一计划最终没能取得成功。

2016 年 1 月，安倍内阁发布第五期（2016—2020 年）科学技术基本计划，首次提出要建设超智能社会或"社会 5.0"。这一计划的关键举措就是要全面实施内置智能芯片的 e-ID 身份卡"My Number"，这是一种 12 位的身份编码，其中不包含个人信息。日本政府设想在社会保障、税收、灾害对策等政务服务办理时使用。但"My Number"卡的申请情况也不乐观，截至 2019 年，全国仅有 18% 的人口申请，东京的这一数字也只有 23%。

2020 年的新冠肺炎疫情使日本政府认识到数字身份普及的重要性。政府在向民众发放疫情补助金时，优先向有"My Number"卡的人发放，但大部分人还是到银行填写纸质表格办理。2020 年 9 月，日本内阁前官房长官菅义伟接替因健康原因辞职的安倍晋三，就任新首相。他随即大刀阔斧开启新一轮的"数字新政"改革，并设立专门的推动机构"数字厅"，其职责之一就是推进"MyNumber"卡的普及，驾照的数字化，并将"MyNumber"卡、医疗保险卡和驾照合并。为促进数字身份对经济社会的推动作用，日本政府还引进爱沙尼亚的数据共享交换基础平台"X-Road"，以发展数字服务驱动的共享经济。

英国：因政党理念分歧而半途而废

英国的数字政府在世界处于领先地位，但英国的数字身份管理体系却一波三折。究其原因，在于英国政党对身份制度理念的严重分歧。倾向自由主义的保守党担心数字身份被政府用于监控民众，或者由于政府部门无能或滥用而损害公众利益。

2005年，当时执政的工党布莱尔政府提出建立国家身份证体系，受到保守党抨击，认为这一制度成本高昂，是"变相捐税"。另外，身份证上面的个人信息造成公民与国家之间的关系出现不健康的失衡。公民信息被集中保管在内政部，个人隐私有被泄露的风险，或者被政府滥用。最后，英国《身份证法案》在议会经过两次表决才以微弱优势通过。该法案明确了公民身份证为e-ID卡，可作为公民身份证明和在欧盟旅行的证件。

工党政府随即开始在伦敦和曼彻斯特开展身份证试点，计划到2010年，民众到银行办理业务开始需要出示身份证，并预计2017年覆盖全英国。但2010年5月，保守党执政后，卡梅隆政府声称这一制度侵犯了个人权利，宣布在百日内将其废除，并销毁了采集到的全部数据。至此，这一花费了2.5亿英镑的身份制度无疾而终。

实际上，保守党政府也并非完全排斥数字身份，他们倾向于采用联邦模式的身份认证和管理模式，即不设立集中式身份数据库，主要由私营机构采取竞争方式管理。2011年，保守党政府推出身份保障计划，2016年正式上线GOV.UK Verify，用于政府部门为公民提供服务时进行身份认证。系统运营最初由五家第三方机构负责，从2020年3月24日开始，运营商只有英国邮政和总部在荷兰的Digidentity公司。据统计，2018年的个人身份验证成功率只有45%，运营效果并不理想。

韩国：因技术不完善及信息泄露而终止

韩国是最早实施数字身份的国家，其思路是网络实名制。2002 年，韩国开始在政府网站推行网络实名制，但社会支持度很低。2005 年，韩国发生了一系列网络欺诈案件，特别是有人随意人肉搜索个人信息，造成几起受害人精神崩溃的事件，民众对网络实名制支持率从 30% 升至 60%，国会很快通过并发布《促进信息化基本法》《信息通信基本保护法》等法规。韩国成了世界上首个强制实行网络实名制的国家。

韩国实施的网络实名制是为每个上网的人分配一个互联网个人识别码（Internet Personal Identification，iPIN），政府想以此代替居民身份证，同时也可减少网络空间的隐私泄露、语言暴力、名誉侵犯以及虚假信息泛滥等问题。但实施几年后，调查发现，网络实名并不能遏制网络暴力，诽谤跟帖的数量并没有明显减少。并且这种实名方式在技术上并不成熟，简单照搬线下身份证认证方式，造成网上身份造假和信息泄露问题严重，使服务商难以真正认证用户身份。另外，网络实名制导致很多人选择访问外国网站，本国的网站访问量明显减少。

压垮韩国网络实名制的最后一根稻草是严重的用户数据泄密事件。2011 年，韩国著名门户网站 Nate 和社交网站 CyberWorld 遭到黑客攻击，约 3500 万名用户的个人信息被泄露，这差不多占全国人口的 70%。同年 11 月，韩国的游戏运营商 Nexon 公司服务器遭黑客入侵，1300 万名用户的个人信息被窃。韩国政府迫于舆论压力，不得不宣布分阶段废除网络实名制。2012 年，韩国宪法法院裁定网络实名制违宪，这意味着韩国以网络实名制为特征的数字身份计划彻底终止。

从韩国推行网络实名制的失败教训来看，无论技术路线和实施方案如何制定，都要将个人数据安全和个人隐私保护放在首位。个人隐私事关每个人的生命财产安全，大规模个人数据泄露不仅会打击社会公众对数字身份的信任，还可能会严重影响社会稳定。

后来居上的数字身份急先锋：印度

最近十多年来，印度的数字身份和移动支付异军突起，成为亚洲乃至世界数字化领域的黑马。与其他国家的稳步推进的方式不同的是，印度政府出人意料地采取一种激进的实施策略，一方面表现在推进速度快，从2010年Aadhaar数字身份项目启动，到2018年，已经有超过12亿的印度人都拥有了数字身份证，占总人口的80%，而99%18岁以上的成年人都拥有数字身份，从而使印度建成了全球规模最庞大的生物特征身份注册库，这也是除谷歌、Facebook等之外唯一超过10亿人口、并由政府公共部门开发运营的数字身份数据库。

另一方面，印度政府对个人数据的采集范围也很激进，不仅采集每个公民的姓名、地址、手机号等基本信息，还全面采集了他们的人脸识别照片、十指指纹、眼睛虹膜等生物识别特征。这些信息在很多国家通常作为刑事案件侦查等少数领域使用，而印度则将范围扩大到了全体国民。此外，系统还收集每个人的数字足迹，比如银行账号、手机号及详细信息、所得税申报表、选民身份证，这让很多人感到担忧。世界银行首席经济学家保罗·罗默（Paul Romer）称Aadhaar为"世界上最复杂的身份认证系统"。微软公司的比尔·盖茨、谷歌CEO桑达尔·皮查伊（Sundar Pichai）都非常赞赏印度的这套数字身份系统，认为这一大胆举措让印度在世界上出类拔萃。

尽管 Aadhaar 数字身份体系在印度国内和世界范围都引起很大争议，但这一系统给印度经济社会带来的变革和影响还是巨大的。政府的治理效力有了明显提高，政务及公共服务的数字化程度有了很大提高。基于 Aadhaar 的移动支付呈爆发式增长，推动了科技创新企业的蓬勃发展。2020 年为应对新冠疫情，政府通过这一系统对贫困人口发放福利救济，到 4 月中旬就给超过 3.2 亿人发放了 40 亿美元的补助，发放效率和秩序都优于美国、日本。印度的数字身份系统也因此引起了日本的关注，日本政府正与印度政府密切合作，考虑借鉴印度的数字身份推广实施经验。

印度数字身份管理实施策略

印度有 13 亿多人口，是与我国人口差不多的世界第二人口大国。长期以来，印度没有国家统一颁发的身份证，公民使用护照、驾照、PAN 卡（Permanent Account Number，永久账号，主要用于交个人所得税）等近 30 多种证件作为个人身份证件，种类繁多，功能效力和使用范围各不相同，这为政府管理和公民使用都带来了诸多不便。

为解决向民众提供财政补助等公共服务和治理问题，印度政府在 2009 年设立印度身份标识管理局，由其负责建设全国统一的身份证体系。2010 年 9 月，印度正式启动 Aadhaar 计划，开始建设全球规模最庞大的生物身份识别体系。

原则上，Aadhaar 数字身份卡实行"自愿申请、费用全免"。但 2016 年，印度议会通过《Aadhaar 法案》，授权允许政府将 Aadhaar 号码作为公民获取政府福利补贴的依据。Aadhaar 还是印度人的永久财政地址，与各种日常活动紧密关联着，如果一个印度人不注册 Aadhaar 的话，几乎无法生存下去。比如，开通银行账户、办理转账业务、注册上学、学校午餐、奖学金、养老金、福利救济金等，以及购买火车票、结婚登记、驾照申请等，都需要通过 Aadhaar 认证身份。这种"强制性自愿参与"方式，在很大程度上加快了数字身份的推进速度，也有助于政府遏制身份欺诈和福利腐败。

数字身份体系底层设施 JAM

基于 Aadhaar 的印度身份体系的底层设施是被称为"三位一体"的JAM，即 Jan Dhan、Aadhaar 和 Mobile 的缩写，其中 Aadhaar 是数字身份证，Jan Dhan 是国家为每个人建立的普惠金融账户，Mobile 是移动手机。这三者是印度数字身份体系的三大基础支柱，其关系相辅相成，构成了印度无现金社会服务与信任体系的底层框架和设施。这一体系为政府出于安全和合理目的实施的国家和社会治理提供了强有力的数字化支撑。

Aadhaar: 身份体系的"基础"

印度的数字身份项目名称"Aadhaar"在印度语里有"基础""支持"等含义，印度政府为其国家数字身份项目选取这个名字就是意欲将其作为国家经济社会的基础设施之一。

Aadhaar 唯一身份卡包含一个 12 位的唯一身份识别码 UID，还有姓名、出生日期、性别及住址等个人信息。为了确保身份证难以被仿冒或伪造，Aadhaar 还采集了持卡者的人脸识别照片、十指指纹、眼睛虹膜等生物识别特征数据。但卡中不记录民族、宗教、种姓、语言、福利领取记录、个人收入和医疗记录等。此外，Aadhaar 卡中包含一个二维码，便于第三方扫描和读取信息，政府部门、公私服务机构都可以据此到中央数据库进行认证身份。

Aadhaar 项目由印度 InfoSys 公司南丹·M. 尼勒卡尼（Nandan M.

Nilekani）提出建议，印度规划委员会于 2009 年进行规划，并任命尼勒卡尼担任新设立的印度身份标识管理局局长，由他负责制定技术方案、法律框架以及运营机制，并负责实施建设与运营管理。而数据采集、管理及身份卡发放则由多个注册机构承担，主要是银行及各类金融机构。这些身份数据存储在位于印度古尔冈市马尼萨尔一个采取严密安全防护措施的数据中心。

Aadhaar 身份体系还与公民的银行卡绑定，在此基础上构建了一套专门的统一支付体系，并提供了国家统一支付接口——UPI，只要知道对方手机号，就可轻松实现跨银行系统便捷支付和转账，这也是印度实现无现金社会的基础设施。

Jan Dhan：民众的普惠金融账户

Jan Dhan 是印度政府在 2014 年面向印度公民开放的金融普惠计划。由于经济落后，印度有大量穷人从未去过银行，更没有银行账号。Jan Dhan 的目的是给每个印度人开通一个通用银行账号，无需存款金额限制，这样普通民众不仅可以接收政府的各项福利，还能够使用金融及保险机构的各项服务，如存款取款、汇款收款、信用信贷、保险以及养老金等，从而实现普惠金融。

Jan Dhan 账号以及其他银行账号都与 Aadhaar UID 关联，UID 再关联到国家金融支付接口平台，就可以连通到国家福利分配系统，或者电子钱包及第三方金融科技机构开发的移动支付 APP。这样 Aadhaar UID 就能作为通用银行账号进行转账交易，而不再需要在不同银行进行繁复的身份注册和验证。

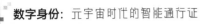

Mobile：手机的普及使用

印度的 IT 产业在世界是比较出名的，但实际是，在 PC 时代，印度的互联网普及率很低。主要原因在于，印度的 IT 产业主要是承担欧美市场的程序外包业务，互联网在精英群体比较普及，但占绝大多数的普通民众收入都很低，很少有人能买得起电脑。

智能手机出现后，印度直接跳过 PC 时代，进入移动互联网时代。近年来，印度的智能手机市场成为增长最快的市场之一，智能手机连续五年的出货量在 1 亿部。截止到 2019 年 6 月，印度拥有 6.7 亿互联网用户，手机拥有量超过 11 亿部，仅次于我国。印度的年轻人居多，在总人口 13.53 亿[①]中，40 岁以下人口约 10 亿，30 岁以下人口占 2/3。这些都为印度实施数字身份创造了良好的条件。

2017 年，印度身份标识管理局推出 mAadhaar 应用程序，允许用户将自己的数字身份识别配置文件下载到智能手机上，这样用户就可以通过手机认证身份，而不再需要随身携带实体卡片。

IndiaStack 平台架构及生态体系

IndiaStack 平台架构

在印度数字化底层设施 JAM 之上的就是印度数字经济社会的生态体系 IndiaStack。这是一个由国家主导的数字化基础设施，是政府及公共机构提供公共服务的枢纽平台，私营及商业机构、金融机构还可以根据市场业务需求开发扩展功能，特别是在移动支付领域，有很多企业开发了各种各样

---

① 来自 2018 年数据。

的支付应用 APP。

平台名称中的"Stack"是一个来自计算机算法领域的术语,即堆栈,是指相互叠加的层次结构,其中每个层次都包含一系列软件服务系统或接口,来完成特定的业务。这些系统通常由不同机构或团队独自开发,但它们共同构成一个结构完善、功能齐全的统一共享服务平台体系,如图 2-1 所示。

平台体系的**非现场层**,主要提供在线身份识别与验证接口服务,可用于政府和公共部门、金融及商业机构等方面的应用系统,民众无论身在何处都可以完成身份认证过程,进而使用相关服务。

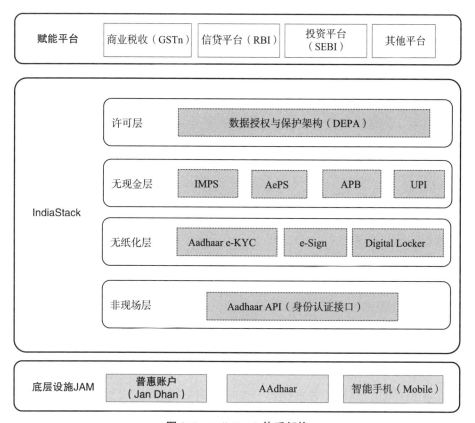

图 2-1 IndiaStack **体系架构**

无纸化层主要为民众提供数字签名、数字证书以及个人信息等数字身份服务，主要目标是实现无纸化在线业务办理。其中 Aadhaar e-KYC 为金融机构在业务注册时提供客户详细信息，如姓名、性别、出生日期以及住址等个人信息；e-Sign 为个人、企业、政府部门签署电子文件提供数字签名；Digital Locker 是一个公众证照库。

无现金层主要为金融及商业机构提供金融服务及互操作接口，通过网上支付，实现无现金社会。国家统一支付接口（UPI）是一套针对金融机构参与者的开放接口，民众通过 Aadhaar UID，就可以通畅地使用电子转账和移动支付，这一体系是印度无现金社会的基础设施，很多第三方支付和电子钱包都基于 UPI，包括应用最广泛的移动支付系统 Paytm 等；APB 系统主要用于政府部门向贫困民众发放福利，直接利用 Aadhaar UID 发放到关联的银行账号，减少中间可能产生腐败的环节；数字身份驱动付款系统 AePS 由印度中央银行主导，允许用户进行生物识别特征认证，以便授权通过 POS 机给在线金融机构付款，即线上认证，线下付款。

许可层主要是为了促进数据流动，实现数据共享使用和应用赋能，并能够保护个人隐私数据。数据授权与保护架构（Data Empowerment & Protection Architecture，DEPA）是其重要组成部分，目前具体实施方案正在开发中。这一体系允许用户按照自己的意愿控制其个人数据，并可以实现数据的共享、流转和收益。

IndiaStack 生态体系

IndiaStack 生态体系的关键组件是 UPI 平台。其中，银行将其所能提供的各种金融服务以标准的可编程接口（API）的方式发布到 UPI 平台，第三方金融科技机构则利用开放接口开发服务客户的移动支付应用，通过银行系统间的互操作，实现银行间快速转账或零售即时支付结算。银行在后台执行完成商业机构和消费客户的服务需求。UPI 以其易用性、安全性，使其逐渐成为印度个人用户和企业首选的支付系统，这在很大程度上还培养了印度人使用数字交易支付的行为和习惯，是移动实时支付业务数字转型的成功案例。

得益于完善的数字身份生态体系，印度的金融科技初创企业也在蓬勃发展。UPI 是一个开源的、低成本且高效率的开放平台。利用这个平台，创业者可以构建创新应用，设立创新型企业。2018 年，印度在科技领域的初创企业超过 7000 家，成为全球拥有最多科技初创企业的国家之一，其中，金融科技特别是移动支付等相关企业占有很大比例。比如印度规模最大的移动支付应用 Paytm，被视为印度版的支付宝，就是一个成功的初创案例，其特色在于支持"支付 + 电商"的模式。

缺乏软件开发实力的小微金融机构还可以通过包装贴牌国家移动支付钱包（Bharat Interface for Money，BHIM），为客户提供基本金融服务。BHIM 是印度政府基于 UPI 开发的支付钱包，整合了所有与之合作的银行移动钱包，用户转账交易时只需通过一个虚拟支付地址即可实现银行对银行、个人对个人的转账交易，帮助民众在众多银行之间快速转账。这一 APP 在市场很受欢迎，现在已经成为印度移动支付的代名词。此外，网贷 P2P、网络个人理财、大数据分析等应用领域也涌现了很多初创企业。

印度政府为促进市场竞争，对数字科技及数字经济采取鼓励和开放政策。目前，美国、英国、芬兰、瑞典、日本、韩国等发达国家的很多数字科技企业都涌入印度。谷歌、Facebook、沃尔玛等大型跨国企业都针对印度的金融市场开发了基于 UPI 的移动支付应用，如 GooglePay（Tez）、WhatsApp Pay 以及沃尔玛的 PhonePe 等。我国的投资者，像阿里巴巴、腾讯等，也已经进军印度的数字科技市场。早在 2015 年，阿里巴巴就向印度最大的移动支付巨头 Paytm 投资了 6.8 亿美元，成为 Paytm 的最大股东，这都大大增强了 UPI 的竞争力。

个人身份证照的云管理模式

DigiLocker 项目是印度政府的一个云端安全存储平台，主要用来为民众提供身份证件及各类证明文件的发行、验证及存储服务。DigiLocker 由印度信息技术部下属的国家信息中心管理。

在印度，政府及公共部门事务办理手续繁琐，要求民众提供各种各样的证件和证明文件。另外，印度的证件造假也十分猖獗。DigiLocker 就是利用云计算革新这些弊端的新思路，这相当于为民众提供了一个保存证件、证明文件的云钱包或保险柜。民众可以将种类繁多的各类证件和证明文件（如驾照、毕业证书、投票 ID 等）上传到云存储空间，由政府工作人员进行验证和审核，从而使这些文件具有法律效力。为保障文件的安全，证书和证明文件通过认证后，DigiLocker 使用 e-Sign 设施添加电子签名对其进行保护，保证文件无法被篡改。

DigiLocker 账号与其数字身份系统 Aadhaar 相关联，也就能够与政府及公共服务信息系统互联互通，政府及公共部门颁发的证件和证明文件直接发送到用户的 DigiLocker 账户中，而政务及公共服务办理需要的各类证件、证明文件都可通过共享方式获得。这样一来，即使当前各种繁琐的许可手续和证明文件无法去除，民众办理事务还是便利了很多，政府的行政效率也有了明显提高，还在很大程度上消除了各级官员利用流程繁复进行寻租的可能性。

印度政府为推行 DigiLocker 服务，还向私营企业和机构开放服务。2016 年底，政府开始向私营服务提供商颁发 DigiLocker 服务许可证，允许私营机构将其颁发给民众的证明文件发送到其 DigiLocker 私人空间，并可使用数字身份验证服务。

跨国企业及国际机构的实践

跨国企业利用数字身份治理网络数字王国

跨国巨头是互联网发展的主要推动者，也是网上数字身份最大的控制者。谷歌旗下拥有搜索、浏览器、邮箱、视频、安卓操作系统等服务平台，其中搜索引擎就有 43.9 亿用户，占据市场 90% 的份额，安卓手机用户数达 20 亿，Facebook 的用户数也超过 20 亿，这个规模已超过世界总人口的 1/4。

互联网巨头之所以能够掌握如此庞大的用户群体，首先在于这些企业都在数字科技和商业模式上有突破性创新，它们重构了数据运作机制和模式，极大地提升了社会效率。比如谷歌的搜索引擎，给数以亿计的用户提供了高质量的信息搜索服务，Facebook、Twitter 则通过社交平台将人与人紧密地联系起来；亚马逊、淘宝等电商平台让购物超越了时间和空间的限制；抖音则向用户推送吸引人眼球的视频内容，让很多人欲罢不能；优步、滴滴让用户轻点按键就可轻松网络约车。尽管很多人都在抱怨隐私泄露、数据滥用等问题，但绝大多数人还是难以离开网络服务平台。

互联网企业还探索出了一系列行之有效的用户获取和增长方法论。以 Facebook 为例，当时还在哈佛大学的扎克伯格推出 Facebook 后就获得了第一批核心用户，那就是想上哈佛大学的学生，为这些人提供免费的社交服务，然后再通过点赞、关注等一系列操作满足社交需求。这些操作模式都是应用心理学研究的成果，即将心理学与信息传播技术娴熟地结合在一起，从而劝说用户，让用户花费更多时间在产品或服务上。斯坦福大学说服性技术实验室就专门从事这方面的研究，曾吸引了谷歌、Facebook、Twitter等企业的主管参加培训学习。

互联网平台利用身份核验，要求用户提供真实可靠的身份数据，比如用户真实姓名、收货地址、联系方式等，以便快递员将货物准确送到客户手中。金融服务中的风险更高，电信诈骗、金融诈骗、网络黑产或洗钱等，往往要通过客户身份核验等手段获取并审核用户真实的身份信息和账号上资金的合法性，这也是国际金融监管协议及规范的要求，便于对资金流动实施监管。

互联网平台都是由自己构建身份认证体系和网络及信息安全防护体系，并且这些认证方式可以因地制宜，具有多样性。比如对于用户标识，有的平台使用数字编号的账号或者字母数字组合的用户名，更多的是使用电子邮箱地址或手机号。而身份认证方式更是复杂多样，从最简单的登录口令，再到附加动态验证码。对于金融或安全要求高的场景，可使用包含数字签名或数字证书的U盾或智能卡等，还可使用人脸识别、指纹识别、虹膜识别等生物特征识别手段，提高身份认证的效率和可靠性。为了进一步确保账户安全，客户还可使用两种或两种以上的多因子身份认证方式。

用户在网上交互时往往要登录多个网络平台，为了方便用户在不同平台之间快速切换，需要使用单点登录，以简化各平台系统的用户认证和访问控制的方式，用户仅凭同一套用户名和口令就可访问一个或多个系统，无需多个不同的凭证，以提升用户体验。Facebook在2008年推出的Facebook Connect服务，可让用户将Facebook上的身份验证信息应用到其他社交网站，包括用户名字、照片，甚至好友信息等；而通过Facebook的活动表，可链接外部活动和邀请服务。这是一种联盟身份认证管理模式，只是 Facebook 是联盟中唯一的身份供应商。目前联盟已经包括了 15 000 多个网站。

互联网平台还可开放可编程接口分享用户数据，以供第三方应用程序开发利用这些数据，但这会给用户隐私带来更大的风险隐患。2016 年剑桥分析公司就是利用了 Facebook 开放的可编程接口获取数据的，将 8000 万用户的个人数据用于政治操控，引起了轩然大波。

通过这些手段，互联网平台积累的上亿甚至几十亿用户量，构建了完善的大数据生态系统，大数据智能分析技术可以将数据的价值挖掘得淋漓尽致。它们通过构建用户画像可以精准匹配用户的个性化需求，进而通过数字广告或者推荐系统获得网络流量和收益。由于网络效应和规模效应，平台数据的价值与用户数成指数关系，因此，互联网巨头可以获得难以想象的超额利润。以广告行业为例，谷歌、Facebook 这两家互联网巨头的广告收入几乎占据全美数字广告行业的 60%。

跨国网络巨头利用用户身份数据不仅在市场上获得经济利益，还将触角伸向社会各个角落。它们不满足于自身的中介平台的定位，还扮演守门员的角色，通过垄断控制竞争对手进入市场。它们甚至毫不掩饰地操纵用户，假如你在 Twitter 注册一个新账号，系统就会主动推荐你关注希拉里、佩洛西等民主党大佬；如果你在 Facebook 看了一篇关于特朗普的负面信息，系统将向你推荐更多的有关他的负面新闻。在 2021 年初国会骚乱爆发后，互联网平台就封停了时任总统特朗普的账号。

网络巨头利用掌握的用户身份数据，不仅可能操纵民意，还有了与主权国家抗衡的实力，已经成为超越国界的数字霸权。2021 年 2 月 17 日，澳大利亚众议院通过了媒体法，要求 Facebook 和谷歌向澳大利亚媒体支付版权费用。谷歌和 Facebook 纷纷扬言要封杀整个澳大利亚。尽管谷歌公司最后屈服，但 Facebook 却让澳大利亚政府妥协了。舍恩伯格在《大数据时代》中预言的"互联网大数据公司将挑战民主政府的最高权力"，现在已成为现实。2019 年，Facebook 发布白皮书，声称要发行数字加密货币 Libra，这通常是主权国家才具有的权利。因此有人将这些互联网超级平台称之为"网络空间的主权行为体"，并创造出"Facebook 斯坦国"和"谷歌王国"等具有讽刺意味的词语。在巨头们的网络疆域，平台有权获取并利用超过国家人口用户的各种信息，有权决定和控制用户行为，这不禁让人想起了欧洲中世纪的封建体制。因此，有人评论说，互联网实际上已发展成为一种"新封建模式"。

联合国 ID2020 计划改善难民身份管理

由于战争、种族迫害、部族矛盾、国家领土变动、政治避难、自然灾害、经济恶化等各种原因，在国际上造成了一个不能或不愿回原籍国的特殊群体——难民。联合国数据显示，全球有超过 11 亿难民无法证明其身份，6800 万人流离失所。难民在逃离自己的国家时往往没有国家颁发的身份证件，他们的流动性高，没有政治、经济和社会地位，经常被接纳国给予不公平的对待，无法获得教育、医疗、保险及金融服务。

对于难民来说，其身份很难依托某一个国家的身份体系。为此，联合国于 2016 年召集 400 多名专家学者，在纽约总部召开 ID2020 峰会，讨论难民的数字身份问题，并成立了一个非政府组织 ID2020 联盟，专门致力于向难民颁发数字身份，以实现联合国 2030 年可持续发展子目标第 16.9 款："到 2030 年，为所有人提供法律身份，包括出生登记。"微软、埃森哲、思科、洛克菲勒基金会等跨国企业和机构于 2017 年加入这个公私合作联盟，并为这一计划提供专业技术支撑。

按照 ID2020 联盟宣言，个人身份是一项基本人权，个人应该对自己的数字身份拥有控制权，包括如何收集、使用和分享个人数据。这一数字身份系统应以用户为中心，具有隐私保护、便携性和持久性等功能。微软公司为这一计划提供了一套去中心化的身份系统 ION 和云计算基础设施平台 Azure。ION 系统基于当前安全性较高的区块链架构，具有用户自主主权身份的特性。这一系统将射频微芯片植入人体，以持久标识其身份。

从当前联盟发布的信息看，ID2020 联盟并没有给难民提供主权国家身份，而仅是提供了救助难民时对其身份进行标识的方法。可以说，ID2020 联盟既是国际公益事业，同时还是一个价值百亿美元的商业项目。目前，ID2020 联盟正在与孟加拉国政府合作，对项目系统进行试验实施。

ID2020 联盟还包括比尔·盖茨创建的全球疫苗和免疫联盟，将数字身份与接种疫苗结合起来，植入身份微芯片，可以有效管理需要接种疫苗的难民儿童，同时疫苗接种也为实施数字身份提供了契机。也正因为如此，反疫苗者将植入身份芯片与接种疫苗混为一谈，编造了 ID2020 计划的阴谋论谣言，声称注射新冠疫苗或植入身份微芯片都是比尔·盖茨为控制全世界而设计的陷阱，计划参与人甚至还收到了人身威胁。也正是这一阴谋论谣言，才让社会公众知晓了这一项目。

世界银行的 ID4D 计划惠及发展中国家

全球缺乏数字身份的还有很多发展中国家，特别是非洲和拉丁美洲的很多国家。由于经济落后，很多发展中国家既没有实施数字身份专业技术，也没有建设数字身份的财政和经济能力。为此，世界银行于 2014 年发起了一个"身份认证促发展"（ID4D）计划，基于普惠、设计和治理的原则，支持各国建立包括人口登记在内的普惠与可信的身份识别系统，以让所有人都能通过数字识别系统获得服务和行使权利。

ID4D 计划一般通过世界银行贷款项目实施。在实施之前，先由实施国申请，然后使用 ID4D 专门评估工具"ID4D 诊断"（其前身为"身份管理系统分析"），对申请国现有身份系统进行技术评估和诊断。另外，ID4D 计划还开发了一个评估工具"身份赋能环境评估"，用于评估身份系统相关的法律、法规和体制相关问题，作为对"ID4D 诊断"的补充。

截至 2018 年，已经有 30 多个国家接受过评估诊断，并为 40 多个国家实施项目或提供咨询服务；接下来就是有针对性地为该国提供咨询服务和技术协助；最后，在这些工作的基础上，世界银行通过贷款资助项目实施。项目团队已完成了包括 30 多份《国别诊断报告》；按国别的案例分析，包括博茨瓦纳、摩尔多瓦、印度、南非等国案例分析；还编制了《ID4D 从业人员指南》等专业工具。

摩洛哥已经利用世界银行贷款建立一个全国人口登记及数字身份系统，使公民无须到现场就可实现在线身份认证，实现了无现金和无纸化交易。世界银行还牵线摩洛哥与印度合作，借鉴印度数字身份体系 Aadhaar 以及 IndiaStack 应用生态系统，并结合摩洛哥的实际情况，设计了一个以模块化开源技术为核心的身份认证平台，通过互操作性打通各种登记数据库，还完善了身份治理和隐私保护法律。该系统具有成本可接受、规模可扩大、功能可定制等特点。目前该系统已经投入使用。

2020 年，世界银行举办了"2020 世界银行集团 ID4D 十亿任务挑战赛"，旨在为 ID4D 项目选拔最佳设计方案，有 160 个国家的 50 多个申请项目参加了竞赛。最终美国的一家非营利金融服务公司 KIVA 设计的"KIVA 方案"获得最佳方案奖，为弱势群体提供普惠的身份系统解决方案。

KIVA 是一个开源的身份方案，基于开源的区块链基础设施 Hyperledger，及其之上的去中心化身份系统 Indy。该系统方案已于 2018 年在西非国家塞拉利昂实施并试运行，其电子身份核验主要利用身份证号码和指纹信息，身份验证时间大约为 5 秒。该系统既可以帮助弱势群体获得小额贷款之类的金融服务，还允许使用者自己保管身份凭证，并能够保护个人隐私。这是非洲大陆开通的第一个国家级去中心化数字身份系统。

ID4D 作为世界银行推动的数字身份计划，其显著特点是身份系统与金融服务系统紧密结合。KIVA 方案的提出者就是专门致力于解决贫困人口的小额贷等金融服务的非营利组织。通过这种基于数字身份的金融系统，金融机构利用身份核验，可为贫困人口提供适当的金融服务，帮助他们摆脱贫困；国际慈善机构可以利用这套体系快速高效地将人道主义援助等福利补贴直接发放到目标人群，政府也可以在此基础上建立完善的金融和社会保障体系。

"2020 世界银行集团 ID4D 十亿任务挑战赛"的另一获奖项目是"促进西非地区一体化与包容的唯一身份"，这是一个为期 10 年（2018—2028 年）的跨国家数字身份项目，目前主要有西非经济共同体的六个成员国共同参与。这一项目首先为每个国家构建一套基础性身份（fID）系统平台，然后再修改调整相关各国的数字身份与个人数据保护的法律框架，使之相互兼容协同，最后利用 fID 凭证将各种服务系统集成到一起，实现系统之间的互操作，从而方便民众访问并使用这些服务项目。

该项目针对的目标群体定位是所谓的被遗忘的中间层。在西非国家，极端贫困人口可以得到社会保障救助，但有 89% 的女性工作在非正规企业，占雇用人口的 80%，而这中间阶层的人是得不到社会保障的。该项目致力于构建一个移动社会信息系统，帮助工人交纳保险，以及政府对个人失业时的福利支付，形成覆盖那些没有固定雇佣合同的临时工的社会保险新模式。这一项目还寻求将非正规的企业纳入到系统中，实现工资统一移动支付，同时实现跨国家的身份认证和支付，促进西非国家经济一体化。

国际旅客身份管理

随着全球化的不断深入，国际间的人员交往也变得越来越频繁。这一方面促进了国际贸易和旅游经济的发展，增加了文化社会包容；另一方面，国际机场的边境安检系统面临越来越大的压力，旅客往往需要排长队安检，很多安检项目还可能需要重复安检，流程繁琐，效率还不高。联合国世界旅游组织预测，到2030年，全球航空客运量将比2016年增加50%，达到18亿人次，这将对机场的边境安检管理体系构成严峻挑战。

利用数字旅游凭证取代传统护照识别管理旅客身份，可提高旅行过程中安全检查的效率。2013年9月，在国际民航组织大会第38届会议上，各会员国通过了国际民航组织旅客身份识别计划（ICAO TRIP）战略，以规范机读旅行证件的签发与控制、识别与验证以及边境检查等管理流程，实现旅客证件管理的数字化。

ICAO TRIP战略的宗旨是对旅客身份管理中相互依存的环节要素采取整体性和协调一致的方法，保障从文件签发到边境检查系统等身份证明流程各个环节的安全性和完整性。其中对于机读旅行证件，比如电子护照，要求其数据格式应该符合ICAO标准规范Doc. 9303。身份证明主要是对旅客身份证件进行追溯、关联和验证，以确保身份的真实性。身份证明基于以下三方面的原则及目标。

- 声明证件应真实有效。主要目标是确保身份是真实存在的，不能是伪造或篡改的证件，还需要确认身份所有者为在世的活体。

- 身份出示者和身份证件存在关联关系。主要目标包括身份出示者与身份描述的是同一人，不能冒名顶替，还要确认身份标识在权威机构的系统中是唯一存在的，出示者是证件的唯一声明人。
- 身份出示者在使用该身份证件。出示者要提供证据（第三方可信机构、可信证明人或其他相关证件佐证）证明自己在社区内一直使用该身份凭证。

2018 年，世界经济论坛提出一个概念"获悉旅客数字身份"，其核心理念是以旅客为中心，旅客有权控制自己的个人信息，只有在边境检查控制、安检或相关旅行服务时，旅客才需要有选择地提供必要的个人信息和旅行历史记录。同时相关各方还可利用数字技术保障旅客个人数据安全，在技术实现上可使用区块链技术及去中心化的治理模式，并利用密码学算法保证数据安全性和不可篡改性。另外，在系统设计上，还需要保护旅客的个人隐私，防止个人敏感数据泄露和滥用。实施这些措施的目的是为了增强跨国旅行中的安全性。

"获悉旅客数字身份"还提出要为旅客提供无缝衔接的旅行体验。旅客在机场通常需要经过很多环节，值机、托运行李、护照安检、海关、登机口登记等，都需要重复出示自己的身份证件。埃森哲咨询公司的调查发现，边境安检是旅客行程中最大的痛点之一，旅客需要反复排队接受安检和核查，并不断被询问同样的问题。为此，可利用生物特征识别和标准化技术，实现系统之间高效无缝的互操作。这样旅客就不用在每一环节都要重复出示自己的身份证件，自动身份识别可以让这些环节提高效率，并减少差错的发生。

除了政府及机场的安全机构外，各种服务提供商等利益相关方也可以在满足安全性的基础上，分享访问旅客个人身份信息。比如旅客可使用其数字身份，通过生物识别方式登记入住预订的酒店，并扫描解锁房间，或用于租车服务。

世界经济论坛还与埃森哲咨询公司合作，发表了白皮书《获悉旅客数字身份规范指引》，其中提出了一个基于去中心化身份的技术方案，试图通过制定全球标准规范，综合利用生物特征识别、密码学和区块链等技术，形成联盟式信任环境，实现数据共享与互操作，建立世界各国政府、监管机构、航空业、技术供应商等共同参与的生态化合作机制。世界经济论坛还与加拿大、荷兰政府以及万豪国际等组织机构合作开发获悉旅客数字身份试验项目。

2020 年的新冠肺炎疫情使得防疫签证、电子旅游健康验证成为新兴的数字身份应用，旨在减少病毒传播和民众因旅行而感染病毒的风险。2020年底，国际航空运输协会推出国际航协旅行通行证，以解决政府机构、航空公司、检测实验室和旅客之间信息的安全共享与流动，实现旅客的身份识别、健康认证与旅行管理。

国际航协旅行通行证体现了三个关键设计要素。第一，要求系统采用用户自主主权模式，允许旅客完全掌控自己的个人信息，保证最高级别的数据安全和隐私保护，满足欧盟《通用数据保护条例》的要求；第二，采用各国政府认可的、国际民航组织制定的全球标准，并基于电子护照核实身份识别，按照世界卫生组织制定的标准验证核实病毒检测 / 疫苗接种信息；第三，从值机到登机使用非接触式验证流程，提高便利性和安全性。这也是 2019 年国际航空运输协会第 75 届年会上通过的 OneID 计划的要求，即旅客仅使用单一生物特征识别标识，在不出示纸质旅行证件的情况下，快速办理机场各个环节的手续，以实现国际航空运输协会"旅行与技术的新体验"计划愿景。据国际航空运输协会在 2020 年做的调查，85% 的旅客倾向使用非接触式验证处理。

国际航协旅行通行证体系包含四个可互操作的开源模块。

- **防疫健康要求注册库**。旅客能够查询获取其旅程中相关国家在行程、病毒检测和疫苗接种等方面要求的准确信息。
- **病毒检测 / 疫苗接种中心注册库**。旅客能够在出发地找到符合目的地病毒检测和疫苗接种标准的新冠肺炎病毒检测中心或实验室。
- **实验室 APP**。帮助授权检测中心或实验室能够将检测结果与疫苗接种证书安全地发送给旅客。
- **旅行通行证 APP**。帮助旅客创建与当前护照同等效力的"数字护照",并可实现无接触验证;接收核酸检测和疫苗接种证书,并验证其是否足以满足其行程要求;与安全检查部门共享检测或疫苗接种证书,以便安排旅行。

国际航协旅行通行证体系的运行需要相关基础设施等方面的支持,比如政府部门应验证检测报告和疫苗接种证书的真实性,并核实检测接种人员的身份;航空公司能够向旅客提供有关目的地检测要求的准确信息,并验证旅客现有条件是否符合旅行要求;实验室则应具备向旅客颁发政府认可的数字证书的资格;旅客需要获取相关检测要求的准确信息,比如在何处检测或接种疫苗,以及如何将检测结果安全地共享给航空公司和边境安检部门。

为了应对新冠肺炎疫情,尽快重启经济,各国也在探索发行"疫苗护照"或"国际旅行健康证明"。2021 年初,以色列和冰岛先后推出疫苗护照,新加坡、韩国、泰国等国也都在考虑推出"疫苗护照",但由于当时疫苗接种并未普及,并没有获得各国政府的认可。我国在 2021 年 3 月初也推出了中国版的"国际旅行健康证明",这是一个类似健康码的小程序,可以显示核酸检测结果和疫苗接种的情况。2020 年 4 月，微软、Evernym 等 60 多家机构联合发起 COVID 凭证计划，这种凭证可显示身份所有者何时接受检测，或何时接种疫苗，由专业医疗机构颁发，用户能对相关数据进行控制。

当然，实施"国际旅行健康证明"不仅是一个技术问题，还牵涉政治、经济和医疗水平等各方面情况。由于各国情况千差万别，短期内在全球范围推行通用"国际旅行健康证明"难度很大，较为可行的方法是先以地区或联盟为基础，然后渐进推行。

参考文献

[1]   陈月华 . 欧盟网络身份管理进展情况及启示 [J]. 中国信息安全 . 2015（2）.

[2]   胡传平，邹翔，杨明慧，严则明 . 全球网络身份管理的现状和发展 [M]. 北京：人民邮电出版社，2014.

[3]   European Commission. A roadmap for a pan-European eIDM framework by 2010 [R/OL]. Brussels: Communication department of the European Commission.

[4]   胡传平，陈兵，方滨兴，邹翔 . 全球主要国家和地区网络电子身份管理发展与应用 [J]. 中国工程科学，2016，18（6）.

[5]   姚翔 . 区块链 + 数字身份，如何重塑人们对数字世界的信任 [EB/OL]. 巴比特网 .（2020–07–20）. https://www.8btc.com/media/625104.

[6]   国强，李新友 . 欧盟数字身份管理最新进展情况研究 [J]. 信息安全研究，2020（7）.

[7]   刘权 . 个人数据保护可向欧盟"取经" [N]. 新京报，2017–12–15.

[8]   CAMI 观察 . 新加坡将在国家数字身份认证系统中使用面部识别技术 [EB/OL]. 搜狐微博 .（2018–10–16）. https://www.sohu.com/a/259734842_634586.

[9] 加拿大发布数字身份认证白皮书 [EB/OL]. 安知讯 .（2018–07–13）. https://www.anzhixun.com/news/201807/13174414.html.

[10] 冀俊峰 . 爱沙尼亚的电子政务发展经验 [M]// 周民 . 电子政务发展前沿（2015）. 北京：中国经济出版社，2015.

[11] 资本实验室 . 数字化的全球典范：一文看清爱沙尼亚的"数字化国度"之路 [EB/OL]. 搜狐网 .（2020–02–26）. https://www.sohu.com/a/375911415_99950936.

[12] 曹寅 . 爱沙尼亚这个东欧小国，如何用数字技术重建了一个国家 [EB/OL]. 造就 Talk.（2017–11–13）. https://m.zaojiu.com/V2/action/talk/talkVideoPlay.html?id=422.

[13] WeCity 未来城市 . 爱沙尼亚：从 0 到 1 的"数字国家"进化史 [EB/OL]. 微信公众号：腾讯研究院 .（2020–07–17）. https://mp.weixin.qq.com/s/hj7n-1zSvJMTvcIRFWvH_pQ.

[14] 黄智健 . 数字化程度最高的国家不是中国，是这里 [EB/OL]. 微信公众号：爱范儿 .（2020–09–15）. https://www.huxiu.com/article/382289.html

[15] 高翰 . 爱沙尼亚欲推数字游民签证，"边工作边旅行"又有利好 [EB/OL]. 澎湃新闻 .（2018–03–06）. https://m.thepaper.cn/newsDetall_forward_2014799.

[16] 美国发布《网络空间可信身份国家战略》[N]. 赛迪专报，2011（18）.

[17] 张莉 . 析美国《网络空间可信身份国家战略》[N]. 江南社会科学学报，2012（4）：6–9.

[18] 国强，李新友 . 欧盟数字身份进展情况研究 [J]. 信息安全研究，2020, 6（7）：582–588.

[19] IDHub 数字身份研究所 . 白话数字身份系列之三：国家级数字身份项目大盘点 [EB/OL]. 巴比特网 .（2018–08–06）. https://www.8btc.com/article/246660.

[20] NDI：新加坡向智能国家目标迈出的又一步 [EB/OL]. 狮城新闻 .（2018–10–16）. https://www.shicheng.news/show/361924.

[21] 马亮 . MyInfo 促进整体政府理念 [N]. 联合早报，2016–06–24.

[22] Allie Coyne. Australia's new face verification system will actually improve privacy [EB/OL]. ItNews.（2017–12–08）. https://www.itnews. com.au/news/ Australias-new-face-verification-system-will-actually-improve-privacy-479442.

[23] 无能的小卒 . 澳大利亚政府发布数字化身份框架草案 [EB/OL]. 品略图书馆 .（2017–11–27）. http://www.pinlue.com/article/2017/11/2711/424 904718343.html.

[24] 李珍 . 战争创伤，让身份证在日难推广 [N]. 环球时报，2015–06–02.

[25] 英国政府宣布百日内废除身份证，称侵犯公民权利 [EB/OL]. 网易新闻转自中国广播网 .（2010–05–08）. http://news.sohu.com/20100528/n272408575. shtml.

[26] 韩国网络实名制兴废记 [EB/OL]. 快科技 .（2012–01–17）. http://news. mydrivers.com/1/215/215046.htm.

[27] 刘耀华 . 印度通过《2019 年数字身份证修正案》评析 [EB/OL]. 安全内参网 .（2019–06–28）. https://www.secrss.com/articles/11741.

[28] 工程师青青 . 印度不断推广生物身份识别卡，信息安全面临泄露与滥用问题 [EB/OL]. 电子发烧友 .（2018–08–21）. http://www.elecfans.com/con- sume/734738.html.

[29] 毕亮亮 . 解析世界最大生物识别数据库——印度 Aadhaar 身份识别项目 [J]. 全球科技经济瞭望 . 2015，30（9）.

[30] 张超 . 为什么印度有本事抓住每一个骗婚的渣男 [EB/OL]. 天下网商 .（2019– 11–13）. https://www.sohu.com/a/353435527_114930.

[31] 日本拟与印度合作构建国家数字平台 [EB/OL]. 日经中文网 .（2020–08– 27）. https://cn.nikkei.com/industry/itelectric-appliance/41814–2020–08–27– 04–31–00.html.

[32] 乐邦 . 除了废钞，印度政府还在做几件大事转型数字化 [EB/OL]. 36Kr. （2017–11–14）. https://36kr.com/p/1722003816449.

[33] 脑极体 . 正在被 Aadhaar 撕裂的印度 [EB/OL]. 钛媒体 .（2019–02–19）.
https://www.tmtpost.com/3786301.html.

[34] 博鳌亚洲论坛旗舰报告 . 亚洲金融发展报告：普惠金融篇 [R]. 2020.

[35] Fastdata. 极数 2019 年印度互联网发展趋势报告 [EB/OL]. 搜狐网 .（2019–
12–23）. https://www.sohu.com/a/362233425_120164873.

[36] eID.cn. 印度推出移动数字身份认证应用 [EB/OL]. 移动支付网 .（2017–08–
14）. https://www.mpaypass.com.cn/news/201708/14144616.html.

[37] Devie Mohan. What is the India Stack and why is it no longer the dream it used
to be?[EB/OL].FinTechFuture.（2018–03–26）. https://www.fintechfutures.
com/2018/03/what-is-the-india-stack-and-why-is-it-no-longer-the-dream-it-
used-to-be.

[38] TANUJ BHOJWANI. The best way forward for Privacy is to open up your da-
ta[EB/OL]. iSPIRT.（2017–8–21）. https://pn.ispirt.in/the-best-way-forward-
for-privacy-is-to-open-up-user-data.

[39] 观察者网 . 印度如何成为数字化的黑马 [EB/OL]. 新浪网 .（2017–02–06）.
https://top.sina.cn/zx/2017–02–05/tnews-ifyafcyx7032646.d.html.

[40] 陈想非 . Facebook 是一个国家吗？——“Facebookistan” 与社交媒体
的国家化想象 [EB/OL]. 搜狐网 .（2019–01–24）. https://www.sohu.com/
a/291309812_382859.

[41] 胡敏娟 . 你的手机不是手机是个狡猾极了的智能陷阱 [N/OL]. 成都商报电
子版，2020–10–17.

[42] 汪德嘉，等 . 身份危机 [M]. 北京：电子工业出版社，2017.

[43] IDHub 数字身份研究所 . 从 1995 到 2018，翻开数字身份的时间简史 [EB/
OL]. 巴比特网 .（2018–09–13）. https://www.8btc.com/article/271900.

[44] 余浅 . 拆分 “Facebook”：美国政府 VS 社交帝国 [EB/OL]. 东方网·海外
观察 .（2020–12–13）. https://www.sohu.com/a/437954819_120823584.

[45] Dancy. 从 Google 到 Facebook 的双头垄断，看定向报告的秘密 [EB/OL].

人人都是产品经理.（2019–12–16）. https://www.woshipm.com/it/3216834. html.

[46] 熊节.网上不能建国，但网络巨头已是政治实体[EB/OL].观察者网.（2021–02–25）. https://www.guancha.cn/XiongJie3/2021_02_25_582299.shtml.

[47] 悟 00000 空.脸书 Libra，仅仅是 Q 币还是通往数字霸权之路[EB/OL].第一财经.（2019–06–27）. https://www.yicai.com/news/100239973.html.

[48] Joshua A.T. Fairfield. The devices we use are sending us back to the Middle Ages[EB/OL]. World Economic Forum.（2017–09–19）. https://www.weforum. org/agenda/2017/09/the-devices-we-use-are-sending-us-back-to-the-middle-ages/.

[49] 王泽龙.谁来确认 10 亿难民的身份？一文看懂微软去中心化身份项目 DID[EB/OL].巴比特网.（2019–05–28）. https://www.8btc.com/article/417492.

[50] ID2020. Immunization: an entry point for digital identity[EB/OL]. Medium，（2018–03–28）. https://medium.com/id2020/immunization-an-entry-point-for-digital-identity-ea37d9c3b77e.

[51] 世界银行.数字身份认证制度为全球弱势群体创造发展机会[EB/OL].（2019–08–15）. https://www.shihang.org/zh/news/immersive-story/2019/08/14/inclusive-and-trusted-digital-id-can-unlock-opportunities-for-the-worlds-most-vulnerable.

[52] ID4D Practitioner's Guide [EB/OL]. World Bank Group. (2019–10). https:// id4d.worldbank.org/guide.

[53] JULIA CLARKVYJAYANTI T DESAIJONATHAN MARSKELL. New practitioner's guide to help countries in their digital identification journey[EB/OL]. World Bank Blogs・Voice. (2019–06–14). https://blogs.worldbank.org/voices/ new-practitioners-guide-help-countries-their-digital-identification-journey.

[54] Identification for Development (ID4D) 2020 Annual Report (English). Identif-

cation for Development[EB/OL]. World Bank Group. 2020.http://documents. worldbank.org/curated/en/625371611951876490/Identification-for-Development-ID4D-2020-Annual-Report.

[55] Case Study: Kiva launches Africa's first national decentralized ID system with Hyperledger Indy[EB/OL].Hyperledger .(2021–01). https://www.hyperledger. org/learn/publications/kiva-case-study.

[56] World Economic Forum. The Known Traveller：Unlocking the potential of digital identity for secure and seamless travel [EB/OL]. Accenture. (2018–01). http://www3.weforum.org/docs/WEF_The_Known_Traveller_Digital_Identity_ Concept.pdf.

[57] Traveler Identification Program (TRIP) Guide on Evidence of Identity[EB/OL]. International Civil Aviation Organization (ICAO). (2018–05). https://www. icao.int/Security/FAL/TRIP/Documents/ICAO%20Guidance%20on%20Evidence%20of%20Identity.pdf.

[58] Liselotte de Maar and Rajeev Kaul. Seamless and secure cross-border travel -the tech is here, collaboration needed next[EB/OL]. PhocusWire. (2019–02–22). https://www.phocuswire.com/Seamless-cross-border-travel-collaboration.

[59] IATA. 国际航协发布旅行通行证关键设计元素 [EB/OL]. IATA 新闻稿 .（2020–12–16）. https://www.iata.org/contentassets/43b7bfbb70ad4db18d-47c41f34c9a38e/2020–12–16–01–cn.pdf.

[60] 林日，青木，陶短房，邵一佳，柳玉鹏，王伟 ."疫苗护照"被多国提上议程中国版国际旅行健康证明即将推出 [N]. 环球时报，2021–03–08.

[61] Hameiz. 区块链战"疫"行动：身份识别的应用 [EB/OL]. 巴比特网 .（2020–05–19）. https://www.8btc.com/media/598020.

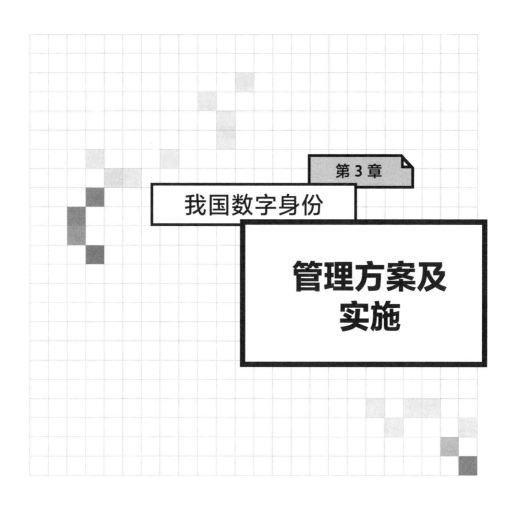

第 3 章

我国数字身份

管理方案及
实施

身份证是现实社会验证鉴别个人身份的手段。我国早在 20 世纪 80 年代就开始建立身份证制度，这时的身份证完全是物理形式，个人照片和身份信息被印在塑料卡片上。2006 年 6 月，我国开始为居民换发第二代居民身份证，内嵌非接触式智能 IC 卡，具有加、解密功能，还能以非接触方式读取芯片上的信息。但第二代身份证并不能很好地支持在线身份认证及数字签名，还不是真正意义上的数字身份证。

随着互联网向经济社会各领域的深度渗透，数字身份的重要价值日益凸显。由于技术手段的局限，很多政府及公共部门之间信息共享交互还不通畅，身份认证过程重复繁琐，成为制约政务和公共服务办理效率提升的瓶颈。2013 年，在北京工作的北漂小伙小周为办护照，返回老家河北省武邑县达六次，跑了 3000 千米；2016 年 5 月，一公民要出国旅游，需要填写"紧急联系人"，他写了他母亲的名字，办事部门却要求他提供相关材料，以证明"你妈是你妈"！

为实行数字社会管理，保护公民个人隐私，保障网络安全，迫切需要从国家层面建立统一数字身份体系。这不仅有助于公众方便快捷地获得政务及公共服务，并在数字空间建立公众与政府之间的交互信任关系，也有利于提高数字经济社会的运作效率。我国对数字身份的研发及试验已经有十多年的时间，目前已推出了两种技术方案：公安部第三研究所研发的 eID 方案和公安部第一研究所研发的 CTID 方案，这两种方案都还处于试验推广阶段。

｜eID 与 CTID 技术管理方案｜

我国数字身份管理概况

我国对数字身份的管理起步并不晚。2006 年，国务院办公厅发布《网络信任体系建设若干意见》，提出国家要建设以密码技术为基础的网络信任体系，包括法律法规、标准规范和基础设施等。2017 年实施的《中华人民共和国网络安全法》第二十四条也明确提出，国家实施网络可信身份战略，支持研发安全、方便的电子身份认证技术，并推动不同电子身份认证之间的互认。国家部门（如网信办、工信部、国家密码管理局等）也都要求加强数字身份的顶层设计，推进数字签名，并打破数据孤岛，实现数据共享应用。

"十二五"规划期间，公安部第三研究所承担国家"863"计划中的信息安全重大专项，开展数字身份 eID 技术研究。2010 年，建成了全国"公民网络身份识别系统"，已于 2011 年投入正式运行。2014 年，公安部第三研究所正式开启 eID 实施战略框架，与 eID 登记 / 发行机构、eID 运营 / 服务机构开展合作，推进 eID 的产业化。

另一套技术方案是由公安部第一研究所牵头开发的 CTID，又称网络身份认证凭证或网证。CTID 起步相对较晚，公安部第一研究所在"十三五"规划期间承担了科技部数字身份研发计划项目"网络可信身份管理技术研究"。2016 年 10 月，CTID 1.0 平台上线。2018 年 4 月，CTID 平台试点启动。2018 年 11 月，CTID 2.0 平台上线。2017 年 11 月，公安部第一研究所联合相关企业发起成立网络身份认证产业联盟（OIDAA），OIDAA 联盟通过 CTID 平台，将企业有机地联系到一起，以形成健康生态系统。OIDAA

联盟单位有中国信息通信研究院、中国互联网络信息中心、中国银行、中国电信、中国移动、中国联通、阿里巴巴、腾讯、联想、蚂蚁金服等。

eID 与 CTID 这两套技术方案，目标定位和功能管理基本类似，但它们采用的技术路线、体系架构等有所不同，应用实施模式也有所区别。

eID 方案

eID 方案主要基于欧盟等国普遍使用的 eID 技术。这一方案以国密 SM2 密码算法为基础，以智能芯片为载体，芯片拥有独立的处理器、安全存储单元和密码运算协处理器，运行专用芯片操作系统，具有较高的安全性。

eID 载体可使用通用 eID，嵌入到银行 IC 智能卡、社保卡、市民卡等中，或者 USBKey 中。载体还可扩展到可穿戴智能设备，如智能手表、智能手环等。2018 年，eID 载体又进一步扩大到具有安全元件的手机 SIM 卡，或者手机贴膜卡 SIMeID。

eID 开通时，智能安全芯片会采用加密算法生成一组公钥 – 私钥对，用于生成数字签名。用户可将其公钥分发给相关的通信者，并由公钥基础设施安全机制发放、管理和使用数字证书，私钥签名则使用 eID 签名密码进行保护，这些机制可以确保身份数据在存储、传输和认证过程中无法被非法复制、篡改或非法使用。eID 提供的身份认证服务主要有两种：一是身份认证，既可实名身份认证，也可匿名身份认证；二是对数字签名的验签服务。

eID 方案中颁发的数字身份凭证是分等级的，这就是凭证颁发等级（credential issue level，CIL），其划分依据主要基于身份信息的可靠性，确保申请人与其所声明的数字身份凭证信息的一致性。CIL 等级不同，对应的凭证颁发流程和要求也不同，其面临的风险情况也不一样。eID 方案的 CIL

共分四个等级，其中 1 级最低，4 级最高：

- CIL1 级为最低级，仅要求身份信息真实，并留有联系方式；
- 再高的 CIL2 级要求提供一定强度的身份证明，并进行核验和确认；
- 更高的 CIL3 级要求对身份证明采取更可靠的检验措施，比如使用专用的验证设备等；
- CIL4 级为最高级，应满足人证合一认证、现场面签，并留存颁发记录，如核验过程影像、申请者照片及个人签名等，适用于可靠性要求较高的场景。

eID 在认证时同样要求身份声明人与其持有的 eID 数字身份凭证所述身份具备一致性和可靠性，这需要通过身份认证器[①]和安全控制措施的不同来划分身份认证等级（authentication assurance level，AAL）。eID 的 AAL 分为三级：AAL1 要求单因子认证，认证器类型可以是登录口令、密码设备或软件等，适用安全风险较低的场景；AAL2 要求多因子认证，适用安全风险中等的场景；AAL3 要求认证基于拥有密码协议的密钥，且使用"基于硬件的、不可复制的"认证器以防止身份冒用，可应用到高风险场合。

eID 方案的特色是强调用户信息保护措施。eID 身份认证遵循"前台匿名，后台实名"的原则，所谓**前台匿名**是指在互联网环境下，通过技术手段保证用户个人信息不与个人真实身份关联。首先，在签发 eID 时，系统基于个人身份证号和随机数通过密码学算法计算出身份标识码，该编码不包含个人身份信息，且不能逆推出个人身份。当用户系统使用 eID 认证身份时，服务方会链接认证服务机构的服务器来核验其真实性和有效性。通过认证后，服务器会根据用户信息和服务方信息计算出一个应用身份标识

---

① 身份认证器（Authenticator）是在认证数字身份时用于核验声明人与数字身份凭证身份主体一致性的工具，可以被视为一种认证因子或者多种认证因子的组合，通常由声明人拥有和控制。

码，服务方用以标识不同身份的用户，同时又能防止用户在不同网络应用中的行为数据被追溯、汇集与分析。而后台实名是指，eID 个人信息仅在有安全防护的非互联网环境下才可通过 eID 签发中心关联其真实身份。

CTID 方案

CTID 方案以国家法定身份证为信任根，可直接对接公安部制证数据库，将身份证登记项目（姓名、身份证号码、有效期限等）一一映射到 CTID 上，并与采集的用户数据进行对比，保证了采集信息的权威性、真实性和可信度。CTID 方案同样采用国密算法，对居民身份证所承载的身份信息进行脱敏、去标识化处理，统一生成不可逆、不含明文信息的"文件证书"，能够在不泄露身份信息的情况下实现在线身份认证。

CTID 的注册使用都比较简单。用户要注册使用 CTID 网证，只需要输入居民身份证上的四项基本信息，系统就赋予用户唯一标识编号，CTID 网证基本功能就能开通。CTID 还支持生成动态二维码，便于实现线下快速身份识别与认证。另外，CTID 采用了适合智能终端的公钥体系，对文件存储介质没有要求，也就不需要专用硬件载体。

CTID 身份认证方案更侧重网络身份认证的安全性。CTID 身份认证以法定身份证件数据为基础，综合使用多种生物特征识别技术，如声纹、指纹、人脸识别等，并采用"多元模态"生物特征识别，即综合利用来自同一生物特征的多种识别技术，或利用不同生物特征相融合的多识别技术。CTID 的人脸识别技术基于深度学习，并结合"活体检测"和多算法融合技术，进一步保证了身份识别与认证的准确率和安全性。

CTID 身份认证还注重认证场景的多样性，可实现实名、实人、实证、网证 4 类真实身份核验和认证模式，并按照不同应用场景、不同安全等级需求，灵活提供 14 种识别认证及组合服务。

CTID 的基础设施是国家级基础设施项目"互联网＋"可信身份认证平台——CTID 平台，其目标不仅用来保障网络身份认证，还能将分散在不同部门、各个领域的个人信息进行有效授权和归集，挖掘分析其中潜在价值，从而建立以可信身份为核心的网络身份认证生态系统。

CTID 体系的认证信任层级基于身份认证凭证。CTID 以法定身份证为基础，再结合持证人的照片、指纹、密码、口令等认证因子，不同类型的身份凭证适用不同认证场景，构成多层级信任认证。CTID 认证信任生态体系包括以下三个层级。

- 底层为**法定信任基础级**，其身份凭证基于具有法定效力的身份证、护照等真实身份证件。这种传统的线下认证模式更贴近老百姓使用身份证证明自己的习惯。

- 中间层为**第三方作证级**，主要包括第三方机构签发的数字签名、数字证书等身份凭证，比如证书机构依据《电子签名法》所颁发的数字证书及 Ukey 等。这类身份凭证面向行业应用，适用于司法采证。

- 顶层为**业务凭证级**，使用公共部门及商业机构的业务系统签发的业务凭证作为身份凭证，比如银行、互联网企业、电信运营商等机构颁发给网民账号，如银行账户、手机号、微信号、支付宝号等。

在个人信息保护方面，CTID 平台同样采取了"前台匿名，后台实名"的原则。CTID 网证的公民数据采集过程就注意保护公民隐私数据，公民身份数据均由公安机关采集。验证时既不需要输入身份的明文信息，也不在互联网空间传输或存储公民隐私信息，第三方机构或他人只能收到公安机关出具的验证结果，不能留存具体的个人信息，最大限度地保护了个人隐私。对于合理的个人信息开放利用，平台还通过数据脱敏和去标识化等技术，首先对个人数据进行处理，保证身份认证及数据利用的隐私安全，维护用户的数据权益。

目前，CTID 还不能取代实体身份证，但可提供国家法定证件级的身份认证服务，其法律效力得到了公安机关的认同。与实体身份证相比，CTID 有很多优势，如容易保管、携带方便等。CTID 还利用密码学技术，即便载体手机丢失，也不会造成隐私泄露。由于 CTID 绑定了人脸识别、指纹认证、智能加密芯片等，别人无法单独进行身份认证，也就极难被冒用。

实施推广及生态系统培育

开展应用试点，扩展功能和应用场景

无论 eID 还是 CTID，采用的推广普及策略都是先从试点开始试验，再逐步扩大应用场景，同时在试用过程中，不断完善和拓展功能，简化操作流程。

eID 在 2012 年系统完成后，就开始在北京邮电大学面向师生展开试验。并与中国工商银行合作，在其银行卡中嵌入 eID 芯片。但早期 eID 卡通常需要专用读卡器，不利于其推广普及。2014 年，"航旅纵横"等移动服务使用 eID 作为身份认证手段，使用时需将带有 eID 的 IC 卡紧贴手机的 NFC 感应区，再输入签名密码等验证信息即可完成验证过程。

智能手机功能强大，普及程度高，是数字身份凭证的最佳载体。2018 年，eID 与具有安全元件的智能手机 SIM 卡合二为一，eID 进入移动时代。目前像华为、小米、vivo、OPPO 等主流品牌很多型号的手机都已支持 eID

功能。鉴于当前手机 SIM 卡存量巨大，SIMeID 贴膜卡应运而生，其厚度仅为 0.19mm，可直接贴在 SIM 卡上，这样用户无须更换原有 SIM 卡即可使用 eID 的功能。

2018 年 6 月，公安部第三研究所与腾讯公司合作，推出腾讯 E 证通，通过人脸识别验证和身份登记验证之后，就可以凭借二维码扫码跨境通关往来于粤港澳三地，使用便利性与之前相比有了明显提升。2018 年 8 月，黑龙江大庆市颁行基于 eID 的市民卡，集成了政务服务、公共交通、医疗卫生等服务的身份认证功能，成为一张数字身份一卡通。目前，eID 已能在银行 IC 智能卡、SIM 贴膜卡、智能手机等载体上加载，eID 凭证累计发行超过 2 亿。

CTID 尽管推出的时间较晚，但在推广应用的广度和力度上有着亮眼的表现。2018 年 4 月，公安部启动 CTID 全国平台试点，实现了"一次认证，全网通办"。不久，CTID APP 2.0 系统推出，其中嵌入了动态二维码，让网络身份认证更加安全便捷。2019 年 9 月，CTID APP 中增加了输入身份证四项基本信息就能开通 CTID 网证的功能，且不管手机是否具备 NFC 功能，也不论手机是安卓系统还是 iOS 系统，都能很方便地开通 CTID 网证。

截止到 2020 年，CTID 作为国家政务服务平台的统一身份认证体系，已为 46 个国务院部门和 31 个省级单位政务服务平台提供了身份认证服务，签发身份标识约 1.3 亿，并在 30 多个省市展开试用，有超过 1000 万人注册获得这种"网络身份证"，服务范围涵盖政务服务、市场监管、公安、网上银行、酒店入住、家政、医疗挂号、在线教育等，以及电商外卖、交通车票等场景应用。微信、支付宝先后都已经推出 CTID 网证，使应用场景进一步扩展。

在 2020 年新冠肺炎疫情防控期间，基于 CTID 的防疫健康码在国家政务服务平台上线。这一系统依托 CTID 平台，依据个人数字身份标识，汇聚整合国家卫生健康部门确诊或疑似患者数据，还有出入境、民航、铁路等部门提供的同行、同乘密切接触数据，以及电信运营商提供的近 14 天行程数据等相关数据，经过大数据分析和匿名化处理生成健康情况电子凭证——安全二维码，即健康码。通过扫描健康码，就能得知个人疫情风险情况。

制定统一标准，促进身份认证普及

在标准制定与发布方面，eID 方案也抢得先机。2018 年 10 月，全国信息安全标准化技术委员会发布了公安部第三研究所申请的三项国家标准：《公民网络电子身份标识读写机具安全技术要求》（GB/T 36629.1—2018）、《公民网络电子身份标识载体安全技术要求》（GB/T 36629.2—2018）、《公民网络电子身份标识格式规范》（GB/T 36632—2018）。这些标准已于 2019 年 5 月 1 日正式实施。此外，公安部第三研究所还发布了一系列 eID 通信行业标准。

公安部第一研究所也牵头制定发布了 CTID 相关标准。2020 年 7 月，公安部发布的《居民身份网络认证》系列标准，就是由公安部第一研究所牵头，中盾安信公司承担立项、起草和实施的。这套标准属于公安行业推荐标准，包括了 12 项标准文件（标准号为 GA/T 1721 - GA/T1725），内容涵盖了术语、整体技术框架、网络可信凭证和网络标识格式要求、认证服务、信息采集设备等部分。

统一的标准规范对于构建安全、便捷的居民身份网络认证技术体系至关重要，尤其是我国当前同时存在两套不同的身份认证体系，要提高认证及管理能力，推进我国数字身份普及应用，迫切需要一套能够整合打通两种方案的标准规范。但上述标准都由特定方案研发者制定，基本都是围绕各自的技术方案制定标准，不利于数字身份的推广与普及。

成立产业联盟，培育生态体系

成立产业联盟是数字领域培育生态体系的重要方法。2017 年 11 月，公安部第一研究所联合企事业机构在 2017 年 11 月牵头成立了 OIDAA 联盟。公安部第一研究所为理事长单位，副理事长单位包括中盾安信、中国信息通信研究院、中国互联网络信息中心等 13 家单位，会员单位超过 100 家。联盟还设立了一个政策法律研究中心和一个标准成果研究中心。

OIDAA 联盟的主要目标是促进网络身份认证的生态产业链。联盟的会员单位涉及公共安全、互联网服务、网络通信、信息安全、金融服务、电子商务、终端设备、个人征信等领域，分布在身份认证产业生态链的各个环节。联盟通过凝聚产业链上下游企业，围绕 CTID 平台开展网络身份认证相关的学术研究和技术交流，推动相关领域标准技术及产业发展。

｜我国数字身份的发展建议｜

eID 和 CTID 都还处于试验实施阶段，这两种方案各有千秋，并且都取得了一定成效。将来我国的数字身份战略如何进一步发展布局，这两种方案是长期并存，还是最后统一融合，都是关系到我国数字经济社会发展的关键问题。下面是本书提出的针对我国数字身份发展的一些对策建议，供相关部门和机构参考。

制定国家数字身份发展战略

我国当前正在试验数字身份方案 eID 和 CTID，从实施的效果来看，尽管各有不同，但效果都还不错，其身份认证的便捷性、安全性和隐私保护都能够得到保证。这些方案未来如何发展定位，无论是最终合并成为一种方式，还是保持目前竞争态势，都需要从更高的层面上进行战略规划和顶层设计。

在两种方案并存的情况下，当务之急是解决两种方案的互操作性问题。也就是说，如果用户选择了 eID 身份凭证，他到采用 CTID 的认证服务商那里就不一定会被认可或认证。但如果让用户申请注册两套身份系统，又加重了用户身份凭证的管理和使用负担，不利于普及推广。最好的方式是，制定统一的强制性标准规范，让彼此之间的认证机构和系统既能够良性竞争，也可以互联互通、数据共享，以相互认可与认证，最大限度地实现以用户为中心的认证服务。

这些数字身份方案所采用的基本都是十多年前的技术。最近十几年来，数字技术与数字经济的模式和格局都有了巨大的变化。特别是区块链的发展，对整个数字经济社会产生了深远的影响，也对数字身份提出了更高的要求。加上数字货币的异军突起，除了比特币等基于公链的加密货币外，各国央行都在开发自己的主权数字货币。基于区块链的智能合约对未来数字社会的运行模式也有了颠覆性的影响，将法律条款嵌入到数字经济社会体系中，已成为互联网的一个重要发展趋势。还有，基于区块链的去中心化的数字身份体系能够提供更加安全和便捷的数字身份系统，也是当前数字身份的重要发展方向，目前公安部第一研究所和第三研究所也都发布了基于区块链的数字身份白皮书，去中心化的数字身份的实施，将是未来发展的方向和趋势。

构建数字身份信任生态治理体系

数字身份体系实施成功的关键在于构建完善的数字身份信任生态体系，这是由相关各方共同参与的互动环境，它们是相互依存、相互协调的参与角色，所有角色都要遵守统一的规则或标准，使用统一的共享应用平台，构成完整的生态链和产业链。

管理机构是数字身份生态体系的协调者和监管者，数字身份实施应用普及的国家一般都有专门的管理机构推进，如爱沙尼亚内务部所属的公民身份和移民委员会、比利时国家注册机构，均为数字身份管理专门机构。印度为了实施推进国家数字身份管理，专门成立了一个印度身份标识管理局。这些机构对推进数字身份普及成效斐然。其中印度用了不到10年的时间，就让几乎没有身份证制度的印度迅速普及了数字身份。

技术是构建数字身份生态体系的关键。去中心化的区块链技术是建立安全信任的重要手段，也有利于个人隐私的保护。这一技术需要克服的难点在于如何提高使用效率和便捷性，这对于普通大众和商家接受数字身份至关重要。一个重要的策略是，在数字身份认证方式上应尽可能接近传统的身份证验证，以实现在线与离线认证的无缝过渡。基于去中心的身份标识的可验证身份凭证是目前相对先进的技术方案。

去中心化数字身份生态体系还应该是一个开放的创新服务平台，提供互操作可编程接口、统一的安全防护和隐私保护计算策略等，可为第三方的创新应用开发提供身份认证相关的技术支撑，以促进数字经济的繁荣与发展。

建立统一的数字身份治理规则体系

制定统一身份认证标准规范

目前，我国已经发布的数字身份标准主要依赖于特定技术方案，如国家标准基于 eID、CTID 方案制定了相关行业标准。尽管它们都基于我国的居民身份证数据，但不同方案中需要采集的个人数据并不完全相同，其相应的认证方式、要求也不尽相同，不同方案的认证系统之间还尚未实现互操作。

为此，我国应尽快制定独立于特定数字身份方案的数字身份国家标准，使其保持技术中立，规范实现数字身份认证服务的互操作性。欧盟已经通过实施了 eIDAS 条例，用于规范各成员国 eID 的互操作性，以实现欧盟范围的数字身份 eID 证件的在线互通和互认，这对我国数字身份跨平台无缝互操作标准有一定的参考借鉴意义。另外，身份凭证办理需要采集的个人数据项也应通过标准进行规范，比如哪些数据是身份认证以及经济社会治理所必须采集的，哪些数据是可以选择性采集的。

在标准制定组织管理方面，参与制定标准的单位应具有广泛的代表性，不仅要包括技术方案研制机构的相关专家，还应该包括政务和公共部门，以及金融、商业、互联网等行业应用专家等，使标准更有利于应用及普及推广。

基于法律法规的个人信息保护机制

随着数字经济的迅猛发展，与数字身份及个人信息相关的违法犯罪行为也急剧上升，个人信息被随意收集滥用，电信诈骗、个人身份信息被偷窃、泄露等事件层出不穷。立法是个人信息保护的根本手段。2021 年 8 月

20 日，十三届全国人大常委会第三十次会议表决通过《个人信息保护法》，自 2021 年 11 月 1 日起施行。同时，相应的国家标准 GB/T 35273-2020《个人信息安全规范》也已经正式发布并实施。

个人信息是数字经济社会的核心和关键，数字经济、数字科技及商业创新都严重依赖于个人信息，特别是人工智能、大数据、电子商务等，不仅牵涉相关各方利益，还关系到整个经济社会能否保持高速发展。因此，《个人信息保护法》意义重大，需要平衡各方的利益。欧盟的《通用数据保护条例》（GDPR）实施后，就有专业研究人员进行了评估，结果发现，GDPR 对数字经济及数字创新的发展有一定的抑制作用。

《个人信息保护法》的核心问题是，保护个人信息对数字经济社会的创新发展将产生什么样的影响。从直接效果来看，严格实施个人信息保护很可能会对创新产生一定的抑制作用，为了保证数据处理的合规性，企业需要投入一定的资源，这对于中小企业来说负担加重，而对于大型互联网跨国企业来说，相当于提高了竞争准入的门槛，不利于初创企业的成长。

一个可行的途径是将数字身份及个人信息保护作为一项公共基础设施，通过数字身份平台开放的可编程接口为社会提供统一的身份认证服务和个人数据保护计算等功能，帮助开发者实现个人数据保护的合规性，从而推动个人数据的创新开发利用。另外，对于那些在商业创新和科技研发过程中对个人数据过度使用行为，只要没有主观上的恶意，也尚未造成严重后果的，可以采取柔性或包容性执法机制，比如通过协商达成经济补偿和解协议等方式，保障个人权益和数据创新使用的合规。

加强个人信息保护也会在某种程度上抑制当前扎堆靠搜集分析个人隐私牟利的趋势。对隐私的过度利用不仅损害用户的切身利益，带来严重的风险，同时这些软件都以免费的形式提供，给社会公众传递出了软件都应该免费的假象。实际上,除了大数据隐私分析之外,很多软件需要投入大量的人力物力,就是靠销售才能生存。纵容鼓励软件"免费",长期来说,将不利于我国软件产业的健康发展。

另外,个人信息保护的执行机制也要创新。数字身份的可追溯性让侵犯个人信息权益的行为易于取证。但由于互联网平台和数字空间的复杂性,很多数字侵权难以察觉和发现,传统的事后执法模式效果不佳。将来比较可行的方式是采取事前预防的方式,比如将相关的法律条款转化为智能合约模板,从而将法律规范直接嵌入到个人信息使用的各个流程和环节中,这样只要智能合约满足合规性,对个人信息的使用就符合法律法规要求,所有采用智能合约的在线交易环节都可以严格基于规则自动执行,整个过程不仅严格规范,而且执行的质量和效率都很高。为此,数字身份的相关法律条款应尽可能具有可操作性,并兼容智能合约。

参考文献

[1] 于锐 . 居民身份证在网络可信身份管理中的基础作用 [EB/OL]. 佰佰安全网 .(2014-12-24). https://www.bbaqw.com/wz/1834.htm.

[2] 李克强:证明"你妈是你妈"是天大的笑话 [N]. 新京报,2015–05–07.

[3] 张立武 . 网络信任体系发展趋势研究 [J]. 技术研究,2011(7):69–71.

[4] 一文读懂 eID 原理、技术、载体、发展历程 [EB/OL]. 安知讯 .(2008–08–28). http://news.yktchina.com/201808/cc047e32675f6e17.html

[5] 慕楚 . eID 向左,CTID 向右,网络身份认证背后的隐形战争 [EB/OL]. 移动支付网 .(2018–08–27). https://www.mpaypass.com.cn/news/201808/27085618.html.

[6] 席雅芬,姚奇 . eID 技术研究发展及前沿探索 [EB/OL]. 移动支付网 .(2018–07–19). https://www.mpaypass.com.cn/news/201807/19103607. html.

[7] 公安部第三研究所 . eID 数字身份体系白皮书(2018)[R]. 2018–04.

[8]　CTID平台：中国特色网络可信身份战略实践 [EB/OL]. OIDAA.（2020–06–19）. https://www.oidaa.org.cn/news/newsinfo/68.html.

[9]　鲁良军. CTID "互联网身份认证多元模态"实践的探究 [EB/OL]. 移动支付网转自安知讯.（2019–08–26）. https://www.mpaypass.com.cn/news/201908/26172114.html.

[10]　杨林. 当可信身份认证遇上 AI——CTID 亮相中国人工智能峰会 [EB/OL]. 中盾安信网.（2019–08–23）. http://www.anicert.cn/news/newsinfo/58.html.

[11]　CTID 平台：可信赋能，构建权威数字身份生态 [EB/OL]. 中盾安信. http://www.anicert.cn/index.php/platform.html?md=1.

[12]　CTID 支撑全国一体化政务服务平台实现健康码 "一码通行" [EB/OL]. 新浪网.（2020–03–23）. https://tech.sina.com.cn/roll/2020–03–23/doc-iimxyq-wa2657014.shtml.

[13]　公安部正式发布《居民身份网络认证整体技术框架》等系列标准 [EB/OL]. 中盾安信.（2020–07–31）. http://www.anicert.cn/news/newsinfo/93.html.

[14]　刘耀华. 印度通过《2019 年数字身份证修正案》评析 [EB/OL]. 安全内参网.（2019–06–28）. https://www.secrss.com/articles/11741.

[15]　何渊.《个人信息保护法》亟待解决的十大议题 [EB/OL]. 澎湃新闻.（2020–10–14）. https://www.thepaper.cn/newsDetail_forward_9554898.

[16]　沈建光. "惩罚性"监管有碍创新与增长：从欧洲 GDPR 谈起 [EB/OL]. 安全内参转自 FT 中文网.（2019–10–16）. https://www.secrss.com/articles/14378.

第 4 章

数字身份赋能

数字政府及公共服务数字转型

数字身份有利于实现国家经济社会的精细化管理。1066 年，法国北部的诺曼公爵威廉在征服英国后，就下令对全国的人口身份、土地财产等情况进行详细的调查，汇总形成《土地赋税调查书》。这是一次史无前例的大规模身份信息采集，内容很详细，犹如基督教的末日审判书的内容，老百姓称其为"末日之书"。这次调查开创了经济社会数字化治理的先河，不仅便于分封奖赏功臣，帮助领主收取租税，而且可以加强财政管理，征募兵役。而历史学家黄仁宇在其代表作《万历十五年》中提出，明王朝衰亡的一个重要因素是因为政府未能采用"数目字管理"，这样政府就无法掌控社会经济状况，导致国家财政破产。尽管这一观点尚存在一定争议，但人们已就政府部门实行精细化数字管理将有效改善政府管理和国家经济社会治理达成共识。

经济社会数字化增强国家治理能力

国家治理体系现代化是我国完善建设社会主义制度的主要内容之一，旨在增强国家治理能力。国家治理不仅涉及党和政府各级部门，还涉及经济和社会活动的综合治理。在国家治理体系中，治理主体多元、治理手段多样，数字技术可发挥重要的支撑作用。例如，数字身份有助于将公民参与治理扩展到数字空间，识别参与主体，通过各参与方的协同合作，使公共决策和政策具备广泛性和代表性。而智能感知可获取经济社会各个视角、各个领域的实时大数据，通过将数据汇聚融合获得社会状况的态势感知，无论是对于数字经济还是社会稳定，都具有重要的意义。

数字公民参与的国家治理

人们常用网民或网友来称呼互联网中进行活动或交互的个体或群体。但这实际上是一个宽泛的称谓，主要侧重网络使用者的行为特征。对于数字社会，学者提出了数字公民这一概念，用于描述那些使用数字技术参与到经济、社会、政治和政府等领域数字化活动中的个体。与网民这一称谓相比，数字公民被赋予了政治、经济和社会等方面的权利，如利用数字身份登录服务网站、电子支付、网络社交互动等，也就是说数字公民是国家公民在数字空间的映射，同时也承担相应责任，即在网络及数字空间，其言行都应受到法律和伦理道德的约束，为自己网上言行承担相应的社会或法律责任。

数字公民作为数字经济社会的主体，是国家治理现代化体系的关键要素，可促进多元参与协同。我们可利用智能感知、大数据分析、人工智能等数字技术，培育自下而上的社会治理创新模式，促进公民自愿参与、主动参与到社会治理中；再会同政府自上而下的管理体系，形成双向互补合力，构建多元协同治理新体系，从而改变以政府为单一主体的传统管理结构。

网络选举是国家治理数字化的体现。目前网络上形形色色的投票多如牛毛，但给人们的印象是拉票的很多，这种投票的弊端是重复投票、拉人头投票，很显然不能用于国家治理这样庄重严肃的场景。究其原因，是目前网上没有一套权威的数字身份体系，能对投票人身份的真实性和唯一性进行认证，这也正是数字身份体系的目标定位。投票时，投票人必须通过严格的身份鉴别或认证，确认登录身份信息有效，并且还要确认登录人就是投票人本人亲自登录投票；投票确认前，投票人可以反复考虑和修改，但提交完成后，就不能再修改或重复投票，以保证投票结果的唯一性。

网络投票系统还要求安全性和隐私保护。安全性可保障系统不能被未经登录验证的人登录系统，投票数据要保证无法被篡改和泄露；另外，系统应避免投票人被胁迫或被操纵等违法活动，如匿名投票或秘密投票。为了验证投票者的身份，可使用零知识证明[①]鉴别身份真伪，或者通过技术和法律手段保障投票人的个人隐私不被泄露。另外，网络投票系统既不能确定特定投票人的投票结果，也不能通过追溯机制逆推出投票人的投票结果。

最后，一个完善的网络投票系统还需要确保投票过程是透明的，保证系统的公正性；系统还要从机制上防止数据被篡改。区块链技术不仅可保证数据的不可篡改性，还能够以数据加密和分布式特性保障数据的安全性，并且区块链的共识机制也有利于实现机制的透明性。区块链很适合用作网络投票的基础设施，目前正在研究的是区块链驱动电子投票技术。

在国家治理层面正式应用网络投票的是爱沙尼亚。2005 年，爱沙尼亚基于数字身份 eID 体系建设了一项很具创意的网络投票（i-Voting）系统，允许公民在家里就可以通过互联网进行投票。2007 年 3 月，爱沙尼亚议会选举时，选民除了在传统的投票箱投票外，还可通过互联网投票，这是世界上第一次在国家选举中使用网络投票，也是世界上第二次在全国范围内通过网络海选投票的选举（世界第一次网络投票是爱沙尼亚 2005 年的地方政府选举）。

i-Voting 投票选举仍要遵循传统投票方式的所有原则。为了避免对参选人产生影响，允许投票人修改或重新投票，但以投票截止日期时最后投的票作为最终结果。

---

① 零知识证明就是指证明者能够在不向验证者提供任何有关个人信息的条件下，验证某个论断是正确的。或者说，既证明了自己想证明的事情，同时透露给验证者的信息为"零"。

i-Voting 投票系统项目于 2003 年开始构思，其目标定位是为投票人提供一个新的投票途径，以提高投票活动的参与程度，通过应用数字技术促进国家的民主进程。当时反对者认为，在大选中使用网络投票是不安全的、危险的。但后来的实践表明，网络投票系统运行稳健，和网上银行及其他电子服务一样，非常安全，这其中很大程度上要得益于国家统一的数字身份 eID 体系以及信任服务与安全基础设施。

当然，人们的态度和观念的改变需要时间。因此，网络选举投票系统在短期内不可能完全取代传统的投票方式。2005 年，使用网络选举投票系统的人数只有 9317 人，只占总投票人的 2%。但爱沙尼亚人对网络投票的接受程度提升增加很快。2011 年的议会选举中，已有 140 846 人通过网络投票，占选民总人数的 24.6%。网络投票还可打破公民所处的地理位置的限制，爱沙尼亚公民可以在全世界任何地方，使用其数字身份 eID 登入 i-Voting 系统投票。在 2014 年的欧洲议会选举中，网络投票比例再度提高，有 1/3 的选民从其所在的 98 个国家上网投票。

构建数字社会共享基础平台

数字化转型需要基于数字身份生态体系，这是一种在线交互环境，公民、政府、公共及私营机构都是其中相互依存、相互协调的参与角色，所有角色都要遵守统一的规则或标准，使用统一的共享应用平台。下面我们以爱沙尼亚的 X-Road 平台为例介绍数字社会基础平台的体系架构及机制。

以数字化共享应用为导向的体系架构

爱沙尼亚国家数据共享应用体系如图 4–1 所示。这一体系的组成包括：**身份认证管理系统（E-ID）**，用以实现公民数字身份的认证与授权，是生态体系的关键性基础设施；**X-Road 平台**作为整个生态体系运作的枢纽，负责各个服务系统的数据共享和交换；国家信息系统管理系统（RIHA），用于管理各类服务系统、数据库系统的交互接口的目录体系；**地理服务**（X-GIS）提供地理信息支撑服务；**政府门户**则为公民、企业和公务员提供相应的访问入口；还有各类公共服务和商业服务系统。X-Road 生态系统中各参与方包括身份认证中心、公共部门和私营部门、系统管理部门，以及持有数字身份的公民。

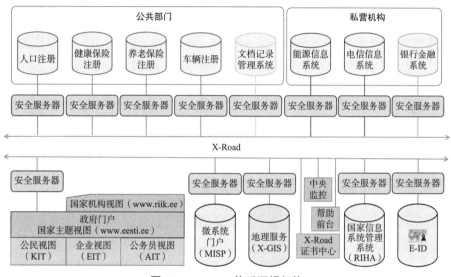

图 4-1　X-Road 体系逻辑架构

资料来源：e-estonia.com.

数据共享交换平台 X-Road

X-Road 项目是爱沙尼亚国家数据基础网络，于 2000 年开始建设，其目标是实现国家信息系统的数据共享和系统互操作，使进入数据网络的使用者能够方便地获取和使用信息，而无须考虑数据安全问题。

X-Road 是一个服务公众的幕后系统，也是爱沙尼亚信息社会的关键基础设施和基石。这个系统采用了开放的解决方案，可将各种操作系统平台下的信息系统、服务接口及数据库链接到一起，无论它们是属于公共部门还是私营企业，都可以相互提供服务、共享数据。X-Road 提供的主要服务包括身份认证与授权、微信息系统门户、各类数据库和注册库的查询、数据库的操作、网络数据共享、安全数据交换与传输、记录日志、查询路径选择、公民门户和管理员门户等。

X-Road 链接了很多信息服务系统和注册数据库，这些数据的格式、内容千差万别，分别由不同的机构开发和管理。通过 X-Road 系统，不论是诸如人口管理、健康保险、车辆管理等公共部门，还是诸如能源、电信、银行等私营部门，构成了一个统一的公共服务体系。截止到 2018 年底，已经有超过 600 多项政务和公共服务，2400 项商业服务接入到 X-Road 系统上。

X-Road 生态体系的运作机制

作为一个数据共享交换平台，X-Road 系统是数字身份生态体系的核心。爱沙尼亚政府和公共机构已经开发了很多业务信息应用系统、服务组件及数据资源，各参与方需要通过这些资源系统实现交互和交易。通过 X-Road 系统将这些服务空间整合到统一的逻辑体系中，打破服务的部门壁垒，实现信息或数据的共享交换，信息系统的潜能才得到有效开发。

国家信息系统管理系统是 X-Road 实现数据共享与交换的关键组件，实现平台信息资源的注册机制，底层为信息系统登记注册库，存储内容包括信息系统、组件、服务、数据模型等元数据及语义描述，如系统管理者、服务提供者、可提供的服务、服务的用户、分类体系及分类的管理者等。国家信息系统管理系统集中反映了国家所有 IT 资源的总体概览，也为公共部门的信息系统开发者、管理者和使用者都提供了一个有很高价值的工具。

X-Road 生态系统运作需要参与各方的协同合作。政府指定了一个专门监管机构,既被赋予法定监管职能,又具有足够的 IT 技术能力。该机构参考德国联邦信息安全办公室发布的安全框架,为 X-Road 的运行制定一系列安全策略、框架及操作规范;最后,根据应用需求情况确定安全级别。X-Road 监管机构负责确保只有那些满足上述安全要求的机构才能够链接到X-Road。

服务提供者是生态体系的运作的主要角色。在链接到 X-Road 之前,服务提供者必须保证有足够的安全防护措施,这是因为 X-Road 只规定了应用系统之间共享交换数据的接口、流程及安全要求,并没实际进行安全审核和实施。应用系统应按照 X-Road 规范,使用网络服务链接到 X-Road 服务器。此外,只有在与服务使用者签署协议后,服务提供者才可授予其服务访问权限。

服务使用者在登录到 X-Road 之前,也必须保证有足够的安全策略、安全措施及操作规范。其中一个重要的步骤是要有完善的用户认证、访问控制机制和适当的策略。服务使用者有两种方式使用 X-Road 服务:一种是将X-Road 服务集成到信息系统中使用,另一种是通过 X-Road 门户使用。同样,用户在获取访问权限之前要与服务提供者签署服务使用协议。

数字信用促进数字经济社会发展

商业交易通常基于信誉或信用,良好的信用体系可以约束人们的行为,降低人们在交易中的违约率,提高经济社会运转的整体效率。英国经济学家亚当·斯密认为,商业发达的社会的信用水平往往也比较高。世界上大部分国家经济落后的原因很大程度上是因为人们缺乏互相信任。

信用主体除了人之外,还可以是政府部门、企事业单位。通常信用评级主要面向金融信贷、商务交易等场景，商业银行的贷款大多基于信用等级，特别是对于企业贷款。客户身份核验不仅是银行降低风险的重要措施，也是国际金融行业对反洗钱和金融反恐的国际义务和责任。电子商务和金融科技的崛起让个人数字信用越来越受到重视，数字信用不仅可以降低服务提供方的金融风险，更可提供个性化的服务体验。

社会信用是我国开展的社会治理新理念。近年来，为提高我国社会的诚信意识和信用水平，国务院在 2014 年发布《社会信用体系建设规划纲要（2014—2020 年）》，提出要建设基于社会信用的奖惩机制，将社会管理转变为社会治理，主要推动政务诚信、商务诚信、社会诚信和司法公信四个重点领域的诚信建设。我国的社会信用体系建设首先整合了已有的央行征信系统和全国法院失信被执行人名单信息公布与查询平台，其次制定了对各种失信行为的约束与惩戒措施，这些措施既有政府行政方面的项目申请限制，也有市场方面的。有履行能力但拒不履行的严重失信主体实施限制，如限制其购买不动产、乘坐飞机、乘坐高等级列车、入住星级以上宾馆和其他高消费行为等措施；还有通过相关行业性和社会性团体对其进行惩戒的措施。

在传统商业交易中，买卖双方往往通过柜台面对面进行，有些还需要通过复杂的磋商、签约等过程。在数字时代，传统的柜台交易被网络平台交易所取代，买卖双方通过网上银行、商业 APP 等平台交易。在这种模式下，买卖双方的信用由其网络数据所决定，不再需要交易当事人再根据专业和经验去判断对方的信用度。所有平台交易均被完整记录下来，任何人均可据此准确地看到某一商家或者消费者的履约状况，判断其信用度高低。

在互联网平台交易中，用户信用与其数字身份密切相关。在数字商业中，人们并不看重从偶发的、一次性的交易中获取短期利益，而是倾向追求长期的、持续的稳定收益，也就是重复性博弈。这类交易的用户违约成本不在本次交易的后果与责任中产生，而是会导致以后的交易要付出更大成本，甚至根本就不能再进行交易。比如用户使用滴滴出行等服务平台，如果用户下单后逾期不支付服务费用，将直接损害其信用评分，下次使用服务将会被延时。多个平台还可以建立关联关系，合作共享用户数字身份和个人信息，从而放大了信用的威力和影响。支付宝的芝麻信用就是根据用户在不同平台的交易大数据计算的，其评分高低将直接影响用户能否使用阿里系平台的服务产品。

信用实际上是征信机构根据你过去的行为记录得到的个人诚信档案，类似于现实中的个人口碑和信誉。而信用评分其实就是用户履约概率或偿付能力的量度，用户信用分高表示履约概率高、偿还能力强。通常，信用评分采用统计分析方法，比如采用逻辑回归模型分别提取违约和非违约两类人的特征和共性，可分析出来哪些因素对能否履约比较重要、影响程度如何等。

随着大数据的兴起，很多以前难以获取和处理的数据现在已经可以自动处理，如人的行动轨迹、聊天或浏览记录、购买记录等。信用评估也需要利用大数据分析，通过信用状况建模和智能分析，将信用主体的隐性特征显性化，比如性格特征、消费观念、生活习惯、兴趣爱好等，通过信用标签和指标体系获得刻画信用主体的数字化"信用画像"，再以可视化方式展示信用主体的信用状况，实现精准化、智能化的信用评价。芝麻信用评分主要考虑的维度是个人信用历史、行为偏好、履约能力、身份特征和人脉关系等几个维度。

信用画像使用的大数据通常具有多源异构特征。多源意味着数据来源多样，按数据记录主体来分，既有市场信用数据，也有公共部门数据：市场信用信息主要包含金融记录、商务交易记录和互联网行为记录，其来源可以是网上银行或在线金融、电商平台或其他手机 APP 等；公共部门数据是指政府和公共服务部门在履行行政职责、监督管理或公共服务的过程中所产生的数据，如工商、税务、公安、海关、民政、法院、人社、供水、燃气等相关数据。异构说明数据的格式类型也具有多样性，既可以是数字数据，也可以是文本、图像、视频等数据。

信用体系建设的目标是实现金融机构、互联网服务平台、金融科技平台、小微企业乃至个人用户在交易中的双赢。比如对于个人用户，在使用移动支付平台时，会产生在线消费、线下消费、转账理财等数据，移动支付平台通过分析这些数据记录建立用户信用画像，给用户贴上不同的标签，如稳健型、风险型等，判断用户信用状态，由此决定用户的借贷额度。

企业信用画像可从多个维度刻画企业的信用情况，在政府采购、行政准入、招投标等方面发挥着重要作用。企业信用画像还能够优化金融供给侧改革，推动普惠金融高质量发展。银行业金融机构综合运用互联网大数据等金融科技手段，将公共涉企数据与机构内部金融数据有效整合，获得小微企业的精准信用画像，从而优化信贷的审批标准和风险管理模型，将信贷资金以精细化的"滴灌"方式科学分配给长尾客户。

信用画像还可以提高城市治理水平，营造城市守信的良好风尚。有的城市推行市民信用积分，并将其划分为不同等级，并广泛应用于人们的生活领域，比如免押金租借、减免管理费等，让人们在生活中获益；信用还可以用来监管商家的服务态度、产品质量和食品安全，提高商家的履约能力，或者用来治理企业拖欠工资等行为；政务及公共部门也可以利用社会信用对工作人员的服务进行监督。

社会信用体系作为我国创新社会治理的手段，取得了良好的效果。

2019 年初，世界银行发布的《营商环境报告》显示，中国的营商环境排名一年内从第 78 位跃升到第 46 位，其中一个重要原因是社会信用体系等改革措施驱动了市场监管效率的提升。究其根本，社会信用体系有利于初创企业在数字空间快速建立稳定的信任关系，这在很大程度上可降低经济活动中的成本，如交易成本、沟通成本和营销成本等，并可减少交易纠纷，促进企业快速成长。

我国的社会信用体系建设还处于起步阶段，立法相对滞后，缺乏完善的信用法律体系，各地的社会信用体系建设依据多为制度文件，约束力不强；同时，我国还没有制定统一的征信标准，不同地区的信用评分的指标也不尽相同。另外，信用画像分析计算所需要的大数据很可能涉及个人隐私，详尽的信用画像会弱化信用效果，如可能被算法歧视或大数据杀熟等；甚至可能造成不可控风险，如数据泄露后遭到精准诈骗。可见大数据采集并非越多越好，而应基于最小披露数据的原则，尽可能平衡协调好个人隐私、企业风险与国家治理之间的关系。

为此，我国应尽快推进信用立法进程，相关部门召集信用、金融、网络技术、信息安全、法律和隐私保护等相关领域的专家，在广泛征求社会意见的基础上，起草完善的社会信用法律法规，同时构建信用评价指标和科学的评价方法，明确个人数据采集的内容和范围，保障社会信用治理的安全性和有效性。

以业务流程重构打造数字政府

业务流程重构是一个来源于企业管理的概念，其宗旨是通过打破部门间的壁垒，实现数据和业务功能的共享使用。按照业务流程重构理论，企业应打破按职能设置部门的管理方式，而以业务全局最优和客户满意度为目标，对企业管理业务流程进行彻底再设计，使企业在成本、质量、服务、速度等方面得到质的飞跃，最大限度地适应"客户、竞争、变革"为特征的现代企业经营环境。

政府的数字化转型不是简单地在业务工作中利用数字新技术，也不是局限于单一部门的数字化，而是利用数字技术改造政府的内部组织、流程、数据和机制等要素，实现跨部门、跨层级的全政府协作，从而改进政府职能分工及运作机制，实现政府内部运作效率的提高、效能的优化，以及业务流程的合理化，以维护经济社会的高效运转。在这一过程中，数字身份就像一个纽带，贯穿着整个业务流程的设计，以满足公众的个性化服务需求。

数字身份与数字政府蓝图架构

美国智库 New America 认为，当前很多国家的组织架构还停留在 19 世纪，并在使用 20 世纪的技术解决 21 世纪的问题。在过去，政府和公共部门通常采取政治变革解决所面临的各种挑战。但在 21 世纪，迅速发展的信息及数字化技术改变了这一模式，通过开发模块化的开源技术平台，构建服务公民的数字政府体系，以升级政府的重要职能。政府的数字化转型将是经济发展和治理现代化的关键驱动力。

2018 年 5 月，洛克菲勒基金会召集来自公共部门、私营机构及社会性组织等各方面的专家，在意大利北部贝拉焦中心召开数字政府学术会议。会议提出了数据政府蓝图项目，项目提出了系统性体系架构，用以构建综合性的数字生态系统，并为制定数字政府开放标准，实现平台的互操作性奠定基础。

数字政府蓝图架构基于"数字政府堆栈"这一概念性架构。数字政府蓝图架构包括基础系统和应用系统两大模块结构。其中基础系统包括三个基本层：数字身份、数据管理和数字支付，这些是其他数字政府应用的基础，并可促进政府服务的提供。应用系统组成包括税务及公共财政、公共福利、资产管理、土地所有权、公民参与、政府采购、公共登记等，具体如图 4–2 所示。

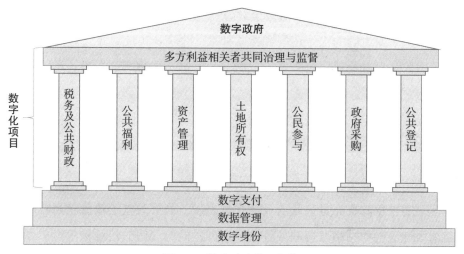

图 4–2　数字政府蓝图架构

数字政府蓝图架构可以为正在进行数字化转型的政府决策者和领导者提供参考，其核心理念是将数字政府作为一个整体进行统一规划设计，以克服部门壁垒，打破信息孤岛。比如爱沙尼亚的 X-Road 应用共享平台和印度的 IndiaStack 应用服务平台都从不同思路通盘考虑了公共部门乃至私营机构的各类服务。德国和瑞士也正在试验新的数字政府架构模型。蓝图架构允许公众控制自己的个人信息，既可保护隐私，也可使政府利用数字身份和个人数据解决面临的紧迫挑战。

2020 年全球蔓延的新冠肺炎疫情，让各国领导者都意识到当前的政府治理体制需要进一步改革创新。比如，美国至今还在通过邮寄纸质支票的传统方式向 7000 万国民发放社会补贴，而骗子使用偷窃的身份申请失业救济金，让华盛顿州损失了 6.5 亿美元。疫情封闭期间，意大利的很多公共服务系统崩溃，在要求申请人提供服务办理所需的证明文件时，但由于政府部门关闭而无法获得。

与之形成鲜明对比的是，爱沙尼亚、印度、巴基斯坦、秘鲁、智利等国政府却在利用数字身份和移动支付系统迅速援助贫困人口和被疫情冲击的工人，掌握他们的工作情况和接收补助的渠道。由此可见，新兴国家如果采用数字身份及数字公共基础设施，就可以实现跳跃式发展，赶超发达国家。

数字政府在不同维度中的数字身份应用

数字政府的主要目标是实现政府部门业务的数字化转型。这其中涉及很多不同视角。首先是从政府业务视角出发，最早的电子政务就是政府部门利用计算机和网络改善政务办公和服务，但各部门的信息系统形成了数据孤岛，这就需要使用业务流程重构，打破部门壁垒，实现业务协同的整体政府；其次是政务公开催生了开放和透明政府，进而让公众参与到政府的政策制定过程中；最后是利用大数据分析，实现数据驱动的个性化政务服务，进而利用人工智能等技术实现智慧政府服务。

从电子政务到跨部门业务协同的整体政府

从 20 世纪 90 年代以来，电子通信、数字网络以及软件技术开始广泛应用，政府部门开始将其用于政府事务，以提高办事效率，改进公共政策的质量和决策的科学性。早期电子政务系统一般都是按部门分阶段建设，由于建设标准和技术架构的不一致，很多业务系统都具有各自独立的体系，这就形成越来越多相互割裂的数据孤岛，数据难以充分共享使用，在不同部门办理业务时需要重复提供数据，业务的协同程度不高。

为打破部门之间的数字壁垒，电子政务开始强调"整体政府"，这是英国前首相布莱尔在 1997 年的"公民服务会议"上首次提出的施政理念。其解决之道是重新定位政府事务的价值取向，采取以公众为中心的价值观，从全局的视角设计服务新流程，实现跨部门分工协作。

在传统的电子政务体系中，身份认证和信任框架一般都是位于应用层之上的独立系统，这样不利于构建集成数据共享、业务规则和流程于一体的整体政府的架构。而整体数字政府则基于一体化协同设计理念，统一考虑跨部门数据共享以及业务流程重构，设计全新的技术架构。美国麻省理工学院提出的新计算架构 ID3，可作为整体政府的参考架构。ID3 架构的最底层是核心身份认证，包括参与者的数字证书、数字签名等；在其上是身份管理与认证，实现体系的统一身份认证；再上一层是信任框架层和核心服务层；最上层是应用层。印度的 IndiaStack 平台就是 MIT ID3 的一个应用范例。IndiaStack 建构在世界上最大的数字身份认证体系 Aadhaar 之上，民众的银行账号、养老保险全部打通，完全实现数字化交易，形成一个全国性的生态化系统和平台。这也验证了 ID3 架构在技术上是可行的。

整体政府的业务应用系统有两个设计目标：一是以满足民众的需求为导向；二是以业务而非职能为中心。政务业务流程要以数字身份为逻辑主线重新设计，采用统一身份认证能够让民众免除频繁地证明自己的真实身份；数据共享能够让系统重用跨部门的业务数据；而通过业务梳理，可将不同部门众多的业务事项归纳为基本的事项要素，再按照民众最便捷原则对流程进行优化重构；最后还可以通过满意度评价机制，以及大数据分析技术，进一步提供千人千面的个性化服务。

从开放政府到公民参与的互动政府

政府数字化项目通常应用数字化技术改进政府内部组织和相互作用流程。从更广泛的意义上看，通过开放政府数据和事务，让公众、企业及其他非政府参与者通过数字渠道与政府机构进行互动交流，让他们参与到政府的决策过程中，从而在政府与公众之间建立更好的信任关系。这种以数据开放和公众参与为特征的理念被称为开放政府。2009 年，美国联邦政府发布开放政府行动计划，提出要建设"透明、参与、合作"的政府，其中透明就是政府要开放数据，将数据信息通过多个电子渠道向社会公众发布或推送，使公众能够及时便捷地获知政府的决策及行为，并鼓励公众通过电子渠道提供反馈和评价；参与则是政府在政策制定和服务交付时让公众参与其中，政府的角色将从管理者转向服务提供者，再转向解决方案促成者。

公众参与政府的核心是政府为公众参与提供交互渠道或平台。我国很多政府网站上都设有"政民互动"或"公众参与"等栏目，还有市长信箱、建言献策、在线调查等；美国政府网站上的"联系我们"或"与美国政府官网聊天"，都是政府提供的与民众交流互动的渠道。但这些网站栏目或 APP 的主题涉及范围宽泛，互动流程和响应时间长，针对性和时效性不佳。更好的解决方案是构建政民互动协作机制，有效扩展政府与外部行为者进行交互的方式渠道，实现跨组织边界的政民协作。2016 年，加拿大为实施"创新和技能培养计划"，开展与公民的交互与对话，涉及加拿大各阶层——从小企业家到跨国公司，从学生、教师到研究人员，从创业者到企业家及其他所有人，还任命了六位数字创新领袖。自 2018 年 6 月至 9 月，政府相关部门的部长与民众展开了一系列圆桌会议，并通过数字互动平台收到了 1950 多份书面建议。在此基础上，加拿大政府发布了发展创新数字社会的《数字宪章》，内容包括十项原则，涉及数字经济、数字政府、创新发展、隐私保护等，旨在营造公平的创新发展环境，确保公众能够安全、透明地参与数字社会。

公众体验是互动政府的重要指标。商业网站为了吸引用户，通常会对用户的个人信息进行分析，以改善用户体验。基于这一思路，互动政府从满足公众需求出发，汇集并分析公众的个性化需求，提升政民互动体验。另外，还可基于用户审美取向，设计用户偏爱的用户界面，提升其视觉体验；利用个人大数据分析用户的操作习惯和模式，设计个性化交互体验模式；智能解析用户的性格和情绪特征，让用户抒发自己对政府的情绪和情感，策略性地应对和响应用户的交互情绪，使用户获得高度情感认同的情绪体验，提升公众对政府的信任度和满意度。

以数据驱动分析决策为特征的智慧政府

数字政府还应该是智慧政府，即通过大数据和人工智能等技术提升政府在办公、监管、公共服务和决策等方面的能力。我们知道，政府部门的职责定位是掌舵而非划桨，这就要求政府政策制定和决策要具有科学性和确定性。而过去依靠的"经验决策"已经难以适应数字化时代的需要，现在则要利用大数据智能分析技术建设"政府大脑"，依据数据洞察和趋势进行决策，比如利用大数据可视化技术将经济运行情况、社会管理情况等形象地呈现在政府决策者面前，并提供多种可选的最优决策方案，使领导者可以像开汽车一样驾驭和调整本地区、本部门的经济社会发展。

数据驱动还有利于实现精细化决策。以前由于技术条件的局限，政府出台的很多政策存在"一刀切"的弊端，大数据分析、人工智能技术则可依据个人身份数据，对政策的目标群体进行精准细分，政策实施的针对性将更强。对不同公众群体采取适合的政策调控方案，将会获得更好的经济社会价值。

在政务服务方面，可以利用个人大数据预先获取民众需要的服务。比如一个人需要办理某项政府事务，在他提交申请之后，系统会主动预先审核事务需要的各项证明文件，如果文件不齐全，可以从相关证明机关共享或个人云文件保险柜中自动获取，还可通过大数据分析判断其身份信息的真实性和可靠性，避免让公众重复提交各种证照文件，从而提高政务服务办理的效率和便捷性。

智慧政府强调的智慧与智能的内涵有很大区别。智能源于人工智能领域，主要是让机器人和自动设备具有最大权限，降低人的作用。而在智慧政府中，大数据智能分析作为决策的参考依据，不仅不会取代人的决策作用，反而会更强调人在决策中的主观能动性。以建设智慧国家著称的新加坡，其智慧政府体现在数字政府蓝图计划。这一计划以数字化为核心，构建了三层逻辑架构，其中最底层为"做什么事"，包括数字赋能、数字自信、相关协作，还要保证易用、无缝、安全可靠；中间层为"谁参与"，主要包括政府的服务对象，如民众、企业、公共部门工作人员等；最顶层为"怎么做"，主要包括采用整合民众和企业的服务，增强政策、实施及技术之间的整合，通过可靠、安全的系统，促进民众和企业的共同创造，提升政府的数字能力，推动创新，建设公用数字和数据平台等。

智能合约作为一种基于区块链的创新技术，也可用于提高政府治理效能。政府的政策执行环节复杂，存在较多的人为因素，而智能合约利用区块链的自动执行机制，其执行环节不需要人为干预环节。政府事务和政策执行采用智能合约，将有效减少执行过程中贪腐、寻租等违法行为，同时其匿名性还可保护个人隐私。这其中使用的电子签名具有可验证性、不可篡改性和不可否认性，保证了执行过程的可靠性和安全性。智能合约应用于政府的政务平台，包括自动完成程序审批、报税、民事登记、扶贫社保等，政务流程将得到进一步简化，政府公信力和办事效率都将得到有效提升。

爱沙尼亚重构缴纳税业务模式实例

数字政府应秉承的一个重要理念是，实行政务及公共服务不是简单地舍弃旧技术、拥抱新科技，而是要充分运用数字化新技术对现有政府业务流程进行革新改造，其目标不仅是为了提高效率，而且要为民众提供更好的服务和体验。爱沙尼亚的电子缴纳税系统就是一个业务流程重构的成功实例。

传统的报税流程通常是，税务部门提供税收计算方法和纸质表格，由纳税人填报相关内容。在数字时代，单从报税程序上来看，政府就不该让公民在计算机上重复纸质表格报税的数据填报步骤，而是应利用数字化新技术的优势，通过与银行、金融机构的相关系统联通并共享交换数据，然后由计算机计算出民众应该报税的额度，并自动填报完成表格，民众只需上网进行核查确认就可以了，也就是说，用户只需要操作"下一步→下一步→……→提交"即可，这样使得提交报税表不仅更准确、安全，也更加方便快捷，纳税人只需 3~5 分钟就可将手动填写部分填写完毕。

电子缴纳税系统依赖电子银行、电子商务的广泛使用。纳税人在不同商业银行、金融机构、互联网商务平台注册了大量的账号，金融和商业活动都通过这些互联网金融及商务平台完成，留下大量的交互和交易记录。要整合这些高度碎片化的信息，统一的数字身份体系是其中一个关键要素。另一关键要素是爱沙尼亚的共享服务应用平台 X-Road，利用这个平台，电子缴纳税系统能够方便地建立与各类服务系统的链接关系，在经过充分授权和安全保障的基础上，从关联银行和金融服务机构获取相关财务和金融信息。

┃ 基于以人为本的理念提升公共服务 ┃

公共服务同样需要进行数字化转型，促使数字化技术的广泛应用，这也深刻地影响了公共服务在机制流程等方面的转型与革新，形成创新公共服务模式。

数字身份是数字化公共服务的前提条件

以人为本的价值观体现在公共服务领域就是以公民为中心，这也是世界上很多国家改进完善公共服务的首要目标。数字身份作为公民在数字空间的身份标识，在公共服务应用流程的各个环节都可以发挥关键作用，主要包括一体化身份验证与鉴证确权两方面的内容。

一体化身份验证

公共服务的一体化是将公共部门、相关私营企业及第三方机构的服务集成到一个统一的数字化虚拟空间，以提高公共服务的效率和便利性；公民用户则可在一个安全的公共服务空间内，基于"单一窗口"原则使用各种公共服务，身份验证、政民交互都可在这样的单一环境中进行，从而实现公共服务的"仅需一次"原则。

新加坡将与民生相关的各类公共服务捆绑到一起，设立全球首例电子公民（eCitizen）门户。2018 年，新加坡又进一步采用聚焦用户行为的方法，基于智能搜索的设计理念，将 eCitizen 升级成为"一体化的公民体验、一站式公共服务商店"。

爱沙尼亚政府则将数字身份用于各种需要证明身份的场合，如旅游身份证明、医疗健康、公共交通、停车收费等服务场合，以及几乎所有数字政府和公共服务应用，如网上银行、电子签名、电子投票以及数字化医疗处方的身份验证手段。也就是说，数字身份成为爱沙尼亚人访问国家各类信息系统和网络公共服务的万能电子钥匙。

爱沙尼亚政府的公共服务遵循"仅需一次"的认证原则，也就是公民到政府及公共部门办理业务只需要提供一次自己的个人数据，各部门通过数据共享实现业务协同。欧盟正在实施的两个项目，"公民利益相关社区仅需一次认证原则"和"仅需一次认证项目"，以便将欧盟和各成员国的政务及公共服务系统转换成"仅需一次"认证系统。

为了增强公民使用公共服务的便捷性和安全性，法国政府于 2019 年 11 月将人脸识别技术正式用于身份验证，这是第一个使用人脸识别技术验证公民数字身份的欧盟国家。这一系统被称为"手机在线核验身份认证"（Authentification en ligne certifiée sur mobile，ALICEM），它将允许法国民众在线进入 500 多家法国公共服务机构的网站。

鉴证确权

公民的财产证明、身份凭证以及数字版权等相关所有权证明既是非常重要的数字身份证明，也是公共服务的关键要素。采用区块链账本方式将这些数字身份在线存储管理，无需物理签名就可以在线处理繁琐的流程，并能掌控其使用权限。这样不仅可以提高办事效率，同时还能大幅精简权益登记和转让的环节步骤，减少产权交易过程中的欺诈行为。

2016 年 4 月，格鲁吉亚共和国国家公共注册局使用区块链技术为公民提供土地所有权的数字证书，其实现方式是在比特币区块链上发布加密的交易证明信息。公民使用这一系统验证与财产相关的证书，公证人使用系统进行产权注册。截至 2019 年，该服务允许注册现有土地所有权的买卖，以及注册新的土地所有权。将来该系统的应用将扩展到房地产拆除、抵押和租赁，以及公证服务的注册等。这一系统可帮助格鲁吉亚政府打击腐败，并解决有关财产索赔的争议，增强了公民对土地登记记录保存的信心。

欧洲小国马耳他也在大力推进区块链在公共服务方面的应用。2017年10月，马耳他教育和就业部启动了基于区块链技术验证学位证书的项目。该项目基于麻省理工学院和区块链初创公司 Learning Machine 联合推出的开放标准 Blockcerts，系统提供的功能包括颁发学位证书、证书验证以及用户应用程序中个人证书的存储。该项目提供了一个数字钱包，公民可在其中完全拥有控制自己记录的权限，允许公民控制哪些第三方可以查看其学术记录，并可验证学术成果的原创性。也就是说区块链能够在保护个人隐私的前提下保障了教育证书的真实性和不可篡改性。

公共服务创新的丹麦模式

提起丹麦，很多人都会想到动听的安徒生童话和优雅的美人鱼雕塑。实际上，现在的丹麦不仅国家富足，民众幸福，其公共服务的数字化转型也独树一帜。在欧盟的数字经济与社会指数国际排名中，丹麦自2014年以来一直居于首位。2018年，丹麦在联合国经济和社会事务部发布的数字公共服务评估全球排名中位列第一。根据历年《联合国电子政务调查报告》，丹麦的数字政府和公共服务绩效评估在全球范围内的表现多年来一直名列前茅。这些都得益于丹麦社会对数字技术的高接受度，以及政府和公共部门对数字技术的广泛采用。按照2018年的估算，98%的丹麦公民在这一年中使用过在线公共服务。

数字身份 NemID（或 EasyID）是丹麦数字化公共服务模式的基础。公民通过 NemID，可以访问各种公共及私营服务，还可以缴纳税费、购买电信套餐、预约医生乃至理发师等。丹麦国家公民门户网站 Borger.dk 上有 2000 多个自助服务，从更改家庭住址到注册孩子的幼儿园，无所不包。调查显示，84% 的公众服务是通过网络申请，92% 的丹麦公民对数字身份证相关服务表示满意。

丹麦的公共服务数字化模式首先是因其发展理念和战略政策的创新。20 世纪 90 年代，丹麦政府秉承平等、参与、信息自由等原则制定信息社会政策，认为数字技术应减少现有的不平等，并构建更加开放的信息社会，提升公众的知情度和参与度。当时的政策制定者强调，不应强迫任何人使用信息通信技术，公民有权选择是否使用信息通信技术。但到 90 年代末，这些倡议从未真正实现，国家政策遭遇了一系列治理失败。信息化建设模式高度碎片化，部门内部协调很少，一些应用数字技术的公共服务"大型旗舰项目"不仅成本高于预算，还未能达到预期效果。有的项目在实际实施时，生产力甚至出现减半的情况。

为了应对这些问题，丹麦政府在进入 21 世纪后采用了新的数字化治理模式。丹麦的行政和公共部门抛弃了民主、平等和信息自由等抽象理念，不再执着于实现全社会信息化，而是建立一个灵活、创新和高效的数字政府，将公共服务数字化作为政策的主要目标。2010 年初以来，政策制定转向以公民为中心，并将大数据分析及数据驱动治理理念体现到政策制定中，这些措施取得了显著成效，组织壁垒被打破，公共服务的效率也得到了显著提高。

默认数字化和强制在线公共服务与交互是丹麦公共服务模式的重要特征。丹麦是个高福利国家，公共服务和社会福利涵盖了公民从摇篮到坟墓的方方面面。丹麦政府对公共服务采取了"默认数字化"的政策，即所有公共服务项目都首先考虑通过数字化手段提供，各种福利项目都要接入政府的自助服务平台。2014 年 11 月开始实施的《数字邮政法》规定，所有在丹麦有永久居留权且年满 15 岁的"自然人"必须通过数字邮政与公共部门沟通交互，并使用自助服务平台获得公共服务。在丹麦政府引入数字身份 NemID 的同时，所有公共服务项目都已经迁移到网上，最终将实现"仅在线办理"。

丹麦公共服务模式的这些特色与其公民本质上是个性化和自给自足的观念有关，社会普遍认同"积极公民身份"的概念，即公民应承担管理自己服务个案的责任和风险。如果服务使用中出现问题，公民首先自己勇于承担责任，积极学习和参与，而非依赖国家福利制度，这已成为所有公民都应遵循的普遍准则。实际上，给予老年人过多的特殊照顾，结果可能适得其反，反而可能将他们排斥在数字空间之外。

机制创新构建精准公共服务模式

数字身份在公共服务的机制创新方面也可以发挥重要的作用。一方面，数字身份能够精准确定公共服务的对象，全面了解服务对象的相关情况；另一方面，基于数字身份构建公共服务系统能够削减繁琐的中间环节，可以提高服务的效率和效益。

我们以印度为例，看看数字身份体系在公共服务机制创新方面的价值和作用。印度是一个联邦制国家，包括大大小小 500 多个土邦，各邦之间的语言和风俗习惯相差很大，社会治理基本采取土邦自治的模式。联邦政府不了解基层的人口分布、贫富差距等确切情况，福利发放都是靠基层官员层层转发，发放成本高，效果还不佳，且容易滋生严重的腐败问题。

《哈佛商业评论》曾报道过一个供两个女儿上学的农村妇女获取政府补贴的事例。2014 年之前，她要想获得政府补贴，首先需要填写两个女儿入学资格的审批表，将表格交给学校审核后再提交到政府相关部门。如果表格被批准，她就可以到政府办公室领取补贴支票。这中间要是出现腐败问题，她就得损失支票金额的 15%~20%。最后她还需要到银行去兑现支票，假如她能获得 2000 卢比的补贴，顺利情况下她最后实际到手的仅有 1400 卢比左右，其余的 600 卢比或者被花在交通费上，或者被贪污掉。印度 2008 年的统计数据显示，印度政府发放给贫困人口的救济粮食中只有 42% 到了需要救助的民众手中，其他都被以各种理由浪费或贪污掉了。

为此，印度政府基于数字身份体系 Aadhaar，在数据应用平台 IndiaStack 上构建了一个精细化福利管理数字系统——DBT 系统，专门用于发放政府补贴。这是一套设计完善的颠覆性系统，政府可利用 DBT 系统直接将福利现金发送给受益人，而不再需要将补贴以粮油实物形式交由各级官员分配发放，这样不仅有效防止了福利资金被挪用或贪污，还清理了很多冒名顶替、伪造或已死亡的人员账号，资金分配效率和公平性都大大地提高，并且政府的支出也大幅降低。据统计，DBT 系统上线后仅半年（2014 年上半年），燃油消费增长就从同期的 11.4% 下降到了 7.82%，补贴汽油的消费总量则减少了 24%，政府在 2014—2015 年的开支节省了 2 亿美元。

如果使用 DBT 系统，上面情况中的那位母亲只需要到女儿所在学校的办公室，使用平板电脑或者智能手机通过她的 Aadhaar 身份号码验证她的身份，她能够获得的补贴资格就记录到与其 Aadhaar 身份号码关联的普惠金融账户中。系统工作流程通过批处理方式批准她的请求后，在 24~48 小时内，她的手机就会收到 2000 卢比已经全额转到她银行账户的提醒短信。

之前由于印度的网络通信、移动终端，以及金融基础设施都很匮乏，民众普遍倾向于领取实物福利，不习惯使用银行账户和电子支付。随着覆盖全印度的移动通信网络初步建成，智能手机及移动支付等系统的普及应用，民众的观念也开始发生转变，通过 DBT 系统发放现金补贴的方式越来越受到民众的欢迎。很多其他公共服务项目，如养老金、煤气补贴等，也都利用数字身份 Aadhaar 账号直接发放，这些都给政府的服务和治理模式带来了巨大变化，不仅明显提高了服务体验，而且大大提高了政府运转效率。

｜以数字健康档案促进智慧医疗｜

数字健康档案是数字化的个人病历或健康档案，近年来兴起的智慧医疗就是以患者的数字健康档案为核心的医疗服务新模式。智慧医疗是基于现代医学理念和技术，融合物联网、云计算、大数据共享与分析等数字技术，整合区域内医院间业务流程和数据资源，以患者为中心的高效优质医疗服务体系。智慧医疗以患者的数字身份与健康档案为主线，汇聚分析来自医院及个人等方面的健康数据，制订个性化的患者诊疗方案，不仅可提高医疗服务效率和效益，还有助于改善医患信任关系。

数字健康档案及实施

数字健康档案的模式及演变

医疗病历是十分重要的个人信息，其内容主要包含个人病史、药物及过敏史、免疫情况、实验检查结果、医疗检查图像（如 X 光等）、诊疗过程及结论，以及家族遗传病史。传统的纸质病历有很多弱点，如容易丢失，并且医生的字体可能会难以辨认等。早期的**计算机化病历**（computer-based patient record，CPR）基本上是将纸质病历转换成电子形式，形成无纸化的医疗档案。后来出现了**电子病历**（electronic medical record，EMR），即医生在诊断和治疗病人过程中产生的数字医疗信息文档，EMR 数据通常需要结构化和标准化，以便于计算机自动处理和网络共享使用。2017 年，原卫计委（现卫生健康委）在《电子病历应用管理规范（试行）》中明确了电子病历的概念：

> 电子病历是指医务人员在医疗活动过程中，使用信息系统生成的文字、符号、图表、图形、数字、影像等数字化信息，并能实现存储、管理、传输和重现的医疗记录，是病历的一种记录形式，包括门（急）诊病历和住院病历。

EMR 通常是由医院维护和管理，其特点是以医疗为中心，来实现医疗质量控制的目标。EMR 采集的数据根据医院治疗业务流程和要求而设计，以满足医生诊断和治疗及医院业务管理的需求。因此，EMR 重视对患者病史及诊疗过程的细节记录。

20 世纪 90 年代出现的电子健康档案（electronic health record，EHR），是一种以医院电子病历为主体，以信息共享为特征的数字化健康档案记录。EHR 不仅包括临床诊疗服务记录，还包括社区公共卫生服务记录。美国医疗信息交换标准 HL-7 给出的定义是：

> EHR 是记录在卫生体系中关于患者健康历史与服务的终身档案，需向每名患者提供，并且具有安全保密性。

EHR 通常是跨医疗机构和系统，在不同信息提供者和使用者之间实现医疗信息的分享与交换。EHR 将分散在不同医院和医疗卫生机构的医疗信息汇集到一起，如免疫接种、健康体检等信息，从而获得对患者整体健康状况更全面广泛的报告。EHR 不仅牵涉各医院各科室，还有公共卫生监管部门的参与分享。因此，EHR 实施的关键在于制定统一的数据内容和格式标准。

进入 21 世纪，随着"以人为本"价值观的确立，又兴起了个人健康档案（personal health record，PHR）。PHR 是个人健康、保健和诊断治疗的数字档案记录。与医疗机构主导的 EMR、EHR 不同的是，PHR 归属于个人，由个人控制和维护。这是真正意义上个人终身的数字化健康档案，包含内容比电子病历更广泛，涵盖了一个人从摇篮到坟墓的全部医疗信息，如药物、过敏与免疫情况、体检化验结果、医疗检查结果及图像、诊疗过程及结论、家族遗传病史等，还有与健康有关的各种非医疗重要信息，例如饮食习惯、睡眠习惯、生活嗜好（如抽烟、喝酒等）、运动情况、心理健康情况，等等。

PHR 信息可以是动态、连续的，用户可随时随地查阅、检索、统计、维护自己的健康信息，为健康风险评估、健康管理、疾病诊疗和有针对性的健康保健指导等提供基础性依据。当前医院 EMR、EHR 推进困难的一个原因是，问诊 3~4 分钟，填写病历 10 分钟，这大大降低了医生的工作效率。如果能将患者 PHR 分享导入 EHR，医生在此基础上再做简单修改调整，则填写病历的效率将会大大提升。

数字健康档案的使用不仅对医患双方是双赢，对医院、支付方和药企等各参与机构也都有着重要价值，这样不仅可提升效率、降低成本，还可以从其中获得重要数据，以便分析改进产品或制定战略。

世界主要国家数字健康档案管理实践

在数字健康档案管理方面，欧盟也是先行者。数字健康档案管理的关键环节是标准化和结构化，欧盟在 20 世纪 90 年代就启动了 GEHR 项目，并由此制定了 OpenEHR 标准。这是一个开放的标准体系，主要用于规范电子健康档案数据的存储与管理，其核心架构主要包括参考模型、原型模型和服务模型三部分。2008 年，OpenEHR 被国际标准组织接受，发展成为 ISO 13606-2 标准。在该标准的基础上，欧盟 22 个成员国正在共同开发电子健康业务基础设施，并在 2022 年前实现成员国间电子健康档案摘要和电子处方的跨境共享交换，并可交换医疗图像、实验室结论、住院报告等，增强虚拟咨询和网络远程注册挂号等功能。

丹麦在 EHR 使用方面走在了很多国家的前面。早在 20 世纪 80 年代，丹麦就开始实施了电子病历，并于 1994 年成立 MedCom 标准化组织，专门制定医疗体系标准规范，致力于让各医院实现信息共享交换。2001 年前后，丹麦建设了丹麦健康数据网络，几乎所有社区、公立和私营医院都在运作过程中采集患者的电子健康档案，并在保障个人隐私的前提下，将其存储在国家档案馆的检索数据库中，作为人口数据、历史统计和科学研究档案库的一部分。患者可通过数字身份 NemID 在国家健康门户网站 sundhed.dk 查询自己的全部病史，方便跨地区转诊，医师和药剂师也能打破地理限制，远程调阅病历。此前，丹麦政府规定民众健康档案的保存时间至少是 120 年，现在随着大数据分析技术的兴起，政府已经决定将这些数据档案永久保存。

数字健康档案实施的另一个先行者是爱沙尼亚。美国医疗信息与管理系统学会与麦肯锡共同开展的《2019 年度欧洲电子健康调查》显示，爱沙尼亚已经取代丹麦，成为欧洲最领先的电子健康国家。

爱沙尼亚电子健康的体系平台是国家医疗保健信息系统（Estonian National Health Information System，ENHIS），所有与医疗保健相关的数据都通过这个系统传输、共享及处理，其底层基础设施就是数字身份体系和国家数据共享交换平台 X-Road。ENHIS 包含四个子项：EHR 系统、医学数字图像系统、数字处方系统以及数字挂号系统。

爱沙尼亚的 EHR 系统记录了患者的全部电子健康档案，包括诊断、医生问诊、化验、住院治疗、医生开的处方药等。居民在国家健康门户使用 e-ID 验证其身份后即可通过患者窗口获得这些数字化的健康档案，授权的医生也可以查看相关记录。患者可以设置访问限制，以防止某些医疗机构人员擅自查看病历。与 EHR 系统密切关联的子系统还有数字处方系统和数字挂号系统。数字处方系统将患者所有处方都传送到中心处方数据库中，当病人来到医院药房或者药店，药剂师会从中心数据库中检索出处方，这样就不会存在病人丢失处方或处方字迹难辨认的情况；数字挂号系统是所有医疗服务机构的统一挂号门户，患者或其家属可查看医疗机构及门诊专家的服务时间，并可通过网络预约医生，或取消预约。

英国依托其成熟的国家医疗服务体系实施数字健康。该体系为全科医生提供了一个基础医疗信息化平台 NHS Spine，从而将英格兰地区的 23 000 个医疗机构的 IT 系统连为一体，这也是当前世界上唯一利用网络技术传输数字医疗影像的公立医疗网络体系。医生基于国际标准格式或者编码记录患者的 EHR，而临床决策支持工具可帮助他们更好地诊断病情。

美国的数字医疗产业十分发达，当前整个 EHR 行业几乎被四家美国企业所垄断，分别是 Epic、Cerner、Meditech 和 Allscripts，它们的 EHR 产品覆盖全球大部分国家。在大型医院市场，它们的占有份额高达 77%。

在数字医疗的应用实施方面，美国国会 2009 年通过的 HITECH 法案是一个重要里程碑，法案提出"有效使用"（meaningful use，MU）这一概念，并授权美国医保部门制定具体的 MU 标准。根据 EHR 功能要求及应用程度的高低，实施 MU 标准分为三个阶段：第一阶段主要是在医院临床科室开展 EHR 数据的获取和存储；第二阶段主要强调 EHR 数据在医院各部门和科室之间的共享和交互，推动数据在临床诊疗中的决策应用；第三阶段关注数据信息的跨区域流动和互操作，实现区域范围的医疗安全和质量管控。

为推动美国 EHR 的广泛应用，HITECH 法案以"胡萝卜"加"大棒"的策略制定奖惩措施，让支付与价值挂钩。比如对在设定时限内达到 MU 标准要求的医院给予经济奖励，而对在时限后仍未达标的医院从医保支付中扣款惩罚。这些措施取得了明显效果。美国医疗信息与管理系统学会的数据显示，截至 2018 年，EHR 在美国各大医院的覆盖率已达 92.39%。

在澳大利亚，EHR 的普及率较高，2009 年就已达到 95%，且其实现更接近 PHR。2012 年，澳大利亚政府开始建设全国性的健康档案数字化系统。2016 年 1 月，系统被命名为"个人健康档案"（my health record，MHR）系统。另外，澳大利亚政府还正在推行数字健康档案（digital health record，DHR），与 MHR 相比，DHR 的数据更加详细，比如手术的主治医师及医护人员、使用设备、住院的病床号等，DHR 和 MHR 在数据内容上相互补充。这一系统为澳大利亚人的临床医疗病历提供了数字化记录，让患者能够掌控自己的医疗健康信息，使患者理解、参与医疗决策；经过授权的医疗服务提供者可以在个人医疗服务需要时使用 MHR 数据，以改善医疗服务的质量和安全，并减少浪费，提高效率。

数字健康档案的二次利用

EHR 系统的首要利用是为医院和患者提供高质量的临床医疗和护理服务。除此之外，EHR 系统还将为患者病情预后等提供有价值的数据资源，并为医疗卫生管理和研究提供数据服务，以指导医疗服务规划、政策研究和制定，以及医疗服务新项目开发、医学科研、医疗质量和患者安全评估、公共卫生监管、医疗服务绩效管理等，进一步提升医疗系统的服务能力。

这种数据共享使用方式就是数据的二次利用，这种开发利用方式不会给数据所有者增加额外成本，但可能释放巨大的经济价值，并激发创新潜力。当然，这些数据包含大量的用户隐私，因此，数据二次利用需要配套完善的法律法规和标准规范，以用户授权同意为基础，保护用户的隐私和权益。

欧盟将健康数据二次利用治理作为特殊案例，主要在于健康数据是高度敏感的数据，既关系到患者的知情同意和公民权利，还涉及保护和促进公众健康。欧盟《通用数据保护条例》将健康数据、基因和生物特征数据作为关键数据进行特殊保护，并在推动一系列与健康数据的二次利用有关的立法。为此，欧盟委员会在 2020 年提出的数字化转型倡议中，提议建立"欧洲健康数据空间"，包括建立强有力的数据治理体系和数据交换规则、数据质量、数据基础设施和互操作性。

对于科研机构而言，病历数据是高价值的大数据池，经过脱敏或匿名化处理后可做进一步的分析研究。2014 年，澳大利亚的医学研究人员将澳大利亚北部领地（即土著和托雷斯海峡岛民）医疗信息系统的居民健康档案记录与住院病历进行了比对，并将相关基本医疗费用信息进行数据综合分析，结果发现，经常去看医生的糖尿病患者潜在可避免疾病的住院率和死亡率都较低。这项研究提供的新证据表明，患者经常使用改进的基本医疗服务可以获得更好的健康结果，同时还为卫生系统节省了住院治疗的费用。这也说明了基本医疗体系物有所值，这一结论为澳大利亚政府制定偏远地区基本医疗投资政策提供了一个新视角，并有令人信服的依据。

EHR 数据还有可能被用于强化对上市新药的监管。在澳大利亚，医药公司在上市新药品前必须提供其产品的安全性和有效性的临时证明。这一证明可与 MHR 系统数据相结合，以进一步监测新药品在普通人群中的"行踪"，并提供药品使用中更全面的"真实世界的动态行为"（即超出临床试验的严密监控行为）。这样可能会更全面客观地揭示新产品的意外副作用（或益处）。

数字身份重建医患信任关系

患者的医疗过程一般涉及多个科室、多名医生和护士，这期间需要大量的复杂病情了解与沟通，并涉及很多敏感隐私信息。因此，建立患者和医护人员之间的信任关系，对于传统医疗是一项很具挑战性的工作，而数字化为解决这一问题提供了新手段。

新型医患信任关系需要良好的数字化医疗保健生态体系，这个体系是以数字身份及健康档案为基础和核心。建立医疗保健生态体系涉及多方面的因素，这其中既有技术方面的，也有管理方面的。数字身份可简化对医疗过程的各参与方的身份信息的核实认证，增加彼此对身份情况的了解；电子签名及信息安全基础设施能够保障数据的安全性与完整性，使不同医院、不同科室的医护人员在保障患者的隐私权和知情权的前提下，对患者病情充分了解和掌握，协商治疗方案，有助于为患者提供高质量、高效率的医疗保健服务。

数字身份可用来鉴别参与各方身份的真实性

数字身份能提供安全可靠的身份鉴别或认证，这是重建医患信任关系的根本与关键。与通常身份验证不同的是，医疗身份构建往往需要医疗系统以安全方式创建身份委托账号，即由家属或其他照顾者代为管理患者的数字健康档案。

欧盟在数字身份方面是领先者，在数字健康档案应用方面也比较发达，这其中有最信任自己医疗体系的丹麦，以及声称实现了健康档案跨国互操作的爱沙尼亚，这些国家都有着成熟且发达的数字身份体系，以及良好的个人数据使用与隐私保护的策略与机制。

我们先看看丹麦的情况。丹麦的全科医生利用 EHR 系统就可以很容易获得患者授权的电子病历，但不包含来自其他医院或化验实验室的数据。而国家健康门户系统 sundhed.dk 则是 EHR 系统的数据共享交换枢纽，医生要获取患者在其他医院的电子病历，就可以登录 sundhed.dk 门户网站，上面包括患者的诊断、治疗和病程等和患者用药情况的共享记录这两个数据库的数据。还有临床医生手册，如有关医疗卫生的文章、指南、教育节目、检验方法、医疗视频等。Sundhed.dk 通过数据赋能，促进了医患之间的协作，使临床医生获得患者更全面的健康状况数据。这不仅提高了医疗质量，还提升了医疗效率。

爱沙尼亚则利用其强人的数字身份认证体系实现了电子病历和医药处方的远程检索和共享使用。由于欧盟出台了《数字身份认证和信任服务条例》，通过推动数字身份体系在欧盟范围内互通互认，实现了成员国医疗保健系统之间的可信互操作。这样一来，一个欧盟公民就可以利用其数字身份在爱沙尼亚药房检索出芬兰医生为其开出的电子处方。

我们再来看看英国的医疗保健体系。英国的医疗保健体系在技术上很先进，甚至可以说是国际典范，但由于英国缺乏国家统一的数字身份体系，医生对患者的病历访问非常繁琐。在安特里大学附属医院工作的医生保罗·沃克表示，为了设法获取患者病历数据库的访问权限，他需要与医院信息系统的管理员反复多次沟通。患者为此不得不一次又一次地检查、问诊、调查。"这真是既浪费时间，又浪费金钱。"而新冠肺炎疫情让这一问题更加突出。

尽管美国也没有国家统一颁发的数字身份，但美国 EHR 的普及率还是全球领先，而且美国民众也付出了高昂的代价。2014 年，美国卫生总费用约为 3 万亿美元，占其 GDP 的比重高达 18%，而全球平均水平才 9.7%。

电子签名与无钥签名基础设施保障数据完整性

健康档案是个人高度敏感的数据。要建立良好的医患信任关系，除了数字身份的真实性鉴别之外，更重要的是通过电子签名手段保障电子病历信息的完整性、安全保密性和可问责性。当前很多医院的 EHR 通常由集中式的医疗信息系统管理，一旦发生医疗纠纷，其中数据很容易被利益相关方篡改，很难证伪，也就难以追溯其相关责任。电子签名则通过使用数字认证和数据加密等技术来实现电子病历数据法人修改和责任人的绑定，以保证数据记录的可追溯性和不可否认性，并避免出现医疗事故之后的责任纠纷。

除了要追溯健康档案的责任人之外，其数据修改时间对于举证也很关键，这需要使用时间戳。要在 EHR 系统中使用电子签名，需要医院在其所有流程环节中都使用可信数字身份、电子签名和时间戳。

爱沙尼亚对患者的 EHR 以及其他公共数据资源完整性的保护基于无钥签名基础设施（Keyless Signature Infrastructure，KSI）。这是爱沙尼亚的信息安全公司 Guardtime 开发的一种基于区块链的数据完整性保护框架。这一框架的价值在于，任何对患者健康档案的修改状态都被记录在日志里，以供进一步溯源和审计。系统不仅能够防范数据被非法攻击与篡改，还能为合法用户的恶意活动提供存证。KSI 的特征可以用爱沙尼亚的数字平台网站 e-Estonia.com 上的一句话概括："在 KSI 之下，历史无法重写。"

数字签名是 KSI 系统保护数字资产的关键。应用程序或组件、数据文件、日志文件等数字系统或文档资源，经分类后生成数字签名，任何时候只要文档发生变化，就会自动生成一个新的签名，并将其存储到区块链上。值得注意的是，为保证数据的完整性，KSI 在区块链上存储保管的是文档更新的一系列数字签名，即哈希值，而不直接存储原始数据本身。系统一旦发现被保护的数据被黑客或恶意软件等篡改就会立即发出预警。

密钥通常是安全系统的薄弱环节。KSI 的名称虽然为无密钥，但并非体系中没有密钥，只是把签名者身份识别与数据完整性保护这两个过程分开了，签名者的身份识别认证使用非对称加密技术，过程中仍需要密钥；但其签名完整性保护使用单向无碰撞哈希函数加密，这一过程无需密钥，即使密钥丢失也对签名档的验证没有影响，保证了数字签名的长期有效性。

2016 年，Guardtime 公司与爱沙尼亚电子健康基金会合作，利用 KSI 技术保障 100 万份患者医疗记录的安全。患者只要使用数字身份登录国家健康门户，就能够了解哪些医护人员查看了他们的数据，以及什么时候查看的。如果发现有政府官员在没有正当理由的情况下访问个人数据，就可对其起诉追责。

健康码：以数字身份聚合大数据服务公共卫生治理

2020 年的新冠肺炎疫情是对全球所有国家的治理体系和治理能力的一次严峻考验。这期间涌现了很多基于数字技术的防疫措施，其中"红黄绿"三色二维健康码的表现尤为亮眼。健康码可利用公安部第一研究所提出的数字身份可信凭证 CTID，其底层基础为真实的居民身份证，保证了一人一码，以及相关信息的真实有效。

健康码作为个人数字化健康证明，并非用来识别病毒或疾病，而是通过追踪个人行动轨迹，发现确诊患者活动路线上所有的接触者和密切接触者，以帮助防疫工作人员切断病毒传播途径。因此，健康码采集的数据涉及三个类别：第一个类别是个人空间信息，比如住址范围、工作单位信息，其范围根据疫情风险程度适时调整；第二个类别是个人行踪信息，如个人在过去 14 天内去过疫区的次数以及时间的长短；第三个类别为人际关系，包括家庭成员、工作同事、是否与确诊或疑似人员密切接触状态等信息。这些数据经身份识别、大数据比对与分析后，再进行量化赋值，最终生成标识疫情风险等级的红黄绿三色二维码，按照"绿码行、黄码管、红码禁"的治理规则实现疫情管控。

健康码是数字身份助力社会公共治理的一次较为成功的尝试。对于政府来说，健康码有助于疫情防控相关部门筛选隔离处理疫情相关人员，不仅降低了疫情防控的工作难度，而且提高了工作执行效率，且结果准确度高，为外防输入、内防反弹和扩散发挥了重要作用；对于民众来说，避免了手动申报填写各种防疫行程和接触人员记录表格，方便了人们的生活出行、复工复产、休闲娱乐等活动，提升了便利性和安全感。

健康码还是一次成功的数字身份创新应用实践。政府部门多年来一直在致力于连通数据孤岛、实现数据跨部门共享。健康码开启了一个以问题为导向的数据共享使用新模式，系统以二维码形式的个人数字身份为关联线索，通过无接触方式汇集疫情防控需要的各类个人信息，这些信息分别来自卫生、民航、海关、铁路、电信运营商等部门。在此基础上，政府部门可以开发健康护照，用于在出国旅行中标识一个人的相对感染风险水平。健康码在给人们带来安全和便利的同时，其自身也存在一些需要解决的问题。

第一个问题就是开发的版本过多过滥。据不完全统计，目前全国各省市推出的健康码多达近百种，不仅功能上不尽相同，名称也五花八门，如北京的健康宝、上海的随申码、安徽的安康码、江苏的苏康码等。另外，这些健康码产品往往是"各自为政"，系统没有实现互联互通，数据也不易共享，造成了新的数据壁垒。这种过多过滥的重复建设，不仅造成了资源的浪费，也缺乏互信互认机制，有的人因此需要申请办理多达五六种健康码，重复扫码，甚至码上再叠加码，给民众跨地区往来增添了额外的麻烦。为此，国家市场监管总局（标准委）在 2020 年 4 月 29 日发布了《个人健康信息码》系列国家标准：《GBT 38962-2020 个人健康信息码：数据格式》《GBT 38961-2020 个人健康信息码：参考模型》《GBT 38963-2020 个人健康信息码：应用接口》。为实现各种健康码产品在全国范围内的互信互认，除了数据格式需要统一之外，评估模型的核心算法也需要公开透明，符合算法伦理，保证评估结果的公平合理。

第二个问题是隐私信息保护。健康码系统采集的很多数据都属于个人隐私信息。调查分析发现，在某些健康码系统的开发过程、系统运行过程以及数据传输过程中还可能存在数据泄露的风险。按照我国的《信息安全技术个人信息安全规范》，个人敏感信息使用、保存、传输都有明确要求，例如个人信息的采集要遵循最小必要原则，信息存储则符合时间最小化原则。但当前的健康码应用在数据采集范围、数据保存期限等方面还没有统一的标准。按照相关法律，这些个人信息应该在疫情结束后被删除。

在欧美国家，苹果与谷歌宣布将联手开发一个类似健康码的应用系统，用于警告提醒那些曾经接触过病毒携带者的人做好隔离措施，以减缓病毒蔓延。这项技术通过低功耗蓝牙协议向周围的近距离其他蓝牙设备进行广播信息。该系统使用设备自动生成临时身份标识符，这样就无须再识别用户的真实身份，也不会记录位置信息，相关数据存储管理采用去中心化模式，数据超过期限就会被删除。这一技术方案对隐私保护相对严密，但其功能主要限于用户病毒暴露通知，并不跟踪病毒的传播过程，也不允许将数据与政府部门分享，其应用效果并不显著。

新加坡政府科技局和卫生部联合推出的 Trace Together，利用蓝牙追踪（Blue Trace）协议，跟踪记录用户在过去 21 天近距离接触过的人士。这些数据在手机中存储 21 天，到期将被自动删除。另外，新加坡还有一个访客登记系统 Safe Entry，用于记录民众在超市、饭店等公共场所访问信息。Trace Together 和 Safe Entry 的功能加起来差不多就是我们的健康码。事实上，新加坡也在考虑学习中国的经验，将两者合二为一。

参考文献

[1]　黄仁宇 . 万历十五年 [M]. 上海：生活·读书·新知三联书店，2015.

[2]　王晶 . "数字公民"与社会治理创新 [N]. 学习时报，2019–11–25.

[3]　Richard Kastelein, Nicole. 欧洲议会报告分析了用于投票的区块链，可以实现电子投票 [EB/OL]. https://www.btcfans.com/article/16496.

[4]　冀俊峰 . 爱沙尼亚的电子政务发展经验 [M]// 周民 . 电子政务发展前沿（2015）. 北京：中国经济出版社，2015.

[5]　崔久强，郑宁，石英村 . 数字经济时代新型数字信任体系构建 [J]. 信息安全与通信保密，2020（10）.

[6]　赵磊 . "从契约到身份"——数据要素视野下的商事信用 [J]. 兰州大学学报，2020（5）.

[7]　张毅 . 基于区块链技术的新型社会信用体系 [J]. 人民论坛·学术前沿 . 2020（5）.

[8]　哈默，钱皮 . 企业再造 [M]. 王珊珊，等译 . 上海：上海译文出版社，2007.

[9]　T. Tillemann, B. Gregori, & J. Sandman. The Digital Government Mapping Project: Laying the Foundation for a Digital Decade[R]. New America，2020–09.

[10]　逯峰 . 整体政府理念下的"数字政府"[J]. 中国领导科学，2019（6）.

[11]　朱玮 . 关于数字政府 2.0 总体架构的思考 [EB/OL]. 国脉电子政务网 . （2020–01–20）. http://echinagov.com/news/272720.htm.

[12] 蔡婧璇，黄如花. 美国政府数据开放的政策法规保障及对我国的启示 [J]. 图书与情报，2017（1）：10–17.

[13] 王益民. 数字政府整体架构与评估体系 [J]. 中国领导科学. 2020（1）.

[14] 纪媛媛. 数字化公众参与的理念与创新 [J]. 社会科学前沿. 2016，5（2）. 349–355.

[15] 栾新. 积极推进区块链的智能合约建设 [N]. 学习时报，2019–12–27.

[16] 傅建平. 新技术在电子政务中的创新应用及对中国的启示 [J]. 行政管理改革，2019（5）.

[17] 申军. 人脸识别技术在法国：质疑声中的先行者 [EB/OL]. CSDN.（2019–11–29）. https://blog.csdn.net/weixin_42137700/article/details/103342837.

[18] 福尔. 丹麦政府公共服务数字化全球排名第一 [EB/OL]. 人民邮电报社.（2018–10–23）. http://www.cbdio.com/BigData/2018–10/23/content_5886836.htm.

[19] 彼得森，休乌. 数字化时代的丹麦福利国家：政策变革与战略困境 [J]. 社会保障评论，2019（4）.

[20] 毛克疾. "数字印度"，不再是你认识的那个"神奇"国度 [EB/OL]. 观察者网.（2017–02–05）. https://www.guancha.cn/MaoKeJi/2017_02_05_392619.shtml.

[21] 印度如何成为数字化的黑马 [EB/OL]. 新浪网转自观察者网.（2017–02–06）. https://top.sina.cn/zx/2017–02–05/tnews-ifyafcyx7032646.d.html.

[22] 国家卫生计生委，国家中医药管理局. 电子病历应用管理规范（试行）[S]. 北京：国家电子文件管理部际联席会议办公室，2017–02–15.

[23] Gary Dickinson, Linda Fischetti, Sam Heard. HL-7 EHR system functional model draft standard for trial use[J]. Health Level Seven, 2004（7）.

[24] 郭崇慧. 电子病历与电子健康记录 [EB/OL]. 科学网.（2019–11–14）. http://wap.sciencenet.cn/blog-34250-1206136.html?mobile=1.

[25] 李珍珍. 基于 openEHR 的电子病历系统开发方法研究与实践 [D]. 浙江大学医学工程与仪器科学学院硕士学位论文，2008.

[26] 温玉顺. 个人健康档案能救命！国外如何鼓励老人自主保存医疗记录？
[N]. 北京晚报，2018–08–06.

[27] 马伟拓. 体现幸福国度的丹麦医疗系统 [EB/OL]. 健康界.（2016–03–24）.
https://www.cn-healthcare.com/article/20160324/content-482105.html.

[28] 李雨晨. 专访英国 NHS 首席医疗科学官：2024 年，NHS 将全部实现病
历电子化 [EB/OL]. 雷锋网.（2019–09–13）. https://www.leiphone.com/
news/201909/OH6mlESMm3dokn3B.html.

[29] 东方证券. 医疗信息化深度报告：从美国医疗信息化发展历程看国内趋势
与空间 [EB/OL]. 未来智库.（2019–10–23）. https://www.vzkoo.com/read/
c15682211239eeac2c54ab6a5707ee49.html.

[30] 2018 年中国医疗信息化（IT）行业发展概述及促使行业发展的主要因素
分析 [EB/OL]. 中国产业信息网.（2019–07–28）. https://www.chyxx.com/
research/201907/765834.html.

[31] Australian Government-Department of Health. Framework to guide the second-
ary use of My Health Record system data[R]. 2018–05.

[32] 驻爱沙尼亚共和国大使馆经济商务处. 爱沙尼亚的数字处方可在芬兰购买
药品 [EB/OL]. 中华人民共和国商务部网站.（2020–06–01）. http://www.
mofcom.gov.cn/article/i/jyjl/m/202006/20200602969733.shtml.

[33] A. Allen. In the UK, health care is national and popular. Its health IT is a Bal-
kanized mess[EB/OL]. Politico.(2020–07–20). https://www.politico.com/sto-
ry/2019/07/26/uk-health-care-nhs-it-1612416.

[34] Stevn. 羡慕美国？教你看懂美国医疗体系 [EB/OL]. 知乎.（2017–07–11）.
https://zhuanlan.zhihu.com/p/24827237.

[35] A. Buldas, A. Kroonmaa, R. Laanoja. Keyless Signatures' Infrastructure: How
to Build Global Distributed Hash-Trees. Secure IT Systems, 18th Nordic Con-
ference, NordSec 2013: Nordsec 2013, Ilulissat, Greenland, 18–21 October
2013. Ed.

[36] Daniel Palmer. 爱沙尼亚宣布启动基于区块链的医疗健康档案安全项目 [EB/OL]. Annie Xu，译. 搜狐微博.（2016–03–04）. https://www.sohu.com/a/61855660_286863.

[37] IDHub 数字身份研究所. 重塑政府公共服务形态，2022 年 1.5 亿人将拥有区块链数字身份 [EB/OL]. 巴比特网.（2018–11–14）. https://www.8btc.com/article/309257.

[38] 天河区块链研究院. 疫情常态化下，区块链构建分布式数字身份 [EB/OL]. 巴比特网.（2020–07–01）. https://www.8btc.com/media/614740.

[39] 陈根. 健康码真的健康吗 [EB/OL]. 钛媒体 APP.（2020–05–06）. https://baijiahao.baidu.com/s?id=1665898188988586698&wfr=spider&for=pc.

[40] 黄文. 健康码：从数据产品的角度进行全面解读（上篇）[EB/OL]. 知乎.（2020–07–07）. https://zhuanlan.zhihu.com/p/156010300.

[41] 海怪. 健康码：数字防疫"通行证"与数字社会"新身份"［EB/OL］. 微信公众号：脑极体（ID:unity007）.（2020–03–18）. https://36kr.com/p/1725274030081.

[42] 黄文. 健康码：从数据产品的角度进行全面解读（下篇）[EB/OL]. 知乎.（2020–07–04）https://zhuanlan.zhihu.com/p/156012560?utm_source=we-chat_session.

[43] 伟辰. 健康码会一直使用下去？想多了 [EB/OL]. 移动支付网.（2020–04–09）. https://www.mpaypass.com.cn/news/202004/09094459.html.

[44] 机器之心. 目标 30 亿用户！苹果谷歌联手发力最大健康码项目 [EB/OL]. 虎嗅网.（2020–04–11）https://www.huxiu.com/article/349857.html.

[45] 朱琳，吴木銮. 新加坡学者看中国健康码运作系统及个人隐私问题 [J]. The Business Times，2020–07–16.

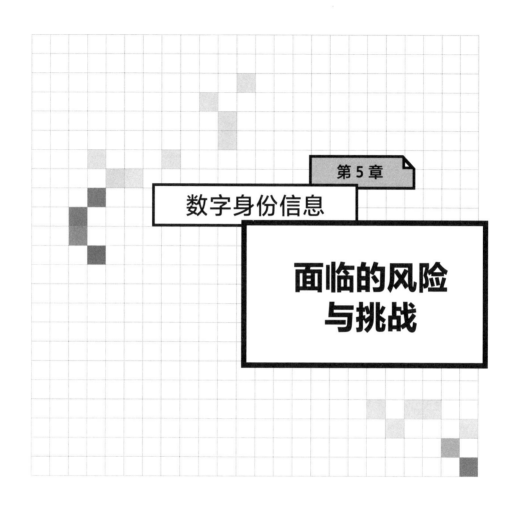

第 5 章

数字身份信息

面临的风险
与挑战

古希腊戏剧家索福克勒斯说过，"世间一切强大之物，无不具有破坏性"，越先进的技术往往越危险。互联网数字技术给我们带来了诸多便利，如信息搜索、移动支付、社交娱乐、电子商务、外卖配送、旅游及酒店预订、内容推荐系统等，这些都极大地提高了社会运转效率，便利了人们的工作、生活和娱乐，更不可思议的是，这些都是免费供给用户使用的。但免费的往往是最贵的，因为如果你没有付费购买就能使用商品，说明其本身就是待价而沽的。

由此带来的互联网免费模式的负面效应也日益凸显，比如互联网平台利用各种数据感知技术获取了人们的个人大数据，而这些正是互联网平台盈利的秘诀，付钱的是广告商。个人数据不仅包含身份信息，还有大量用户隐私数据，如果不进行有效监督，这些数据将很可能被滥用，个人权益将被侵犯。另外，非法组织、黑客团伙也频频窃取个人数据，形成了危害个人生命财产安全的黑灰色产业链。

组织机构用个人数据监控操纵民众

在英国作家乔治·奥威尔于 1949 年出版的政治讽喻小说《一九八四》中，有三个虚构的超级大国——大洋国、欧亚国和东亚国，不仅高度集权统治，而且相互之间战争不断。大洋国的统治者是一个绰号"老大哥"的人，他利用无数窃听器、电幕等技术手段监控人民，实现无所不在的"老大哥在看着你"。这虽然是一个虚构的乌托邦，但数字技术经过 30 多年的发展，互联网及移动互联网、智能手机、大数据、云计算和人工智能等发展速度惊人，已经在某种程度上使得《一九八四》中的很多场景成为现实，甚至更为先进、高效。其影响之深远，已成为全球性的问题。

棱镜门事件及其影响

2013 年 6 月初，美国前中情局雇员爱德华·斯诺登（Edward Snowden）将两份绝密文件分别交给了英国《卫报》和美国《华盛顿邮报》。6 月 5 日，英国《卫报》按照预先约定计划，抛出重磅舆论炸弹，揭秘了美国国家安全局（National Security Agency，NSA）的一项代号为"棱镜"的秘密监听项目，他们要求电信巨头威瑞森公司每天上交数百万用户的通话记录。美国《华盛顿邮报》也披露，自 2007 年以来，美国 NSA 和 FBI 就能进入微软、雅虎、谷歌、苹果等网络巨头的服务器，查阅美国公民的电子邮件、搜索关键词、照片及视频、即时消息、存储数据、语音聊天、文件传输、视频会议、登录时间以及社交平台个人资料等十大类信息。监控对象除了潜在对手俄罗斯和中国之外，传统盟友欧盟总部以及德国总理默克尔，甚至连对美国没有军事威胁的南美各国，也全都在"棱镜"的监控之下。尽管涉事的互联网公司随即否认为政府提供秘密服务，但这些公司的掌控者每天都在使用网络服务和大量个人数据，并每时每刻都在对获取的数据进行着智能分析与挖掘，很难说他们不是"此地无银三百两"。

据斯诺登爆料，美国政府网络监控计划的主要目的并非声称的反恐，而是社会控制、外交操纵和商业利益。也就是说，除了国家安全或反恐信息，商业情报也在"棱镜"的监视之下。早在 2001 年，欧盟议会就发布调查报告，指责美国利用其名为"梯队"的情报网络进行商业间谍活动，损害欧盟成员国的经济利益。美国的国家安全部门与互联网巨头相互利用，对全世界进行监听，以维护美国在全球政治、经济和军事等方面的绝对优势和霸权。

据美国《时代》周刊分析，美国政府对公众隐私的监控程度很可能比斯诺登爆料的更深。据报道，NSA 还有一个监控内容更深入、广泛的

"XKeyScore" 计划，范围遍及全球，参与该项目的还有英国、澳大利亚、加拿大、新西兰和日本。德国情报部门联邦宪法保卫局甚至不惜以提供本国国民元数据为投名状，才获准加入该计划。美国白宫在 2011 年 5 月发布的《网络空间国际战略》中就毫不掩饰地提出，美国政府应进一步制定政策，主导互联网的发展方向，更声称只有美国主导，才能保障全球网络的自由与安全。

斯诺登的爆料让美国以及世界舆论一片哗然。盖洛普民调显示，53%的美国人反对政府监控民众，只有 37% 的人支持这一做法。欧盟也迅速做出反应，要求美国政府给出合理解释，并停止对欧盟的监听。美国政府则迅速坦诚这一计划的真实性，并坚称监听是正当合法的。时任总统奥巴马发表声明称，对盟友监控的目的是"为了更好地认识世界"，且得到了国会授权，其合法性不容置疑。当时国会众院情报委员会主席麦克·罗杰斯声称，从威瑞森公司收集美国电话通话记录的做法，得到了国会的授权和监督，是合理合法的，政府并没有滥用权力。他还辩称，阻止恐怖主义要高于保护隐私权，这一做法在过去几年间有效避免了对美国的重大恐怖袭击活动。时任美国中情局局长的詹姆斯·克拉珀也发表声明，称监听行动接受过严格的法律审查。

那么这种监听是否真的有法律依据呢？答案是肯定的。早在 2001 年"9·11"事件发生后，美国国会就以防止和打击美国面临的恐怖主义威胁为名通过了《爱国者法案》。该法案第 215 条明确规定，政府执法部门有权获得与反恐相关的任何数据，且无须经过监督程序。这一条款是 NSA 对民众进行大规模监听的法律依据。但由于没有有效的监督机制，监控过程中滥用权限、侵犯公民隐私的情况十分严重。

为应对国内外舆论压力，美国白宫于 2013 年 8 月底专门成立情报和通信技术总统审查小组，并在 12 月 12 日发布审查小组撰写的改革方案报告《变化世界中的自由与安全》(*Liberty and Security in a Changing World*)。2015 年 6 月，美国参议院通过《自由法案》，取代《爱国者法案》。奥巴马签署法案后在 Twitter 上发文，声称《自由法案》既保护了自由，同时又维护了安全。实际上，这一法案仍然允许政府获取个人通话记录元数据，包括打过的电话号码、拨打日期、通话时长和拨打地点，但不再包括通话内容。收集通话记录的工作从政府部门转移给通信公司。《自由法案》只是限制了对美国公民的监听行为，对海外的监听行为并没有加以约束。2018 年 3 月，美国国会还通过了《澄清境外数据的合法使用法案》(即所谓的云法案，CLOUD Act)，赋予美国执法机构调取美国企业存储在境外服务器上的用户个人数据的权力，引起欧盟和世界其他各国的强烈不满。云法案允许美国与世界各国达成"行政协议"，实现网络数据的跨国共享与交换。

事实上，美国也不是唯一有网络监控计划的国家。很多国家都被披露或承认有国家监控项目，比如英国政府就有监听和分析数据的"时代"(Tempora) 计划，专门监控美国与欧洲之间网络传输的跨大西洋光缆，监控内容包括"语音通话及电子邮件内容及元数据"，每天要处理超过 6 亿个电话以及 3900G 的互联网数据。与美国"棱镜"计划监控秘密通信不同的是，"时代"计划是一个开源信息监听，也就是说，监听信息都不属于私人保密性质。英国情报部门通信总部还将获取的数据与美国 NSA 共享交换，互通有无。计划曝光后，英国通信总部表示，这些监听计划都已在事前获得合法授权，并提供相关文件以证明监听计划在侦查犯罪嫌疑人、保障公共安全等方面所发挥的作用。英国外交大臣黑格在接受 BBC 的采访时表示，英国公民不知道政府部门在挫败恐怖袭击所做的一切。但究竟有多少效果，公众不得而知。

"五眼联盟"之一的澳大利亚以反恐为名，于 2015 年 3 月实施《强制保留通讯数据法案》，通过立法手段强制澳大利亚的主要通信运营商 Telstra 和 Optus 保存用户的通信元数据，包括电话记录、IP 地址、短信详细信息等，保存期限为两年。法案规定，政府不会调用数据接口查看消息内容，即元数据不包含通话及电子邮件内容、网络浏览记录等任何涉及个人隐私的内容。

德国拥有世界上最严格的个人隐私保护法律，并强调个人的"信息自决权"。但德国黑客组织"电脑捣乱者俱乐部"曾爆料，德国政府使用了一种类似"木马"的网络监控软件，官方称之为"国家木马"，一旦它被安装，监控者就可以浏览对方电脑或手机上的数据，并持续监控各种操作，如聊天和通话等数据。德国内政部随后发表声明称，政府部门在获得法院批准的前提下才能使用该软件，主要用于监控犯罪嫌疑人。

德国的这一监控措施主要缘于"德国之翼"航空公司的一起空难事故。2015 年 3 月 24 日，"德国之翼"的一架客机从西班牙巴塞罗那飞往德国杜塞尔多夫，途中在法国南部坠毁，机上 150 人全部遇难。事故调查结果显示，副驾驶安德烈亚斯·卢比茨患有严重的抑郁症，并有自杀倾向，他故意将上厕所的机长锁在驾驶舱门外，并自行驾机撞到山上。而航空公司因为严格的个人信息保护不允许对雇员的身体和精神状况进行调查，而医生因为有保密义务，也无权披露病人的信息，导致航空公司不能掌握副驾驶的精神状况。

印度政府也在 2013 年部署了覆盖广泛的"中央监控系统"，允许政府监听所有电话中的对话，阅读个人电子邮件和短信，监控 Facebook、Twitter 等社交网站上的发帖，并追踪个人在谷歌上的搜索目标和痕迹。印度安全部门不需要法院指令，也无须告诉运营商，就能够获取这些通信数据。不仅内政部官员有权批准对特定电话号码、电子邮件以及社交媒体账号进行监控，还有其他九个政府部门也获准行使此项权力，包括印度中央调查局、印度情报局以及税务部门等。印度政府承诺只用于国家安全目的，不会侵犯个人隐私。

综上所述，全球很多国家都在以不同形式对个人的网络言行进行监控，所声称的目的大多是为了反恐、国家安全及社会稳定等。其区别主要在于，监控对象范围是特定人群还是普遍监控，监控个人通信元数据（如通话时间、IP 地址或电话号码等信息），还是监控通话或通信内容。随着技术的发展，对民众监控的技术手段将越来越复杂，内容范围也将更加广泛深入。

剑桥分析的选民操控之术

继棱镜门事件后，在 2016 年的美国总统大选和英国脱欧之后，一家名为"剑桥分析"的英国数据分析公司被推进了舆论的旋涡之中。

剑桥分析公司是由美国共和党亿万富豪罗伯特·默瑟（Robert Mercer）出资成立的，37 岁的亚历山大·尼克斯（Alexander Nix）担任 CEO，并由美国总统前首席战略顾问史蒂夫·班农（Steve Bannon）主导运营，公司的经营目标就是利用大数据分析影响和操控政治传播。美国总统竞选的关键是如何搞定那些"摇摆州"的选票。而剑桥分析公司被认为利用了 Facebook 平台的社交数据，经过数据挖掘、用户画像和机器学习等分析方法，发现这些"摇摆州"的中间选民，然后再用精准消息推送的方式给这些选民发送针对性的竞选广告。据统计，特朗普团队在 Facebook 平台投放了 590 万个可视化广告，而希拉里阵营只投放了 6.6 万个。最后，尽管特朗普的总选票数低于希拉里，但由于赢得了关键"摇摆州"，其选举人票超过了半数，按照选举规则，最终赢得了大选。

剑桥分析采用的核心技术是"心理统计营销"（psychographic targeting），

即根据目标群体的个体特征来进行定制化宣传，其理论基础是 20 世纪 80 年代心理学家研究的心理学模型，基于个人的五个特征评估其性格、需求、恐惧，以及可能采取的行为。这五个特征分别是：开放性（openness，对新体验的开放程度）、尽责性（conscientiousness，追求完美的程度）、外向性（extraversion，社交活跃程度）、随和性（agreeableness，亲和与合作程度）和神经质性（neuroticism，焦躁不安程度）。按照这五个特征的首字母，模型被称为 OCEAN 或者"大五"模型。这个模型很快成为心理学经典测试工具，其应用难点在于如何收集数据，因为这需要被试填写复杂的个人化问卷，很难大规模使用。

随着社交软件的流行，问题出现了转机。2008 年，来自波兰的米哈乌·科辛斯基（Michal Kosinski）到剑桥大学心理测量学中心攻读博士学位，他和同学大卫·史迪威尔（David Stillwel）研究利用社交数据的新方法分析人的性格特征和行为模式。他们设计出来一款名为"my Personality"的软件进行人格测试，首先让测试对象以在线方式回答心理测验问卷，再使用"大五"模型分析得到他们的性格特征，但这只能得出比较泛泛的结论。软件还需要采用机器学习算法发掘出更深层次的关联，这需要测试者同意开放自己的 Facebook 资料，将性格分析结果与其在 Facebook 的发帖、点赞、好友互动等网络行为进行关联比对，构建用户心理测试图谱，进而推断出用户的行为模式和政治倾向，诸如性格特征、生活习惯、职业、受教育程度、宗教信仰、政治倾向、兴趣爱好等情况。这些信息单独来看不足以进行可靠预测，但当几十、几百或几千条这样的信息整合到一起时，就可以精准归纳出一个人完整的心理性格画像。

科辛斯基通过实验证明，平均使用 Facebook 上的 68 个点赞，就可以推测出用户的肤色，准确度高达 95%；对于政治倾向，即民主党还是共和党，准确度为 85%。用户的其他信息也可用于关联分析，如根据用户图片数量、联系人数量，就可分析外向性指标。可见，用户的智能手机就是一张随时随地的心理问卷，用户会有意识、无意识地往上面填写答案。更令人细思极恐的是，这一技术不仅可以正向由个人数据得到个人心理档案，也可以反向由个性数据搜索发现特定人群。

科辛斯基通过开发第三方 APP 软件获取 Facebook 用户数据也为心理研究提供了一个新思路。软件一经推出，很快就大受欢迎，有数百万用户通过 Facebook 为他们的研究提供了数据。鉴于这项研究结果的有效性，波音公司、美国情报机构等都对此表现出了浓厚的兴趣，相继为科辛斯基的研究提供了资助。剑桥分析公司也在寻求与科辛斯基所在的剑桥大学心理测量学中心开展合作，但被拒绝。

这时，另一名来自剑桥大学的心理学教授亚历山大·科甘（Aleksandr Kogan）提出愿意帮助剑桥分析公司模仿科辛斯基等人的研究，他通过每人 2~5 美元的报酬，诱导 27 万美国选民参与了他的研究，加上他们的好友，共对 5000 万用户的数据进行了分析研究，每个人采集的数据项高达数百个。剑桥分析公司购买了科甘教授的数据及分析技术，开展政治咨询业务，通过数据分析用户的政治倾向，筛选出摇摆选民，并对其集中投放微定向[①]（Micro-targeting）广告，即对不同心理特质的选民，采取个性化宣传策略，煽动其情绪。据 Facebook 公布的数据，实际有 8700 万用户的数据被剑桥分析公司利用。这些数据用于学术研究目的是合法的，但剑桥分析公司收集的用户数据未经 Facebook 和用户许可，就将其用于政治宣传，显然是违法之举（美国联邦贸易委员会裁定结论）。

剑桥分析公司辩称，它们分析用户的主要方式是通过向成千上万的美

---

① 微定向，又称微目标，是一种大数据分析方法。企业使用微定向策略，就能细分市场对象，实施精准行销。在竞选活动中，政党可以利用微定向方法跟踪个体选民，识别出潜在支持者。

国选民投放调查问卷，并从其他媒介渠道合法地购买以前的投票记录、人口统计数据、电视浏览习惯等数据。哥伦比亚大学商学院的计算社会科学家桑德拉·马茨（Sandra Matz）认为，剑桥分析公司真正的数据采集还有其他渠道，Facebook 只是其向用户定向投放广告的平台。

利用个人数据分析对选民进行操控的有效性还存在争议，但社交平台利用数据进行商业广告和内容推荐已经很普遍，用于政治目的的民意操控在技术上是完全可行的。剑桥分析公司前员工布瑞特妮·凯瑟（Brittany Kaiser）认为，基于大数据算法操控的心理战术威力巨大，应被定义为"武器"。美国数据科学家凯西·奥尼尔（Cathy O'Neil）在其《算法霸权》（*Weapons of Math Destruction*）一书中，以大量事例证明算法和数据的关系就像枪械和弹药，是一种"数学杀伤性武器"，且过程不透明，容易规模化。如果不加监管，一旦被滥用，将可能对经济社会安全构成重大风险与威胁。

资本操纵下的智能陷阱

除了国家和政府之外，资本与商业机构也会挖空心思设计数字陷阱，监控操纵个人信息和行为。美国好莱坞在 1999 年推出的科幻电影《黑客帝国》三部曲具有一定的警示意义。《黑客帝国》的主要情节是一个程序员黑客尼奥无意中发现，看似真实的现实世界，实际上是在一个名为"Matrix"的人工智能系统之中。Matrix 既是孕育生命的母体，也是数字化矩阵网络，其中的人类都被智能机器操控，所有人的意识都链接到 Matrix 网络，就像虚拟游戏中的角色扮演。按照影片的提示，这套系统背后的操控者是一个拥有最高权限的智能机器程序，它指挥着无数管理程序维持着 Matrix 系统的运行。

电影中的故事是虚构的，这些场景在可预见的未来很难成为现实，但随着数字技术和人工智能的深度发展，我们的工作、生活和娱乐方式正面临类似的风险和威胁。互联网平台利用我们的身份相关数据，为每个人不断创造无穷的个性化需求，社交媒体的攀比让那些原本可有可无的欲望越发膨胀，虚拟身份、虚拟财富、虚拟装备……这一切使我们犹如置身于Matrix世界，而我们这个虚拟世界背后的操纵者正是平台的管理者，或者更准确地说，是资本的操控者。

资本的本性是逐利，因而互联网平台的核心目标就是赚取更多的利润。当你访问一个网站时，你就被锁定为目标。就在页面加载的短暂几毫秒，平台服务器也在跟踪、窥视你的IP地址、位置等信息，并将其与你的身份信息关联，形成你的cookies（算法用于辨识用户身份的数据文件），实时广告竞价投放系统据此决定投放哪些广告，才能实现利益最大化。而对这一切，你都毫无察觉。这是奈飞公司在2020年推出的纪录片《智能陷阱》（*Social Dilemmas*）中描述的场景。

按照这部影片，互联网企业就像有着超级魔力的智能机器，其主要目标有以下三个方面。

- 参与度目标。即诱导用户将尽可能多的注意力集中在它身上，通过奖赏机制吸引用户对其上瘾，这也被称为提升用户黏合度。
- 增长目标。让用户通过分享体验，邀请更多的好友加入，并鼓励好友再邀请更多的好友，如此往复。
- 广告变现目标。确定用户的行为符合预期，并向其投放定向广告，将用户参与和关注高效地转化为利润。这些目标的关键就是尽可能延长用户的使用时长，或者说让其上瘾。

对于网络上瘾，很多人将其归结于个人的"自控力"，强调个体的责任和素养。但实际上，平台在规划设计之初，其目标定位就是提升用户的黏合度，诱使用户上瘾。其中一项技术就是所谓的"黑客增长术"，这是肖恩·埃利斯（Sean Ellis）创造的概念，其核心思想就是通过技术手段窥探人的心理活动，获得用户内心深处的需求点，再投其所好，以潜移默化的操纵方式改变用户的认知、行为习惯和价值观。这些都可通过特定算法程序控制，通过心理分析、信息传播模型、大数据分析及机器学习等算法控制相应的指标参数，构建以致瘾和操控为基础的技术环境，比如什么样的电影可以刺激你的情感，什么东西能击中你内心的脆弱，什么功能或内容能抓住你的眼球，等等。

早在 2014 年，Facebook 的数据科学研究团队利用 Facebook 数据平台开展了一个实验，利用社交平台调控人们的情绪，即"海量情绪感染"实验，通过对 69 万人进行测试后，发现用户的情绪是可以通过社交平台的人际网络蔓延的，方式就是通过调整网络信息流中的"正面""负面"信息的比例。实验中的用户就像实验室的小白鼠，通过不同信息的刺激，获得不同的情绪反应。

社交 APP 的很多看似无意识的设计，其实都是为了潜移默化地改变用户的行为而精心设计的。美国斯坦福大学有一个面向互联网科技企业管理的说服性技术实验室，专门研究怎样利用已知的一切心理学知识诱导用户多使用网络，并将这些知识转变成技术。很多互联网巨头的产品设计负责人都曾在此学习，包括谷歌、Facebook、Twitter。

心理学中有一个"正积极强化"效应，即人在特定场景中的特定行为，如果对其后果进行奖赏回报，刺激其产生"快乐激素"——多巴胺，那么个体以后大概率会重复这一行为。基于这一效应，社交平台开发了很多功能，如下拉刷新功能，每次下拉刷新都能看到好友的新动态或新内容，他就会频繁重复这一动作。聊天时对话框中显示对方"正在输入中"，"点赞"中的消息提示好友也赞了你赞过的动态，好友在彼此的动态下留言评论，甚至可以为每一条评论留下情绪感受……所有这些都是为了吸引用户的注意力，悄悄地在用户大脑的潜意识里植入一些无意识的习惯。这些技术实际上是利用人类心理上的弱点和缺陷来操纵用户，成功地把用户变成资本的傀儡，自愿成为资本赚钱的工具。

资本利用这些操纵技术取得了极大的成功，比如谷歌用户数超过30亿，Facebook 和 Twitter 的用户数也超过 20 亿，而我国的微信用户数也超过 10亿。庞大的用户群体让很多互联网企业发展成为垄断巨头，这也甚至让它们有能力与用户互动，进而影响大众观点和社会舆论，甚至还利用平台操纵社会舆论。

垄断平台用黑箱算法歧视压榨用户

我们如今的工作、生活和娱乐都被网络平台所左右，如新闻、视频、好友动态，乃至工作就业、获得救助等，都由平台算法决定。有不少人会认为，算法是一种客观的代码表达，没有人为干预和情绪干扰；算法平台也没有价值观，只是如实反映用户个人的立场和好恶。还有人提出"代码即规则"，算法让每个人适用相同的规则，体现了公平与正义。这也是互联网企业对监管部门和社会公众质疑的挡箭牌，Facebook CEO 扎克伯格就宣称："我们是科技公司，不是传媒公司，我们不对平台上出现的内容负责。"但算法真的中立，没有价值观吗？答案是否定的。越来越多的人发现，很多互联网垄断巨头利用黑箱算法，对用户进行封闭洗脑和算法歧视，或者利用算法压榨用户和外卖骑手。也就是说，算法是有价值观的，其操控者的观点被隐蔽地嵌入到代码中，如推荐系统在推送商品或内容时所优先考虑的并非对用户是否有利，而是注重能否从中获利。

从信息茧房到过滤气泡

1915 年，袁世凯复辟称帝，他的儿子袁克定为了不让他听到反对的声音，特意购买印刷机，为他专门伪造了一份符合他心意的《顺天时报》；尼葛洛庞帝在《数字化生存》一书中曾预言一种完全个性化的报纸《The Daily Me》，即每个人都可以挑选自己喜欢的文章和观点，拥有为自己量身定制的个人日报；哈佛大学法学院教授凯斯·桑斯坦（Cass Sunstein）在《网络共和国》一书中进一步描述了这种《个人日报》，即通过人工智能算法分析个人的兴趣爱好等个性化特征，再根据个性化需求过滤聚合相关信息，并按照用户反馈进行调整，形成一份满足个性化、动态化需求的《个人日报》。现在，今日头条等就是这种基于用户兴趣提供精准资讯服务的个性化报纸。

个人日报以其高度个性化的内容分发、精准快捷的投放，极大地提高了受众的阅读效率，很快受到平台媒体的青睐。但这也带来了另一问题——"信息茧房"，这是桑斯坦在其另一本书《信息乌托邦——众人如何生产知识》中提出的概念。互联网的崛起让我们进入信息泛滥的时代，而受众对信息的兴趣并不是全方位的，他们往往只选择性地关注自己感兴趣或者偏爱的内容，在个人信息领域就习惯性地被自己的兴趣所导引，久而久之，受众会像蚕茧一般将自身桎梏于"茧房"之中，即信息茧房。这将导致个人信息封闭，沉浸在自我满足之中，判断力降低，进而成为被认知隔离的孤立者。

另一个相近的概念是"过滤气泡"，这个术语是互联网专家伊莱·帕里泽（Eli Pariser）在 2011 年提出的。具体来说，就是社交平台为了增加用户停留和使用时间，随时都在了解用户的性格特征和行为偏好，过滤掉异质信息，向用户推荐越来越多强化用户已有观点的内容，即你越喜欢看什么，平台就给你推送什么，最终为用户打造一个个性化的封闭信息世界。这个世界有虚拟"隔离墙"，使用户犹如身处一个"网络气泡"中，成为自我满足的井底之蛙。

相较于推荐系统的被动推荐，用户主动搜索信息的搜索引擎本应该是客观无偏见的。如果我们在同一搜索引擎上用相同的关键词搜索，得到的结果应该是相同的。但实际上，搜索算法也采取了差异化策略。

信息茧房是由于个体的主动信息接触造成的，而过滤气泡的提出时间是2011年，当时社交网络已经兴起，因而过滤气泡主要侧重于大数据推荐算法引起的效应。目前，过滤气泡这个概念在欧美学术界使用较多，而国内习惯使用信息茧房，但其表达的实际含义更接近过滤气泡。

另外，还有一个相近的概念，叫作"回音室效应"，主要强调在个人所处的封闭环境，观点相近的人不断重复，造成个人的信息闭塞和片面。比尔·盖茨曾表示，科技让你和观点相似的人聚在一起，使你听不到不同的观点，"这个问题比我和其他很多人预料的都要严重"。

以用户封闭为特征的信息茧房和过滤气泡，很容易形成观念同质化的局面。由于缺乏多元化的观点交流，用户的认知观念越来越狭隘、偏颇，导致不同社群观点的两极分化更为严重，难以调和，而平台还可能会投其所好推送明显虚假或低俗的泛娱乐化内容，造成谣言和低俗信息的迅速蔓延，这被称为"群体极化"现象。Facebook公司前员工弗朗西丝·豪根（Frances Haugen）爆料，Facebook平台为追求"天文数字的利润"，"传播仇恨、暴力和错误信息"。实际上，推荐算法还让人们的政治观点越来越极端，越来越难以调和。

造成这些问题的根源之一就是互联网平台正逐步垄断现代信息社会的入口，这些平台不仅利用了心理学、信息传播学，还利用了大数据和人工智能算法，这些算法的学习和演变速度极快，而我们人脑的演变则很缓慢，在这场人与资本的数字博弈中，普通大众的思想将难以抵挡诱惑，人们将在不知不觉中被操控、被固化。就像电影《楚门的世界》里展现的一样，我们生活在由算法精心挑选的信息构筑出的牢笼里，困在"信息茧房"之中。而打破这一束缚的关键不仅在于个人有意识地从多来源获取信息，听取各方的意见，采取批判性思维，还需要相关管理机构积极行动，通过数字身份对内容推荐算法进行治理监管，调整个人画像的广泛性和代表性，扩大人们的认知范围。

算法歧视

互联网平台使用智能分析技术获得用户的数字画像，能准确地刻画用户的性格特征、行为习惯等，这些信息固然可以很好地把握用户需求，提供高度个性化的推荐或推送服务，但算法一旦被某种价值观或观念控制，那就不可避免地产生偏见和歧视。当前互联网平台主要是由资本主导的，其价值观是以最大化股东利益下的商业利润为导向的。资本的本性是贪婪的，一旦不受监督和制约，常规的广告模式并不能满足资本扩张利润的欲望，平台服务商就会采取各种隐蔽手法，通过歧视损害用户的利益。

价格歧视是最常见的算法歧视之一，这也就是我们经常听到的"大数据杀熟"。2020 年底，有美团会员在网上发文《我被美团会员割了韭菜》，讲述他点的外卖派送费是 6 元，而非会员的派送费只要 2 元。此外，同样的商品或服务，不同手机有不同价格；同样打车或航班，在同一时间，机票价格针对新老客户不同价，往往老客户价格反而高；在线旅游平台上某房间的订房页面被浏览多了，房价自动上涨等。由此可见，懂你心思的平台算法既可以针对用户需求提供精准的个性化商品或内容服务，也可以针对用户的性格弱点、行为习惯等，进行差异化定价。奈飞公司在 2014 年曾做过一次统计研究，使用传统的基于人口统计特征的个性化定价方法，可以使公司利润增加约 0.8%，而基于用户的网络浏览历史、购物习惯，使用机器学习算法估算用户愿意支付的最高价格，利润可以增加 12.2%。

价格歧视是一个早就存在的经济学概念，如传统商家很多时候是"看人下菜碟"，但商家对消费者的身份信息了解有限，不清楚消费者的支付底线和心理预期价格，影响有限。而算法价格歧视是数字平台条件下价格歧视的新发展和新形式，主要以智能算法为支持手段，目标更精准，手法更隐蔽，变动更频繁。为了让平台扩张用户规模，算法通常针对熟客或对价格不敏感的用户采取要高价的策略，也会根据消费者的支付能力、消费偏好及行为习惯进行差别化定价。

关于价格歧视的最早报道是在 2000 年，美国某电商网站销售的一款 DVD 影碟，对老用户报价 26.24 美元，对新用户仅报价 22.74 美元。自 2018 年以来，大数据杀熟的新闻就频频曝光，央视财经频道也有过深度报道。北京市消费者协会调查显示，56.92% 的消费者有过被"杀熟"的经历。可见算法价格歧视已经成为一个普遍的经济社会问题。

大数据杀熟一般都是用户在比对价格后才会发现，有的服务商还会主动公开定价算法，美国好事达保险公司的保费计算事件提供了算法杀熟的确凿证据。2020 年初，全球第三大个人险保险公司美国好事达向马里兰州保险管理局提交了一份汽车保险费率变更申请文件，其中包含了计算每一份汽车保险的复杂算法，这一算法使用了一个包含几十个参数的模型，测算所有参保人未来需要缴纳的保费金额。2 月 25 日，非营利性调查媒体 The Markup 发布了关于这份文件的调查报告，结果显示，算法建立了一个马里兰州参保者的"宰客"列表,那些参保大户的保费预期增长了20%,而其他投保人的保费只增长了5%。尽管这一方案在马里兰州被否决,但在美国的其他州却实施了。

平台算法除了直接采取差别化定价策略之外,还设计了花样翻新的套路,变相进行算法价格歧视。如平台发放的各种形式的优惠券、附加复杂条件的优惠打折,这些套路大多都是基于平台算法的大数据智能分析结果而设计的。所以,有些人能够更容易领到优惠券、抽到红包,并不是因为你运气好,而是平台算法为吸引新客户而做的精确算计,熟客因为已经习惯了使用平台服务,是否送优惠券不会影响他对平台的忠诚度。

除了价格歧视之外,算法歧视也无处不在,如在招聘就业、教育入学等方面的性别、种族的歧视等。亚马逊的一种招聘算法会使其在招聘时刻意挑选出简历上为女子大学或体育专业毕业的女性。另外,很多招聘系统的简历筛选算法都偏好男性求职者,国外的一些招聘网站则比较青睐白人求职者。

2020年12月,在新冠肺炎疫情肆虐近一年后,美国成功研制出了疫苗。辉瑞公司给斯坦福大学先期提供了5000支疫苗,斯坦福大学设计算法进行分配,结果却是一线医护人员只分配到7支,名额比例只有0.1%,而因疫情一直在家里的资深教职工却分到了4000多支。消息传出,公众强烈抗议。斯坦福卫生局负责人出面道歉,并解释说,疫苗分配算法遵循了联邦政府的指导方针,即优先考虑医疗工作者和年长雇员。该算法主要考虑的是年龄和家庭住址与高风险医院的距离。而一线医生大多是年轻人,住址都距离医院较远。

算法歧视产生的根源很复杂,这既有价值观和主观意愿的原因,也有技术条件等客观原因;既有算法设计的原因,也有数据使用问题。据统计,目前几乎所有机器学习算法背后的数据库都是片面的。比如 Facebook 公司的面部识别系统的准确率高达 97%，但研究人员发现，这个号称黄金标准的数据集中的数据缺乏全面性，其中近 77% 的采集对象为男性，超过 80% 的是白人。这就意味着，这一系统很可能无法准确地将女性和黑人标记出来。

与传统歧视相比，算法歧视有很多特点。算法通过高度复杂的用户数据分析，赋予每个用户一种特定的用户身份画像，即"算法身份"，贴上各种歧视性标签，不仅识别精准，而且还广泛深入，能尽可能多地发掘用户可利用的弱点，甚至包括很多连用户自己都难以察觉的更深层次的隐形特征，如根据用户的出行规律、购物习惯等，动态调整商品价格。另外，平台算法对于外界来说就是一个隐秘的黑盒子，算法歧视也就具有很大的隐蔽性，用户如果不刻意进行反复比对，很难发现其中的破绽，这也给平台监管治理带来了巨大的挑战。

很多价格歧视案例都介于商业伦理与违法之间的灰色地带，性质很难界定。垄断平台容易出现算法歧视，非垄断平台也难以避免，这本质上就是一种商业公平危机，涉及商业伦理和社会诚信。网络平台为了长久发展，需采取更公平的商业模式和策略取信于用户。如何权衡商定交易价格，更多地需要政府和社会各方的监督和治理，包括用户和消费者的监督、平台建立透明普适的优惠机制。

陷在平台算法中的外卖骑手

在外卖平台体系中，有一个特殊的用户群体，那就是外卖快递员，也叫骑手，他们尽管不是平台的正式员工，却是将商品发送到消费者手中的连接环节。2020 年 9 月，《人物》发表文章《外卖骑手，困在系统里》，曝光了那些被平台智能调度算法压榨得疲于奔命的骑手的危险境地。文中披露，在算法和数据驱动下，平台精准监控骑手的工作节奏，不断"优化"压缩配送时间，以提高平台速度和利润。如超过预计到达时间，骑手将被罚款或收到差评，为避免这种情况，外卖骑手经常选择逆行、闯红灯等，这也就导致骑手成了高危职业。据统计，2019 年，中国全行业外卖订单的平均配送时长比三年前总体缩减了 10 分钟。

外卖配送算法的核心是人力调度算法，其目标是通过综合运用运筹学等技术，保证员工随叫随到。算法预先规划设计了一种标准的配送时间，也被称为平台速度，受到监控的员工在算法规则的支配下，以统一标准的时间完成配送工作。在亚马逊的配送中心，员工也受到算法的密切监控和跟踪，他们必须按设定的"亚马逊步速"工作，这是一种"介于行走和慢跑之间的速度"。

为了提高平台的物流运营效率，人力调度算法利用大数据分析和智能学习算法，分析骑手的历史送餐数据，划分骑手能力等级，如美团将骑手划分为普通、青铜、白银、黄金、钻石、王者，并阶梯式量化各级骑手目标单量，相当于为每个骑手计算出一个配送能力画像。当有订单需要派送时，算法将依据骑手的所处位置、行驶方向、顺路性等因素综合决定派哪一位骑手接单，订单通常以 3 联单或 5 联单的形式派出，算法将会从 11 万条可能的线路中进行"万单对万人的秒级求解"，规划设计出最优配送方案，充分发挥骑手每一次配送的价值。

日趋完善的外卖配送算法为骑手带来了越来越优化的跑单协助，同时也带来了更为精细化的监控。在外卖配送过程中，算法系统通过配送地图能够随时随地掌控骑手的位置、跑单路线、订单状况等信息，并基于智能派单算法对骑手做出指示；骑手对于每一订单的配送细节也会作为数据上传给系统作为备份，并与每一单的预期配送情况进行比对，最终生成骑手的跑单绩效。这就会使骑手充满危机感，需要随时提醒自己的行为是否合乎规范。

配送站点的管理者也通过平台算法直观地监视骑手的运动轨迹，直观掌控其跑单状况，调配或进行异常订单处理。另外，客户也被算法赋予监督权，可以查看骑手送餐进度和预期到达时间，并可进行实时互动和反馈，比如电话催促骑手、取消订单，甚至投诉骑手。这种无所不在的全方位监控类似福柯所讲的那种"全景敞视主义"管控机制。

外卖骑手配送算法加剧了社会的不平等和不安全，但从某种意义上说，骑手和平台资本其实都是算法的利益相关者，也就是说，配送优化算法实实在在地有助于骑手提高配送效率，增加其收入。因此，平台算法在设计的过程中需要与骑手共同协商，优化模式，力争双方利益均衡化。监管部门，如交警、劳动部门则通过宏观监测，将工伤等风险事故情况反馈给外卖平台，再通过大数据智能分析，改进优化存在问题的配送模式。

不法分子打造黑色产业链非法牟利

就像现实社会存在黑社会、违法犯罪等阴暗面一样，数字空间同样也有由黑客、黑色产业等组成的暗网世界，这其中的侵犯个人隐私、泄露个人数据被称为网络犯罪的"百罪之源"，滋生了电信网络诈骗、敲诈勒索、金融偷窃等一系列犯罪，社会危害严重。根据世界经济论坛发布的《2018年全球风险报告》，网络攻击、数据诈骗和盗窃已成为仅次于极端天气及自然灾害以外的风险。2017 年全球黑产从业人员超 150 万，年产值达到了千亿级别。如此严峻的形势，已经到了让人们不得不警惕和治理的危险地步。

令人触目惊心的身份数据泄露事件

大数据分析与人工智能技术的兴起使得数据的潜在价值也越来越大，这不仅激励着众多公私机构开发个性化创新产品或服务，同时也吸引来了黑客、内鬼等的注意力。近年来，越来越多的数据泄露和窃取事件频频见诸新闻媒体，不仅泄露数据量惊人，波及范围更是涵盖各行各业，特别是互联网科技行业，更是重灾区，给相关部门、机构以及用户造成了巨大损失。这些数据泄露事件主要有以下几个特点。

第一，数量巨大。 一个是数据泄露事件数量多，并且呈逐年递增的趋势。根据国际安全情报供应商 RBS（Risk Based Security，RBS）2019 年的报告统计，2015—2018 年，每年泄露事件数量在 3000 ～ 4000 件之间，到 2019 年 9 月 30 日，数据泄露事件高达 5183 件，2019 年泄露数据量超过 50 亿条记录。公安部第三研究所与百度公司于 2018 年联合发布的《网络犯罪治理防范白皮书》披露，全球每分钟泄露的可标识数据记录为 8100 条。当然，公开报告的数据泄露事件很可能仅是冰山一角，还有大量数据泄露事件并未被披露。

在披露的数据泄露事件中，80% 都是个人数据，涉及用户数动辄上亿，甚至几十亿。2012 年，社交网站领英泄露了 1.67 亿用户数据。雅虎在 2016 年发现，之前曾多次遭遇黑客攻击，被窃取了大量用户信息。2013 年泄露 10 亿用户数据，2014 年泄露 5 亿用户数据，而到了 2017 年 10 月，雅虎发现自己所有 30 亿用户数据都曾被窃取过。2018 年 8 月，华住集团旗下连锁酒店 5 亿用户数据发生泄露。同年 11 月，国际知名酒店集团万豪国际发公告称旗下酒店喜达屋 5 亿房客信息被泄露，并且在 2020 年 3 月再次泄露 520 万客户信息。2019 年 7 月，智能家居公司欧瑞博（Orvibo）的数据库泄露涉及超过 20 亿条物联网日志，包括用户名、E-mail 地址、登录口令以及精确位置等。2020年，新浪微博因用户查询接口被恶意调用导致5亿用户数据泄露。化妆品巨头雅诗兰黛云泄露4.4亿条审计日志和邮箱记录。

另一个是泄露数据的维度和颗粒度也很细。泄露最多的是用户基本信息，如姓名、住址、出生日期、身份证件号码、电话号码或邮箱等，另一些数据包括用户账号/密码、用户生物识别特征信息，以及购物记录、财务收入、纳税信息、医疗保险、基因图谱等。有的事件泄露数据的维度高达15种，涵盖用户方方面面的信息。

第二，数据泄露事件范围广，涉及各行各业。其中，互联网及科技行业首当其冲，事件比例超过三分之一。如雅虎的30亿用户资料被全部泄露，此外，Facebook、苹果、谷歌、领英等国外互联网巨头，以及国内的新浪、天涯社区、人人网、百合网等，都曾发生过严重的用户数据泄露事件。甲骨文公司的数据管理平台BlueKai因为在服务器上不加密码，从而泄露了全球数十亿个人数据记录。

政府和公共部门的数据泄露紧随其后。2016年4月，黑客从土耳其国家安全总局的服务器盗取了2.5GB的数据，其中包括近5000万土耳其公民的个人身份信息，这是有史以来最大规模的国家数据库泄密。为了证明其真实性，黑客还公布了土耳其总统埃尔多安的个人信息。2017年7月，瑞典交通管理局发生严重数据泄露事件，涉及数据包括瑞典全国所有机动车驾驶人信息，以及桥梁、地铁、道路和港口等敏感信息，甚至还包括瑞典警方和军方的车辆信息。这一事件不仅泄露了几乎全部瑞典国民的隐私，也给瑞典的国家安全造成重大伤害，还对瑞典政府的威信构成了重大挑战，瑞典首相称之为一场"国家灾难"。2019年3月，美国联邦应急管理局泄露了230万灾难幸存者个人信息。2019年5月，俄罗斯非政府组织Information Culture联合创始人通过调查发现，俄罗斯有23个政府网站泄露了个人保险账号，14 个网站泄露了护照信息，总共泄露了超过 225 万公民、政府雇员和高级官员的个人和护照信息。2019 年 9 月，vpnMentor 公司的安全专家发现，厄瓜多尔 2000 万公民的隐私数据遭到泄露，包含完整个人信息、婚姻状况、教育水平、财务记录和汽车登记信息等数据全部被公之于众，而该国人口仅有 1700 多万，这意味着全体公民数据被窃，还包括了重复和已故公民数据。

医疗和保险行业数据泄露成本连续 11 年保持最高。2015 年，新加坡医疗卫生网站被攻击，泄露了 150 万名病患的个人资料，其中包括 16 万人的开药记录。被盗取的数据中还包含了新加坡总理李显龙和数名部长的个人资料和开药记录。2017 年 10 月，一家医疗设备公司存放在亚马逊云存储库 S3 上的 47GB 医疗数据遭破解，15 万患者的姓名、地址及医生的病历记录等隐私信息被泄露。2015 年，美国第二大医疗保险公司 Anthem 声明，黑客已盗取了该公司超过 8000 万客户的个人信息。被盗取的个人信息主要涉及社保和医疗证明，甚至还包括该公司首席执行官的信息。Anthem 最后赔偿 1.15 亿美元与客户达成和解协议。2018 年，DNA 检测网站 MyHeritage 泄露了 9200 万注册用户的邮箱地址及哈希口令数据。幸运的是，被泄露的不是 DNA 测试和家谱记录。

很多人认为银行意味着安全，但实际上，银行也是数据泄露的重大受害者。2019 年 7 月，美国第七大商业银行"第一资本"宣布，大约 1 亿美国人和 600 万加拿大人的个人信息遭"黑客"窃取。所幸的是犯罪嫌疑人很快被逮捕。金融科技公司 Dave 主要为客户提供信用卡管理、小额无息贷款、报告信用记录等服务。2020 年 7 月，Dave 公司发布公告，承认遭到数据黑客攻击，包含 750 万用户记录的数据库被窃取。开曼群岛是全球财政天堂，世界各地的资金很多都在这里云集。2019 年 11 月，黑客公布了开曼群岛国家银行的 2.21TB 的数据。2020 年 12 月，一家开曼群岛离岸银行公布，其涵盖 5 亿美元投资组合的备份数据被泄露，包括个人银行业务信息、护照数据，甚至在线银行 PIN 码。金融安全专家认为，很多跨国银行都有严重的数据泄露风险。

个人信用数据中包含大量敏感信息，而这也成了很多不法分子的目标。Equifax 是美国最大的征信机构，拥有美国公民的大量敏感数据。2017 年 9 月，黑客秘密侵入 Equifax 系统，获取 1.43 亿用户信用记录，其中包括姓名、社会保障号、出生日期、地址等，这几乎占了美国人口的一半。2020 年，跨国信用报告机构 Experian 的南非分支机构发生数据泄露，多达 2400 万南非人和 793 749 个商业实体的信息被欺诈者窃取。我国还有过征信公司违法查询征信信息获利的事件，比如拉卡拉支付旗下的北京考拉征信服务有限公司就曾非法提供身份证返照查询 9800 多万次，获利 3800 万元。

第三，数据泄露的原因复杂多样。大部分数据泄露是由黑客攻击导致的。从黑客的攻击方式来看，在超过 80% 的数据泄露事件中，黑客使用了网络钓鱼[①]、暴力破解登录凭证、使用丢失或盗窃的登录凭证（如简单用户名 / 口令如 "admin/admin" 或 "root/123456" 等）、"撞库"（通过已泄露的账户 / 口令以撞运气的方式去登录其他网站），还有系统后门或者 C&C 服务器、恶意软件（如木马等）、漏洞攻击（如 SQL 注入、PHP 注入漏洞）等攻击手段。

智能手机是用户数据泄露（收集）的重要途径。很多免费 APP 都在悄悄地收集用户信息，特别是社交软件，还有电子商务和在线娱乐软件。不管是用户存储在手机中的文字信息和图片，还是短信记录、通话记录等都可能被监控和监听，并且还可能将数据共享给生态中的其他 APP 系统使用。

---

① 网络钓鱼是一种利用欺骗性电子邮件及假冒的 Web 网站链接来进行网络诈骗的方式，诱骗受害者泄露自己的个人数据，如信用卡号、银行卡账户、身份证号等。

这些还都是基于隐私政策的合法使用。还有一些 APP 违反隐私政策，非法收集使用用户信息。据报道，2020 年初，广东省通信管理局就点名整顿 209 款 APP，其中很多 APP 都存在对个人信息的违法违规采集和使用的情况。2021 年 7 月，滴滴出行由于违规收集用户个人信息而被国家查处，滴滴出行 APP 也被下架。

更令人震惊的是，手机厂商金立手机为了获取经济利益，竟然在其品牌手机中预装木马等恶意软件，对用户进行监控和操纵。从 2018 年 12 月至 2019 年 10 月，涉事公司拉活超 28 亿次，操控至少 2650 多万台手机。另外，还有公司专门制作窃听监控设备和 APP。据央视网 2020 年 12 月 27 日报道，江苏省南京警方摧毁了一条包括生产厂家、销售代理在内的生产销售定位、窃听、偷拍设备的网络黑色产业链条，抓获犯罪嫌疑人 28 名，缴获相关设备 2000 多个。这些设备被伪装成共享充电宝等，可以在使用者不知情的情况下，对其进行远程定位、轨迹查询、远程录音等。

除了黑客攻击之外，在利益的驱使下，内部人员（"内鬼"）或业务合作伙伴等会利用职务或工作便利，滥用特权账户，对数据库实施非授权访问，也是造成数据泄露的重要原因。加拿大加鼎银行、俄罗斯联邦储蓄银行，还有国内的智联招聘、趋势科技等企业都曾发生过此类数据泄露事件。

还有不少数据泄露事件与数据库或服务器配置错误有关，但大部分是由于人为错误或疏忽造成的。企业广泛使用的数据库系统 MongoDB、搜索引擎 ElasticSearch，以及云服务器配置不当或错误关闭默认安全设置等，都容易让数据暴露或泄露。还有一些数据库根本就没有设置安全防护，而是公开暴露在互联网上。

第四，数据泄露造成的后果非常严重。最严重的后果就是财产或资产损失。据 Verizon《2019 年数据泄露报告》统计，有 86% 的数据泄露事件是出于谋取经济或财务目的。数据泄露成本最主要的是失去业务造成的损失，其他还包括系统检测与升级、事后分析与响应等。数据泄露还会造成无形资产的损失，如企业品牌和声誉。在 IBM Securtiy 发布的《2020 年全球数据泄露成本报告》中，调查分析了全球 524 家公司过去一年的数据泄露事件，平均损失成本约 386 万美元。其中医疗保健行业的数据泄露成本最高，平均为 710 万美元。在泄露数据中，80% 都包含客户个人识别信息，每条记录成本 150 美元。受害者发现和控制所需要的时间为 280 天，但数据泄露事件的财务影响通常会持续多年。对于国家和政府部门来说，大规模的数据泄露不仅会造成国家信誉和财产损失，严重的还可能危及国家安全。

数据泄露对于个人损失成本没有做定量化的研究，很多只是估计的风险及损失。最常见的是用户隐私数据的泄露可能导致用户收到骚扰广告、垃圾邮件等。如果网上银行、支付宝、微信支付等账号与密码被盗，就有可能加大资金财产被盗的风险和隐患。其他如用户账号中的虚拟资产也可能被盗、变现。用户身份和隐私数据的被盗还有可能被犯罪分子用来实施精准电信诈骗或敲诈勒索。2016 年，山东省临沂市 18 岁高三学生徐玉玉考取了南京邮电大学英语专业，但就在距开学十多天前的 8 月 19 日，一个自称教育局的陌生电话打到了她妈妈的手机上，声称有笔 2600 元的助学金要发给徐玉玉，但需要 9900 元激活助学金账号。由于骗子能准确说出女孩的很多个人信息，女孩就信以为真，冒雨骑车去银行将自己学费都存入了骗子指定的账号。而女孩发现被骗后，突发心源性休克去世。最后，检察机关经过调查，认定徐玉玉的死因就是电信诈骗。徐玉玉的个人身份信息就是黑客通过在教育部门网站植入木马的方式从数据库中窃取的。事实上，近 10 年来，我国的电信诈骗案件数量持续攀升，从 2011 年的 10 起，到 2015 年的 59 万起，受骗人数每年超过两万人，给民众造成的损失也由 2011 年的 40 亿元猛增到 2015 年的 220 亿元。2015 年以来，我国公安部积极开展打击整治网络侵犯公民个人身份信息犯罪专项行动，三年破获电信诈骗案件 31.5 万起。

黑产大数据工具平台：社工库

黑客利用各种网络攻击或手段窃取了海量数据，其中绝大部分都是个人数据及隐私信息。那黑客如何利用这些数据，并将其变现呢？这就要通过所谓的社工库，黑客用其来存储和管理网络攻击所需的数据资源和方法。社工库一般规模庞大，动辄上亿记录，包罗万象，如网络账号 / 口令、人脸识别或隐私照片、开放记录、信用卡或银行记录、机票订购记录、通话记录、短信内容、社交软件聊天记录，等等。因此，社工库就是一种特殊大数据，但由于涉及大量个人隐私，它是非法的。

"社工"是社会工程的简称，这是一种利用人的心理弱点通过人际交流方式获得有用信息的欺骗手段。凯文·米特尼克（Kevin Mitnick）是世界上第一个被美国联邦调查局调查的传奇黑客，他在《欺骗的艺术》（*The Art of Deception*）一书中提出社会工程的概念，即通过欺骗手段让某人做某事或泄露敏感信息，其目的是为了提醒全球网民重视网络安全，提高警惕，减少损失。但具有讽刺意味的是，现在的社会工程演变成黑客攻击获取情报的第一方法论和必修课，也成了企业及网络安全的最大威胁。

社会工程是一个综合性的方法体系。黑客们从几条简单线索出发，如用户名或数字 ID、手机号或一串数字足迹，综合利用社会工程相关的心理学、网络搜索与逻辑推理、大数据挖掘分析、人工智能等技术，进行数据整理、搜索、筛选等，就能准确获得目标的所有个人身份信息、生活习惯、兴趣爱好等。网络上的"人肉搜索"利用的就是社工库查询以及社工知识。

社会工程还包括一系列实施技术手段和环节，如拖库（也使用其谐音

"脱裤")、洗库和撞库等。所谓"拖库"就是指黑客入侵有价值的网站后，把用户数据库全部盗走的过程。而"洗库"就是黑客将盗取的用户数据通过技术处理和交易渠道将有价值的用户数据变现。另外，由于很多用户在不同的网站注册使用的账号密码往往是统一的或相似的，黑客往往将从一个网站盗取的用户登录凭证在其他网站上进行尝试登录，这就是"撞库"。京东商城的用户数据就曾经被以撞库的方式窃取。

网络上的社工库大多是一些匿名人士打着"收藏泄露数据"的旗号进行数据备份和收集，他们大多存在于暗网或其他黑产平台。有着泄露数据查询谷歌之称的 LeakedSource，专注于囤积被盗的音乐和游戏数据，囊括数据高达几十亿条。LeakedSource 曾表示，被盗数据之所以被曝光，原因就是它们先发现了已经泄露出来的数据。Vigilante.pw 是一个汇集了 6 亿条数据记录的网站，它们声称，没有比收集被盗数据更好的办法来提高大众关注度了。美国云存储服务商 Dropbox 的数据泄露事件是由一个名叫 Leakbase 的网站公布出来的，Leakbase 存储了超过 6800 万被盗账户的电邮地址和可破译的密码。

我国也曾存在不少网络社工库网站。2014 年 6 月，一家名为"我就是社工库"的网站成为关注的焦点。网站模拟搜索引擎页面进行个人信息查询，有"QQ 密码查询""QQ 资料查询"和"开房记录查询"三个选项。其中，查询 QQ 密码和资料需要输入 QQ 号，而开房记录查询则需要输入身份证号。但不久后，该网站就因为被举报而被关停。2016 年 3 月，江苏省淮安公安机关网络安全保卫部门捣毁国内最大的网络社工库"K8 社工库"，并抓获犯罪嫌疑人 8 名，查获公民个人信息 20 亿条。

数字空间的"鬼市"——暗网

古希腊哲学家柏拉图在《理想国》一书中，借用他哥哥格劳孔之名讲述了一个魔戒的故事，这就是著名的"盖吉斯之戒"。故事讲的是，在小亚细亚的吕底亚王国有一个牧羊人盖吉斯，有一次他在牧羊时突发地震，地震过后，山坡上出现了一个洞穴坟墓，墓主人是个巨人，手指上戴着一枚金戒指。盖吉斯取下那枚金戒指戴在自己手上，随后发现这枚戒指可让其隐身。于是他利用戒指赋予他的这个超能力，勾引王后，并与王后同谋杀掉国王，自己篡位。格劳孔认为，假定有两只这样的戒指，正义之人和不义之人各戴一枚，可以想象的是，两个人都不能坚定不移地克制住不贪图别人财物的欲望。

互联网具有匿名特性。现在互联网尽管有了数字身份和透明性，但有些人能够通过技术手段，具有了类似魔戒的"隐身"能力，这就是暗网。很多泄露的数据，甚至枪支、毒品，都可以通过暗网平台交易变现。

暗网作为全球黑色产业的集散地，被网络上的很多文章渲染了传奇色彩，甚至恐怖意味，但这些网文的内容很多都是虚虚实实的，真假难辨。实际上，暗网本质上也是互联网的一部分，整个互联网可以分为两大部分：一部分是能够被搜索引擎检索到的部分，称为"明网"或"表网"，这也是绝大部分网民经常访问的网络；另一部分是搜索爬虫难以检索到的网络，需要利用动态网页技术访问，这部分网络称为"深网"，它包括的种类很多，如电子邮箱、政府网站、军事网站、电子商务网站、企业内部网站或者收费访问网站、地下私密网站，等等。我们日常使用的社交聊天工具、P2P 下载工具，如 Facebook、微信、迅雷、电驴或者 BT 下载等，也属于深网。而暗网则不然，它是深网的子集，访问时用户必须通过特殊加密协议或工具才能进入，如洋葱路由、隐形互联网项目和自由网等。与通常互联网域名 URL 后缀 ".com"".gov" 等不同的是，暗网域名以 ".onion" 结尾。

如果说"明网"是公共场所，那深网就是私人或会员制场所，暗网则是黑市。暗网最大的特点是匿名性和不可追溯性，类似老北京的"鬼市"，通常在深夜到凌晨开放。市场上月黑风高，影影绰绰，人与人之间谁也看不清谁，并且所卖之物也是鱼龙混杂，真假难辨。

当我们访问常规互联网时，一般要以数字身份登录网站系统，匿名访问时也需要告诉对方自己的 IP 地址或代理 IP 作为身份标识。而暗网一般采用洋葱路由等技术手段隐匿自己的身份，且地址路径也不可追溯。这一技术来源于美国海军研究实验室在 20 世纪 90 年代中期开发的身份隐私保护技术，其思路是，将消息层层加密成像洋葱一样的数据包，然后由一系列被称作洋葱路由器的网络节点接力转发，同时在转发节点层层解密，最后目的服务器接收到原始消息。其中每一节点只知道上一节点位置，因而无法追溯路径，这样就使暗网具有节点难发现、服务难定位、用户难监控、通信关系难确认等特点。

暗网最早是匿名通信工具，这也是互联网早期匿名性的发展。在 BBC 纪录片《深入暗网》中，互联网的发明者蒂姆·伯纳斯－李爵士和"维基解密"创始人朱利安·阿桑奇接受访谈，详细介绍了暗网世界的匿名消踪特性。一旦进入暗网世界，你的相貌、职务、地理位置、联系方式、个人信用等，全部归结于一个词——匿名者。各国政府很难发现或进行监管，即使美国的"棱镜计划"也对此无能为力，暗网也就成了所谓的"法外之地"。在这里，逃犯或不愿意透露姓名的爆料者，都可以畅所欲言，而不用担心会被监管、追踪或逮捕，维基解密网站的很多爆料信息都是通过暗网获取的。至于那些声称自己在暗网上被盯梢或遭人身威胁传言的可信度很低。

深网和暗网的规模有多大？网上有不少文章声称，暗网占互联网信息的 96%，但这实际上是混淆了深网和暗网的概念。根据 Bright Planet 公司 2001 年发布的白皮书《深层次网络，隐藏的价值》(*The Deep Web-Surfacing The Hidden Value*) 中提供的数据，深网包含的信息量是明网的 40 倍左右，可见深网规模巨大，能访问的人数和数据量巨大。而暗网作为深网的子集，实际规模并不大，其原因是多方面的。一是暗网必须通过特殊加密工具才能访问，以最流行的洋葱路由为例，日活跃用户不超过 200 万[①]。并且有些国家还屏蔽了洋葱路由之类工具的使用，能够登录暗网的人数有限。二是加密工具传输效率不高，比拨号网络快不了多少，这也是为什么很多暗网网站以文字为主，图片并不多，这与我们访问的常规网站中动辄放上高清图片、音频视频的情况形成了鲜明的对比。此外，暗网网站域名并不公开，而且还是动态变化的，大多数人很难获得。知名安全厂商知道创宇发布的《2018 上半年暗网研究报告》研究证实，暗网在规模上要比明网小得多，因为洋葱路由网络节点带宽不足以支撑超大网络流量。以 2017 年美国摧毁的暗网最大平台"阿尔法湾"为例，其商户数量 4 万家，客户约 20 万人。有研究认为，我国内地登录暗网的人数每天也就在 2000 人左右。

阳光照不到的地方往往会滋生罪恶，暗网包含大量违法黑产内容是不争的事实。根据维基百科和维基解密的估算，暗网中的违法内容（如枪支、毒品、暴力、色情、黑客工具及数据、极端主义等）大概占了近 20%。早在 2006 年，暗网上就出现了一个名为"农夫社区"的网站，买卖各类毒品，后被美国缉毒局摧毁。由于当时资金转账或支付在全球都能被监控，无论美元还是其他货币，一旦有资金异常交易，金融监管部门很快就会发现，因而当时暗网上很难出现大规模黑产交易平台。

---

① 据美国国会研究服务局 2017 年公布的《暗网报告》，美国洋葱路由日均用户数量为 353 783 人，占洋葱路由日均用户总量的 19.2%，由此可推出洋葱路由总用户数不超过 185 万。

转机出现在 2009 年。2008 年 11 月，一位自称中本聪的人发表了一篇论文《比特币：一种点对点式的电子现金系统》（*Bitcoin: A Peer-to-Peer Electronic Cash System*），文中提出了电子货币"比特币"的概念及其实现算法。2009 年，首个比特币系统上线，开启了基于区块链的金融系统，这是一个去中心化的加密货币体系，没有发行方和监管方，全世界都能流通，采用点对点匿名交易，第三方无法识别交易双方的身份信息，且难以被追溯。因此有人说，比特币就是为暗网交易量身定制的。除了比特币之外，随后出现了大量加密货币，如莱特币、达世币、门罗币等，也被用于暗网交易。

加密货币出现后，暗网上的黑产交易日趋活跃，非法物品的种类也越来越多。"丝绸之路"是暗网上第一个获得商业成功的网站，并首次将比特币作为其"官方"支付货币。这个网站是由美国人罗斯·乌布利希（Ross Ulbricht）在 2011 年 1 月创建的，上面主要贩卖枪支、毒品等违禁品，而且管理非常严格，严禁销售假货，只要发现有人贩假，查实后立即封号。另外网站还有类似淘宝的评价、打折优惠促销等机制。有研究表明，其好评率达到 97.4%。而比特币的作用则类似支付宝。有人评价道："就像优步颠覆了出租车行业一样，丝绸之路让毒品交易变得安全与友善。"该网站的收益也很丰厚，短短两年多时间，网站管理者乌布利希就非法敛财 8000 万美元。

随着销售规模及影响越来越大，"丝绸之路"引起了警方的注意，并启动了"马可·波罗行动"。但警方却无从下手，因为使用去中心化的比特币让交易很难被追踪，而访问网站采用的洋葱路由技术又像剥洋葱一样，一层又一层加密代理链接，追查起来异常困难，甚至警方近两年的卧底计划也失败了。直到 2013 年 10 月，警方才将乌布利希抓获。后来还相继出现了"丝绸之路"2.0 和 3.0，但也都很快被捣毁。

随着暗网上黑色产业链的繁荣，各种黑市平台不断涌现，如阿尔法湾、俄罗斯匿名市场、梦想市场、汉萨市场等四大暗网平台，其中人气最高的是阿尔法湾，其用户数是第二名的 5 倍。阿尔法湾创办于 2014 年，经营者是加拿大人亚历山大·卡兹（Alexandre Cazes），其目标是让阿尔法湾成为暗网上的 eBay（美国知名电商网站，类似淘宝）。为了保障安全，阿尔法湾采用了双重身份认证。但到了 2017 年 7 月，阿尔法湾的服务器被美国 FBI 和加拿大警方掌控，管理者卡兹在泰国被抓，不久在狱中自杀身亡。几乎同时，汉萨市场也被荷兰警方控制。

阿尔法湾作为超人气的网络黑市，提供的商品种类繁多，琳琅满目。数量最多的是毒品，紧随其后的交易商品是从各大网站泄露的各类账号数据和恶意软件。据知情者爆料，阿尔法湾关闭前，其毒品及非法药物记录超过 25 万条，身份数据及黑客软件数据 10 万条。网站上有大量位于德国的上万条电子邮箱及其登录口令数据，还有很多餐厅消费和支付记录、零售商网站的账号，以及用户在网站的个人数据，如姓名、年龄、出生日期、身份证号、电子邮件地址等。

比特币促进了暗网上的黑色产业链的蔓延，而黑产的繁荣也推高了加密货币的价格。2021 年，一枚比特币的价格一度超过 60 000 美元。无论是敲诈勒索的黑客，还是中东的恐怖分子，无不要求使用比特币支付。尽管各国警方一直在严厉打击暗网黑产平台，但旧平台被捣毁，新平台又不断冒出。时至今日，暗网上的黑产平台仍然是数字空间的顽疾，没有得到有效根除。

|"羊毛党"钻规则漏洞利用黑灰产业链套利|

每年到重大节日或关键节点，无论是在淘宝、拼多多，还是京东、苏宁易购等，都会推出声势浩大的促销活动，以及名目繁多的优惠码、优惠卡券、优惠红包。尽管这些活动能给消费者带来一些实惠，但其中猫腻套路也不少。另一方面，这也滋生了"薅羊毛"行为，即有些用户利用规则或技术漏洞，如假冒身份、虚假注册、修改软件等手段，进行灰色套利或非法获利。这些用户被称为"羊毛党"。羊毛党已经发展成黑灰产业链，不仅扰乱了正常的社会商业秩序，还可能给商家造成重大的经济损失。

数字空间身份伪造与操控

随着互联网规模的扩张，"互联网＋"正以惊人的速度向社会各行各业渗透，特别是网上银行、电子商务的崛起，身份识别与认证也逐步成为互联网的重要环节。IP 地址是最早用于标识用户身份的技术手段（实际标识的是用户使用的计算机终端）。为了更加方便标识用户身份，互联网行业开发了 cookie 技术，用来记录访问用户的身份 ID、用户访问网站的偏好参数设置，简化用户登录网站的手续。但这一机制安全性不高，有泄露用户隐私的风险。对于网上银行、电子商务等安全性要求较高的网站，需要更安全的数字身份认证，用户须主动注册自己的详细身份信息，特别是真实身份，如身份证、详细住址等。智能手机普及后，用户的手机号码又成了标识身份的重要方式。

基于网络的数字空间具有虚拟性特征，因此很多人在网上的身份信息，如用户名／网名、性别、年龄、地址等，都是随意填写的。比如说，以前QQ 上男多女少，于是有些人便把性别改为女的与别人搭讪。安道尔是位于西班牙和法国之间的一个不知名小国，但在微信上有 2000 万人将其选为网上国籍。为了隐匿自己的行踪，很多人使用网络代理或者加密路由，还使用修改 IP 地址的 IP 修改器。针对基于位置的服务，有人开发了虚拟定位软件，能将手机的 GPS 定位伪装成其他特定区域。此外，还有人通过技术手段（如手机号造假工具 GOIP、伪基站等）伪造虚假手机号码，以便实施电信诈骗或其他违法行为。

不少人还注册了多个用户身份或账号。一方面，不同的网站系统需要用户构建不同的账号或数字身份，如 QQ、微信、微博、淘宝等；但另一方面，让情况更加复杂的是，有些人在同一网站系统还可注册多个不同的账号，这被称为小号或者马甲。为了避免被系统察觉，很多账号的身份属性信息填写也各不相同。

为了防止被恶意薅羊毛，商家也煞费苦心，使用技术手段屏蔽羊毛党，比如使用手机号以及验证码进行身份识别与验证。但道高一尺，魔高一丈，一些专门薅羊毛的团伙还利用了规模化、自动化的设备——"猫池"。这是一种支持 GSM 或 CDMA 手机卡的调制解调器，可同时插入 8~256 张手机卡，常用于群发、群收短信以及群呼和网络注册账号。这原本是很多服务机构，如邮局、税务、海关、银行、金融公司等，用来服务客户的工具，但很多羊毛党却将其作为批量化薅羊毛的专业设备。类似地，有人将很多廉价手机组成"手机墙"，采用改机工具修改设备信息，如手机型号、MAC 地址、IMEI 码、GPS 定位、手机号，以伪造生成新设备，最后再以群控方式操控这些手机薅羊毛。

从网络及信息安全的角度来看，用户在网上应该实行实名制，这样不仅可以减少网络谣言和欺诈，还有利于遏制网络暴力、网络黑市等违法犯罪行为。2007 年 7 月，韩国为了遏制网络暴力而成为世界首个施行网络实名制的国家，但只施行了五年便彻底废除。最主要的原因是实名制导致公民个人隐私的大规模泄露，不仅没能减少网络暴力，反而引发了更严重的问题。

薅商家羊毛的"羊毛党"

"薅羊毛"这个词来源于过去穷人给富人家放羊时偷偷地扯每只羊身上很少的一点毛，最后积少成多而获利。2014年，广州一家新成立的互联网金融企业为了推广其理财产品，发行了两亿金额的各类优惠券，但绝大部分并没有进入市场，而是被一个5000人的团伙通过技术手段抢走了，这家公司也因此而倒闭。受2013年春晚小品中白云大妈"薅羊毛织毛衣"说法的影响，人们将这种利用线上金融产品红包推广活动而抽成赚钱的现象称为"薅羊毛"，其团伙被称为"羊毛党"。此后不久，"薅羊毛"跨出金融圈，渗透到社会各领域，如外卖优惠券、电商减免优惠、打车代金券、送话费或流量等诸多活动，都是"羊毛党"的目标。

按照行为轻重程度，"羊毛党"可以分为三大类。

第一类是按照平台优惠规则获取优惠并自用的普通消费者。消费者也可能加入微信群等松散组织，在法律允许的范围内获取正当的优惠信息或技能而获得收益，这属于正常的"白色羊毛党"。

第二类是不仅仅满足于利用平台优惠规则疏漏，还借助信息及技术优势，利用小号伪造身份、进行虚拟定位，或者隐匿IP地址等手段，在攫取优惠后再进行二次转卖、变现。这些基本上还是个人行动，即"羊毛党"中的个体户，其行为已可能违规违法，属于"灰色羊毛党"，甚至"黑色羊毛党"。

第三类是职业"羊毛党",利用专业设备进行大规模的伪造身份,再加上专门的平台和有组织分工的从业人员,形成了完整的产业链。这类"羊毛党"或研究系统规则漏洞,或利用黑客手段攻破系统,或有组织地刷单做任务,这些都已经涉嫌有组织违法犯罪行为,属于"黑产羊毛党"。

这类黑色产业链可分为上中下游。上游负责收集提供各种网络技术资源,例如大量手机卡和动态代理等。中游主要负责开发定制大量黑产工具和平台,比如卡商通过"猫池"甚至规模更大的"手机农场"提供数以万计的手机卡号,专门提供接收手机登录验证码的"接码平台""任务分发平台",招募人员"接任务,领赏金",任务包括从注册账号、认证、关注账号,到领取新手优惠、投票、刷单等。只要完成任务要求并提交,就能够获得不等的赏金报酬。这些自动化手段组合起来就形成了完整的"薅羊毛"产业链。在产业链下游,还有人将"薅羊毛"的成果交易变现,这其中就涉及众多的黑灰色网络交易和支付渠道。

"羊毛党"通常会通过研究分析交易平台,发现并利用系统漏洞。2019年1月20日凌晨,有黑灰产团伙发现拼多多平台一个过期的优惠券漏洞,盗取了数千万元平台优惠券,进行不正当牟利。"羊毛党"利用系统漏洞通过非正常途径就可以自己生成二维码,扫描后就可以领取一张100元的优惠券。而拼多多平台的规定是,每个认证信息的用户仅可领取一张优惠券。随后,拼多多以"套券诈骗"为名向警方报了案。

还有一个案件是大学生利用肯德基的优惠券系统漏洞免费吃快餐。2018年,大学生徐某在肯德基点餐时,发现了其APP客户端与微信客户端存在数据不同步的漏洞。他先在APP上用优惠券下单,暂不支付,再到微信客户端通过退款操作退回兑换券。而APP客户端订单仍继续使用原来的优惠券继续支付,获得取餐码。这样他既能获得一份套餐,还"薅"到一份新的兑换券。不仅如此，徐某还将此"秘诀"传授给他的4名同学，并将优惠券倒卖，形成了"薅羊毛团伙"，给企业造成了20万元损失。徐某于2021年被上海法院判处2年6个月有期徒刑。

"羊毛党"主要是随着商家为了促销或吸引客户而开展的商业经营活动出现的。从目标宗旨来看，商家还是希望有常规"羊毛党"的踊跃参与，他们对于平台用户和交易规模的扩大有着重要的推动作用。但第二类、第三类"羊毛党"，往往会给商家带来重大的经济损失。因此，商家需要采取技术和管理手段严格防范，也可通过法律途径打击这类行为。

为虎作伥的跑分平台

暗网上的黑色产业链主要使用比特币之类的加密货币作为资金转移或支付手段，但加密货币已被我国政府禁止交易使用。国内的黑色产业组织，如电信诈骗、在线赌博、色情欺诈等，要将黑产赃款变现，若使用正常的金融渠道就会很容易被发现。为了规避金融监管，互联网上滋生了洗钱工具——"跑分平台"。

所谓"跑分"，是指网络平台以高收益为诱饵，让用户交纳保证金以换取一定的积分，保证金通常从200元到500万元不等。用户利用自己的微信支付、支付宝账户，通过二维码或银行卡替别人收款转账，当用户完成资金"一进一出"的流程后，就可从中赚取一定比例的佣金（通常为1%～2%），并扣减用户账号中的相应积分。这些转账往往是为黑灰产业团伙（诈骗、赌博等）洗钱，有些还涉及境外赌博和诈骗案件。而跑分平台就是为"跑分"搭建的专门的网站或APP，主要功能包括发布订单、"抢订单"、实施收款交易等。其运作模式类似于网约车的"抢单"。目前主流的跑分平台有微信跑分、支付宝跑分、银行卡跑分，以及拼多多跑分平台。

这些跑分平台的各个环节分工明确，已形成了完整的黑灰产业链。

在网上招募兼职是"跑分"的主要推广方式，很多网站都有大量招"跑分"兼职的项目。招募者利用人们"贪小便宜"的心理，宣称"跑分"项目来钱快、回报高，不少年轻人，特别是在校大学生，也参与其中。加之疫情期间很多人没有了收入来源，网上兼职对于他们来说就愈发具有吸引力。

尽管"跑分"可能给用户带来一定的收益，但风险还是很大的。

首先，用户需要注册跑分账户和个人基本信息，并提交自己的微信支付或者支付宝的收款码，以及银行卡信息。有些平台还需要绑定银行卡账户，甚至实名等。这些信息都要上传到跑分平台，但跑分平台本身就不正规，或涉嫌非法，那么用户数据和信息就很难保证不被平台泄露，或者被滥用。一旦发生这种情况，用户将很可能遭受重大损失，比如个人信用受损、接到骚扰电话、短信及垃圾邮件、遭受电信诈骗、银行账户密码被盗，甚至利用用户的身份骗取贷款等。

其次，"跑分"行为扰乱了国家支付结算体系和社会秩序。收款码如被不法分子利用，金融监管部门就可能监测到你的账号上发生的不明来源资金转账，既可能提示账户异常，还会冻结你的支付账号和银行账户，损害个人的合法权益。另外，"跑分平台"都是非法的，交纳的保证金不受法律保护。很可能你刚交完保证金，第二天就被拉黑，或者前几天给你的佣金颇丰，不久平台跑路，让你的保证金血本无归。

最后，在"跑分"过程中，很多用户也不清楚转账资金的来源和去向，自认为没有做什么违法的事，但实际上，你已经不知不觉地帮助违法团伙洗白了资金，起到为虎作伥的作用。如果用户明知自己转账资金的性质，那就触犯了《中华人民共和国刑法》第一百九十一条。《刑法修正案》列举了洗钱的五种情形：提供资金账户的；协助将财产转换为现金、金融票据、有价证券的；通过转账或者其他结算方式协助资金转移的；协助将资金汇往境外的；以其他方法掩饰、隐瞒犯罪所得及其收益来源和性质的。所以，我们要时刻警惕"跑分"陷阱，不要被眼前的蝇头小利所迷惑，注意保护个人隐私。

参考文献

[1]　乔治·奥威尔.一九八四 [M].唐建清，译.北京：人民文学出版社，2012.

[2]　揭秘：棱镜计划 [EB/OL].中国日报网.（2013–06–19）.http://www.china-daily.com.cn/hqzx/2013–06/19/content_16637738.htm.

[3]　刘创.黑客简史：棱镜中的帝国 [M].北京：电子工业出版社，2015.

[4]　方兴东，张笑容，胡怀亮.棱镜门事件与全球网络空间安全战略研究 [J].现代传播（中国传媒大学学报）.2014（1）.

[5]　汪德嘉，等.身份危机 [M].北京：电子工业出版社，2017.

[6]　RICHARD CLARKE, MICHAEL MORELL, GEOFFREY STONE, CASS SUNSTEIN AND PETER SWIRE. Liberty and Security in a Changing World [R]. Report and Recommendations of The President's Review Group on Intelligenceand Communications Technologies. 2013–12–12.

[7]　美国《自由法案》通过公民并不自由世界仍被监听 [N].人民日报海外版.2015–06–07.

[8]　帆帆.大数据时代信息监控 VS 个人隐私世界各国怎么做 [N].北京青年报.2016–03–21.

[9]　高珮菁."棱镜"透出多国"监控秘密"[J].青年参考，2013–06–26.

[10]　Brittany Kaiser. Targeted: The Cambridge Analytica Whistleblower's Inside Story of How Big Data, Trump, and Facebook Broke Democracy and How It

Can Happen Again[J]. Harper，2019–10–22.

[11] DeepTech 深科技 . "剑桥分析" 究竟如何通过 "点赞" 来影响投票倾向 [EB/OL]. 搜狐网 .（2018–04–04）. https://www.sohu.com/a/227309674_354973.

[12] Hannes Grassegger, Mikael Krogerus. The Data That Turned the World Upside Down[EB/OL].VICE.（2017–01–28）. https://publicpolicy.stanford.edu/news/data-turned-world-upside-down.

[13] 温绚 . 哲学笔记：黑客帝国 [EB/OL]. 知乎专栏·苍穹耳语 .（2016–05–12）. https://zhuanlan.zhihu.com/p/20828156.

[14] 孟岩 . "黑客帝国" 和 "楚门的世界" [EB/OL]. 少数派网 .（2020–10–14）. https://sspai.com/post/63161.

[15] Adam D. I. Kramer, Jamie E. Guillory, and Jeffrey T. Hancock. Experimental evidence of massive-scale emotional contagion through social networks[J]. Proc Natl Acad Sci USA (111:8788–8790，2014–06.

[16] 胡敏娟 . 你的手机不是手机是个狡猾极了的智能陷阱 [EB/OL]. 成都商报电子版 .（2020–10–17）. https://e.chengdu.cn/html/2020–10/17/content_686487.htm.

[17] Zoon. 如何评价 Netflix 纪录片《监视资本主义：智能陷阱》[EB/OL]. 知乎专栏·小活字 .（2020–10–11）. https://www.zhihu.com/question/420746734/answer/1536663363.

[18] 沈虹 . AI 社会学丨至此，一个算法客观的时代过去了 [EB/OL]. 澎湃新闻 .（2020–12–02）. https://www.thepaper.cn/newsDetail_forward_10232077.

[19] 吴佳黛 . 微信传播中的信息茧房现象探析 [J]. 学习月刊，2019（08）：48–50.

[20] 方可成 . 算法导致 "茧房" 和 "回音室" ？学术研究的结果可能和你想象的不一样 [EB/OL]. 知乎专栏·新闻实验室 .（2019–07–02）. https://zhuanlan.zhihu.com/p/71844281?utm_source=wechat_session&utm_medium=social&s_r=0&from=singlemessage&isappinstalled=0&wechatShare=1.

[21] 郭小安，甘馨月."戳掉你的泡泡"——算法推荐时代"过滤气泡"的形成及消解 [J]. 全球传媒学刊，2018（2）.

[22] 漂移神父. 我被美团会员割了韭菜 [EB/OL]. 新浪财经·自媒体综合.（2020–12–14）. https://finance.sina.com.cn/chanjing/cyxw/2020–12–17/doc-iiznezxs7345623.shtml.

[23] 喻玲. 算法消费者价格歧视反垄断法属性的误读及辨明 [J]. 法学，2020（9）.

[24] 郑志峰. 警惕算法潜藏歧视风险 [J]. 光明日报. 2019–06–23.

[25] 陈根. 美团杀熟，大数据割韭菜的冰山一角 [EB/OL]. 腾讯新闻·钛媒体 APP.（2020–12–19）. https://baijiahao.baidu.com/s?id=1686477890297805197&wfr=spider&for=pc.

[26] 曹培信. 美国第三大保险公司坐实"杀熟"！保费算法文件曝光，建立冤大头列表，榨取惊天利润 [EB/OL]. 微信公众号：大数据文摘.（2020–03–30）. https://mp.weixin.qq.com/s/wC4GK0XdZ4t117n1aIAPgg.

[27] 周文君. 大数据杀熟：投之以元宝，它报之以砍刀 [EB/OL]. 搜狐号·帝尊财经.（2020–09–02）. https://m.sohu.com/a/416146149_120474825?spm=smwp.content.content.3.1608375941318HGzT62p.

[28] 杨净. 斯坦福被炮轰：用算法分配 5000 支新冠疫苗，医护人员只有 7 支 [EB/OL]. 量子位.（2020–12–20）. https://baijiahao.baidu.com/s?id=1686584117188458171&wfr=spider&for=pc

[29] 算法偏见：看不见的"裁决者" [EB/OL]. 腾讯企鹅号·腾讯研究院.（2019–12–19）. https://new.qq.com/omn/20191219/20191219A0P3US00.html.

[30] 刘培，池忠军. 算法的伦理问题及其解决进路 [J]. 东北大学学报（社会科学版），2019（2）

[31] 赖祐萱. 外卖骑手困在系统里 [EB/OL]. 微信公众号：人物.（2020–09–08）. https://mp.weixin.qq.com/s/Mes1RqIOdp48CMw4pXTwXw.

[32] 广大.《算法霸权》与大数据时代的正义 [EB/OL]. 知微数据 .（2020–09– 12）. https://www.thepaper.cn/newsDetail_forward_9109949.

[33] Mike Walsh. 当算法加剧了不平等，普通人还有上升空间吗 [EB/OL]. 微 信公众号：哈佛商业评论 .（2020–12–07）. https://mp.weixin.qq.com/s/ YK8Oj5f7vYCbrPlnBph69g.

[34] 汪思颖 . 历经五次迭代，看饿了么方舟智能调度系统如何指挥 300 万骑手 [EB/OL]. 雷锋网 .（2018–05–21）. https://www.leiphone.com/news/201805/ QFzSbC368B2W5WNR.html.

[35] 孙萍吗，付堉琪 . 外卖骑手"打工人"：被注视的劳动，被异化的生活 [EB/ OL]. 澎湃新闻 .（2020–10–26）. https://www.sohu.com/a/427388119_260616.

[36] 陈磊 . 2019 年国内外数据泄露事件盘点——个人信息保护刻不容缓 [EB/ OL]. 绿盟科技官网 .（2020–01–07）. http://blog.nsfocus.net/inventory-of- data-breaches-at-home-and-abroad-in-2019/.

[37] 柴静 . 盘点！ 2020 年全球窃密泄密事件 [EB/OL]. 微信公众号：保密 观 .（2020–12–28）. https://mp.weixin.qq.com/s/SSPGoyFHEpf-JOp9AzxoSg.

[38] 万佳 . 1.39 亿数据泄露仅排第 10，2019 年数据泄露事件有多疯狂 [EB/ OL]. 微信公众号：架构头条 .（2019–12–26）. https://mp.weixin.qq.com/ s/3pvdWMuDmMrQJT1AEFcPWA.

[39] 盘点：全球政府机构十大网络安全事件［EB/OL］. 小米资源网转自安全 内参 .（2020–07–13）. https://xiaomibk.com/8710/

[40] 李桐佑 . 厄瓜多尔遭遇史上严重数据泄露事件：涉两千万人 [EB/OL]. 环球 网 .（2019–09–17）. https://world.huanqiu.com/article/9CaKrnKmSDs.

[41] 陈良贤 . 十年数据泄露事件大观："互联网 +"时代，无人能自保 [EB/ OL]. 新浪科技网转自澎湃新闻 .（2018–12–28）. https://tech.sina.com.cn/ i/2018–12–28/doc-ihqhqcis1106094.shtml.

[42] 伟辰 . 美国开放银行应用 Dave 数据泄露启示录 [EB/OL]. 移动支付网 .（2020– 09–04）. https://m.mpaypass.com.cn/news/202009/04094905.html.

[43] 白帽汇.开曼群岛国家银行疑似被窃取 2TB 数据 [EB/OL].Freebuf.（2019–11–21）. https://www.freebuf.com/column/220872.html.

[44] 周涛.南非出现重大数据泄露事故,多达 2400 万人个人信息被窃取 [EB/OL].央视新闻.（2020–08–21）.http://m.news.cctv.com/2020/08/21/ARTI-rayZ21wBJIkNrmf8hGTl200821.shtml.

[45] Datasecurity.深度解读：Verizon 2020 年数据泄露调查报告 [EB/OL].Freebuf.（2020–06–18）.https://www.freebuf.com/column/240642.html.

[46] 徐辰烨.金立手机植入"木马"非法获利 2700 余万你的手机中招了吗 [J].财经,2020–12–28.

[47] 数多多.数据泄露的危害有多大？该怎么保护我们的数据信息安全 [EB/OL].微信公众号：GDCA 数安时代数字证书.（2020–05–14）.https://mp.weixin.qq.com/s/ipjYxH-YUvK1MhTl1b9tYg.

[48] 小菲.我国当前网络诈骗现状分析报告（上）——电信诈骗 [EB/OL].知乎.（2017–08–08）.https://zhuanlan.zhihu.com/p/28383223.

[49] 实习小苏.一个黑客的基本素养——社会工程学 [EB/OL].雷锋网.（2017–06–05）.https://www.leiphone.com/news/201706/q3svIm4mun7ROL4X.html.

[50] 孙毛毛.双刃剑与灰色地带："泄露数据收藏家"的素描 [EB/OL].Freebuf.（2016–9–27）.https://www.freebuf.com/news/114337.html.

[51] 孟妍."社工库"网站成人肉搜索工具遭举报 [N].北京青年报,2014–06–11.

[52] 洛姆街 11 号.深网：它是什么以及如何访问它 [EB/OL].loomstreet.（2019–01–20）.https://zhuanlan.zhihu.com/p/66887177.

[53] 史中.暗网上的性、暴力、毒品,你所有的野心和向往（上）[EB/OL].雷锋网.（2015–12–04）.https://www.leiphone.com/news/201512/6t60hXsqX-2iYYugg.html.

[54] 谢么.29 岁两年狂赚 77 亿,35 岁被判终身监禁,暗网"丝绸之路"缔造者的末路 [EB/OL].雷锋网.（2017–06–01）.https://www.leiphone.com/

news/201706/5H2077vBXIwB6X0G.html.

[55] 饭团君 . AlphaBay：目前全球"人气最旺"的暗网黑市 [EB/OL]. Freebuf
转自 Softpedia.（2016–05–27）. https://www.freebuf.com/news/105479.html.

[56] 邦盛科技 . 揭开"薅羊毛"江湖背后的营销欺诈 [EB/OL]. 搜狐网 .（2020–
09–30）. https://www.sohu.com/a/421930294_569688.

[57] 秦鹏博 . 互联网法治 / 网络"薅羊毛"行为的法律探析 [EB/OL]. 澎湃新
闻·澎湃号·政务 .（2020–09–14）. https://www. thepaper.cn/news Detail_
forward_9175195.

[58] 李磊 . 羊毛党来了, 互联网企业如何防作弊 [EB/OL]. 知乎 .（2020–08–09）.
https://zhuanlan.zhihu.com/p/157642115.

[59] 一峰 . 大学生利用肯德基漏洞"薅羊毛"20 余万元, 因此获刑冤不
冤 [EB/OL]. 网 易 .（2021–05–11）. https://www.163.com/dy/article/G9O-
76CAO0551MJQ6.html.

[60] 张欣健 . 中国人民银行发布提示：警惕"跑分"陷阱避免沦为犯罪帮凶
[EB/OL]. 半岛网 .（2020–04–07）. http://news.bandao.cn/a/360477.html.

[61] 李辉 . 黑灰产的廉价"温床"——跑分平台 [EB/OL].IT 经理网 .（2020–05–
25）. https://www.ctocio.com/security/communication/31921.html.

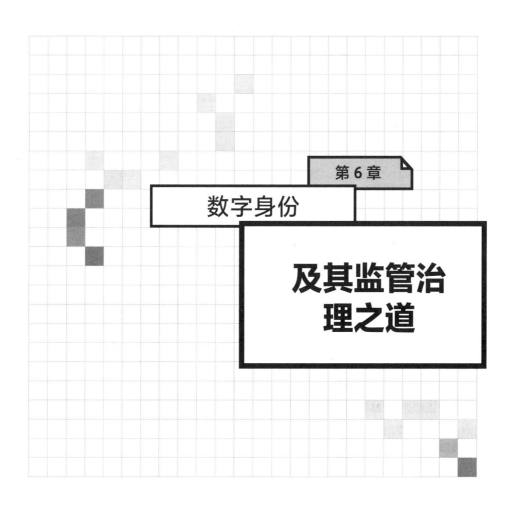

第 6 章

数字身份

及其监管治理之道

数字身份技术复杂，相关参与方众多，对其治理不仅需要个人加强保护，还需要企业自律，更需要政府部门建立多元治理体系，对各参与方进行监管治理，这就涉及法律法规、政策或标准，还有监管执行机制，以及网络及信息安全技术。在中国传统文化中，"道"与"术"是处理问题的方法论。"道"是对万事万物运转与发展的系统性、整体性概括，它是宏观视角下事物的运转法则；而"术"谓道之用，即具体技术、方法及工具。"道自有轨，术循于道，识其道方能施其术。"中国传统文化强调的治国齐家、修身养性，无不需要遵循"道"与"术"而展开。数字身份的治理之"道"在于明确治理对象，分析其特性，研究其治理模式，并确立监管治理的导向价值观及策略方法论等。

数字身份的治理对象及其特性

个人数据是数字身份治理的核心对象和内容，很多互联网应用的个人数据及隐私保护条款都体现在其隐私使用政策上。互联网平台及手机 APP通常都是通过算法对个人数据进行商业开发和价值挖掘。可见，身份治理的对象还要包括算法及其调用的应用程序接口。这其中重要的一点是，网络安全是数据安全的根本保障。

用户身份数据和隐私政策

个人数据是数字身份治理的核心对象，这些都是每个人在使用数字设备过程中源源不断产生的，其中包含大量个人隐私。在过去的熟人社会关系中，人们大多相互熟悉彼此的情况，很少有隐私的概念，甚至很多人还把隐私与"见不得光"或者不诚信等同。明代甚至用专门的《知丁法》来规定邻居之间必须知道彼此的隐私。随着城市化和工业化的发展，社会结构的变化使得人与人之间的关系开始疏远，形成了陌生人社会关系，隐私的概念也就随之产生。而不同文化对待隐私的态度的差别也很大，比如在餐厅结账付款，东方社会的很多人都是直接问金额，但西方社会认为这也是隐私。

数字空间的个人隐私与物理空间有着明显区别。数字化使个人数据的采集范围和效率大大提高。无论是在工作、娱乐，还是衣食住行中，我们都在不知不觉中产生了大量隐私数据，这些数据包括健康信息、犯罪记录、财产状况、性取向等，还有些比隐私更隐秘的鉴权信息，像银行账户/口令等，直接关系到生命财产安全。还有通过智能终端 APP、传感器等感知设备搜集分析得到的个人偏好信息，如性格特征、业余爱好、购物习惯、聊天信息、位置数据等，也关系到个人的切身利益。

个人数据权利归属和利益关系错综复杂。数据是用户产生的，按理说数据所有权应归用户，但平台利用复杂技术手段感知汇集数据，智能算法处理和分析数据，并且实际控制着数据以及数据价值开发需要的复杂生态链。因此，身份治理还涉及数据的采集、确权、流动交易、隐私保护及身份验证，还有很多利益相关方。

个人信息都是呈碎片化散布在网上，不仅个人使用麻烦，也不利于治理，国家层面的数字身份有利于统一身份认证，并对数据进行归集汇聚。我国正在试验以实体身份证信息为根的数字身份解决方案，如公安部第三研究所推行的 eID 和第一研究所推行的 CTID，是当前我国正在推行的数字身份方案。统一数字身份有利于监管部门对个人数据进行智能监管，确保个人身份数据的权威性、合法性、真实性和安全性。

用户是个人数据的主体。很多 APP 在进行安装时，都要求用户先签署一份提前拟定的用户隐私使用协议，篇幅通常从 6000 字到 20 000 字，格式章节层次嵌套，晦涩难懂，一般用户读完大概需要半小时以上。据调查统计，大部分用户（73.3%）都不会花时间去仔细阅读弹出窗口中的隐私使用条款，而是习惯性地选择"同意"后直接安装 APP。用户这样轻轻一点，就把获取隐私的权利轻易地交给了 APP，但用户不知道的是，自己究竟同意了哪些权限，这些权限是不是系统功能实现所必需的，商家拿这些数据都在做些什么。在现实世界中，如果你去超市或商场购物，如果经营者要求你必须出示并复制你的身份证件，并让你授权他们获取你的兴趣偏好等隐私信息，你肯定不会答应。但在数字空间，这已经成为了行业普遍的潜规则。

企业及法人数字身份信息也是重要的治理对象。全球法人机构识别编码是按照国际标准《金融服务法人机构识别编码》（ISO 17442：2012）为法人机构分配的由 20 位数字和字母组成的唯一编码，这是用于标识参与国际金融交易法人机构的数字身份系统，目前已经覆盖了包括 G20 和我国在内的 220 多个国家和地区，在很多国际化系统及其互操作等方面得到广泛应用。另外，我国的工业互联网标识解析体系也提出了一个企业数字身份体系。企业"数字身份证"不仅可以作为企业身份和数据资源监管治理的基础，也是在市场、金融、保险等领域实现数字化监管的基础设施。

数字身份治理不仅限于人，还包括网络中各种软硬件设备，特别是对于物联网中的各种智能设备，一旦被网络黑客攻破，将会肆意窃取个人或组织数据，获取公民的敏感信息。根据 Symantec 测试，智能手环的运动传感器可准确定位用户位置。另外，车联网不仅要识别车内设备，还需要识别车外环境的物体，这些信息不仅关系到驾驶者个人的隐私安全，甚至会对国家安全构成威胁。因此，对物联网、车联网的身份数据治理具有更重要的意义。

算法伦理和 API 使用治理

推荐算法可通过分析用户数据获取其个性化需求，这对于构建网络内容和服务生态来说极为关键。有历史学家认为，算法已成为当今世界最重要的概念，21 世纪将是算法主导的世纪，可见算法对人类社会的影响之大。

很多人认为，算法是一种客观、中立的技术。如果算法能够被公正的人设计和控制，那可以减少人为干预和错误，也可以为社会公正增加了一种新途径。通过算法控制的办事流程可以避免情绪性刁难或人情干扰，比如美国司法部门使用算法随机抽取陪审团人员名单，其他还有法院审前量刑助手、欺诈检测、交通管理、招聘面试等。

但在实际应用中，算法设计者的偏好和倾向将直接影响着算法。当前平台算法往往具有黑箱性质，系统运行的逻辑还具有不可解释性。从社会公正的角度来看，应该打破算法的这种黑箱模式，实现某种程度的透明化，让算法具有一定的可解释性。算法透明化是算法治理的重要手段。但数字企业对此持反对态度，他们认为算法属于私有财产，算法透明化将会泄露其"商业秘密"。另外，还有人认为，算法透明化会暴露系统的弱点，有被黑客恶意利用的可能性，进而削弱系统的安全性，带来新的未知问题。

平台算法的另一影响因素是其商业模式，而商业模式通常是利益导向的，定价歧视、流量限制等都是商业模式在算法中的体现形式。通过对商业模式的监督和监管也可以实现对算法的治理，特别是对于垄断性网络平台，不仅需要强化反垄断调查和执法，还需要通过建立算法伦理规范和商业道德准则进行治理，促使网络巨头履行相应的社会责任。

平台 API 及其调用也是重要的治理对象。API 调用者的环境通常被认为是值得信任的，所以被允许访问用户数据，完成设定的功能和操作。但如果 API 的安全防护出现问题，就可能发生数据泄露事件。2020 年 3 月，新浪微博 5.38 亿用户数据被泄露，事后发现是新浪微博系统的用户查询 API 被恶意调用而导致的。河南商丘市大学生逯某自 2019 年 11 月起，通过淘宝网商品详细信息接口获取了淘宝用户的数字 ID 和昵称，并通过淘宝分享接口获取淘宝客户手机号信息，然后通过网络倒卖获利。在 8 个月时间里，其盗走的数据高达 11.8 亿条。

网络和数据安全

近年来，随着个人数据泄露事件的不断增加，网络和数据安全问题已经成为全社会关注的话题。数据安全强调数据全生命周期内的安全性与合规性，是治理的目的；而网络安全的防护范围侧重计算资源和设施，是保障数据安全的重要手段。

在发现的数据泄露事件中，最主要的原因是黑客攻击。其中各种网络攻击，如网络钓鱼、系统后门或漏洞、恶意软件等，是最重要的攻击手段。除了黑客之外，单位内部员工或"内鬼"，以及合作伙伴的非法访问也是数据泄露的重要途径。因此，数据安全治理的对象不仅包括网络、服务器、操作系统等软硬件设施，还包括大数据、中间件、云计算等系统软件，很多数据泄露都是由于系统漏洞或数据库系统的配置错误造成的。

数据安全需要通过网络和信息安全技术来强化。尽管网络安全防护手段层出不穷，但数据泄露事件还是有增无减。这在很大程度上与当前普遍使用的网络安全模式有关，这种模式强调网络边界的安全防护，但忽视了网络内部的安全认证。近年来兴起的零信任安全架构是一个安全防护的新思路，它从范式上颠覆了传统的访问控制模式，即打破了以网络边界为中心的防护模式，转变成以身份为中心的模式，其本质上是通过强调身份认证，将数据资源放到安全防护的中心地位，不再差异化信任网络内部和外部，从而加大了黑客潜伏进入的成本与代价。

各种网络终端，如电脑、平板和智能手机，以及其上运行的各类软件APP、数据等，都属于数据安全的治理范围，这其中最关键的是这些设备的使用者或用户，他们不仅是身份信息的最终管理者，还是各种治理措施的执行者。此外，各种新型数据窃取手段层出不穷，比如将木马植入共享充电宝、利用公共 Wi-Fi 窃取个人数据等。因此，这些手机辅助设施也应纳入治理监管范围。

数字身份的治理模式与演变

身份治理模式就是采用什么样的组织机构和存储方式对用户身份信息进行管理和控制。自互联网出现以来，用户身份管理模式在不断地演变，先后出现了中心化身份管理、去中心化的联盟身份治理，还有以用户为中心的身份和自主主权身份管理等，这些模式与当时的技术水平、人们的认知及经济社会条件有关。

中心化集中管理模式

微软公司首席身份架构师金·卡梅伦（Kim Cameron）说过："互联网架构没有身份层。"互联网寻址体系识别的是网络上的物理终端，即计算机，人并非网络上的端点。计算机在网络中的 IP 地址和网站的域名，就是由政府权威机构统一管理和认证的身份体系。这套体系最早是由互联网数字分配机构（IANA）管理，之后增设互联网名称与数字地址分配机构（ICANN）行使相应职能。自 1995 年起，证书颁发机构通过发放数字证书，帮助互联网商业网站证明其身份。这就是以机构为中心的集中管理模式。

当你使用电子邮箱、社区论坛、电商、游戏等各种不同的应用和服务时，网站系统需要识别用户身份，这就需要建立身份管理系统，用户需要首先向网站系统申请注册一个账号，网站将让你签署一份用户协议，并把自己的身份信息上传到网站服务器上，将你的身份信息的管理和使用权让渡给网站管理系统，网站系统就分配给你一个账号，通常为用户名 / 口令，从而可以登录使用网站提供的服务。这种身份管理采用的也是中心化身份管理模式。

中心化身份管理模式允许管理机构对用户身份信息拥有完全的控制权，即网站全面负责用户身份的颁发、验证鉴别等，用户被置于弱势地位，完全没有发言权。另外，管理机构还有权随时授予或撤销用户权限，甚至关闭或删除用户身份账号，从而完全清除一个人的在线身份数据，而这些数据有可能是一个人多年积累的。

中心化身份管理模式的另一个严重的弊端是用户身份信息的碎片化。不同网站平台（如淘宝、微信、QQ 等）所需的用户身份属性信息不尽相同，为此，很多平台都独自构建数字身份系统，彼此之间还不能互通。用户在使用不同网络服务时需注册多个账号，并多次提交身份属性信息。比如，淘宝账号不能登录 QQ，京东账号也无法登录亚马逊。这不仅给用户带来了"多账号痛点"，也导致了用户身份信息在互联网中过度"共享"。

去中心化治理模式

针对中心化身份治理的弊端，互联网身份工作坊提出了第三方机构身份管理方案，即通过引入身份提供商（identity provider，IdP）对用户进行跨平台 / 机构的统一管理，将数字身份的颁发和验证这两种操作解耦，使用户获取跨平台、跨部门的互联网服务。在基于 IdP 的身份体系中，用户向 IdP 提交个人信息进行注册，当用户发起网站系统登录请求时，由 IdP 向与之关联的网站系统提供用户身份认证。这样，用户使用一套用户名 / 口令即可实现多个网站平台登录，即单点登录，提升了用户体验。尽管第三方机构也可能采取集中方式管理身份，但在模式上已经开始从集中管理向多元治理转变，具有了去中心化身份治理模式的某些特征。

20 世纪末，商业性网络机构开始推行去中心化身份治理模式。1999 年，微软公司在其 .net 战略中提出联盟身份方案，即通过多个管理机构组成联盟来进行身份管理，这就是微软公司的 Passport 身份认证体系。但联盟成员之间的权利并不是完全平等，微软公司是联盟的盟主，这种治理模式还具有 IdP 身份的某些特征。为了挑战微软公司，太阳微系统公司于 2001 年与多个互联网机构组成了"自由联盟"，身份管理机构被分成若干个平等的联盟实体。

该联盟通过为身份提供一定程度的可移植性来解决中心化身份治理的"多账号痛点"问题，但这种可移植性仍然依赖联盟身份提供者的权力，并加剧了个人数据的中心化垄断，删除联盟账户对用户所产生的损害也更深远，还为黑客准备了更大规模的数据，数据安全风险和隐患更大。

更可靠的去中心化身份管理模式是基于区块链技术的数字身份。区块链技术具有的不可篡改、公开透明、安全可靠等特性，很适合建立去中心化的可信数字身份体系。每个用户可以直接登记在区块链或分布式网络上，而无须向中心化注册机构申请。用户通过加密方式提供个人信息即可实现身份鉴别认证，保障用户数据和隐私的安全。

去中心化数字身份可以采用公链，也可以使用联盟链或其他分布式技术。公链是完全的去中心化技术，而这也是比特币的技术基础。国外有不

少机构在开发基于公链的身份项目，如 ShoCard、Civic、Everny、Sovrin
等，还有微软公司的身份覆盖网络。但公链的缺点是运行效率很低，特别
是当用户规模非常庞大时，要全网达成共识，成本很高。另外，所有人都
可读取数据库，数据安全和隐私存在隐患。联盟链类似于前面提到的联盟
身份，使用修改规则的区块链结构，即内部指定若干预选节点为记账人，
生成区块由预选节点决定，其他的节点主要参与交易，不过问记账过程。
基于联盟链的数字身份系统效率较高，但联盟链记账节点有限，数据被修
改的可能性较高。我国公安部的数字身份 eID 和 CTID 方案，都分别发布了
区块链方案的白皮书，在技术路径上都基于联盟链。

去中心化身份模式有多种实现方式，目前关注最多的是去中心化身份
标识（DID），这个 DID 目前特指由万维网联盟主持开发的互联网去中心化
身份技术。DID 是由其所有者创建的字符串组成的身份标识符，这是一种
全球唯一的地址标识符，它指向写有与用户身份相关属性信息的 DID 文档，
具有全局唯一性、高可用性、可解析性以及加密可验证性，不依赖于任何
中心化权威机构。去中心化身份规范还包括万维网联盟开发的可验证凭证
规范、重启可信网络工作组的身份验证规范 DID Auth、结构化信息标准促
进组织的分布式密钥管理 DKMS 规范，以及去中心化身份基金会的消息通
信协议 DIDComm。

目前，去中心化身份标识标准规范还在制定中，很多互联网企业和金
融机构都在积极参与标准的制定，并开发了相应的技术方案。

以用户为中心的治理模式

无论是从技术角度还是从法律角度看，中心化身份以及联盟身份模式
的用户身份信息都不属于用户自己。随着用户数据泄露和数据滥用等问题

的日益突出，人们逐渐意识到，让用户成为数字身份的中心，拥有并控制自己的身份的需求越来越突出。为此，人们提出了以用户为中心的身份治理模式。

2000 年前后，增强社交网络项目就提出"在线公民身份"理念，让用户拥有"永久的在线身份""每个人都有控制自己数字身份的权力"。项目目标是创建一个互联网身份系统，使用户能够实现跨机构和社会边界的共享和交互，以便加强公民在网络社区中的联系和自我组织能力，更好地参与社区及社会治理。

2005 年，互联网身份工作室正式提出"以用户为中心"的身份模式。这一模式强调身份治理应把用户放在第一位，其中提出的用户授权和互操作性两个要素，可方便用户将身份从一个服务共享到另一个服务。互联网身份工作室资助并开发了其他创建数字身份的标准协议，如开放认证标准、开放授权协议，以及在线快速身份认证标准等。与 DID 身份规范类似，开放认证标准也采用 URL 格式提供身份验证。这些标准都是从用户使用的便利性出发，简化了身份验证的复杂程度。

"以用户为中心"的身份治理模式倡导用户对自己身份的控制。互联网身份工作室曾提出相关治理方案计划，但并没有成功。主要原因在于，如果不依赖身份认证机构，由用户个人独自构建数字身份系统门槛就会很高。因此，大部分用户还是选择一家可靠的服务网站长期托管其数字身份，比如 Facebook Connect 在为 Facebook 会员提供身份托管和验证服务时，允许用户身份在其他社交网站上登录使用。但由于 Facebook 作为身份的唯一托管商，有权利关闭或删除用户身份账号。2021 年美国总统交接前夕，时任美国总统特朗普的 Twitter 和 Facebook 账号就被关停。这让欧洲各国都感觉到言论自由的基本权利受到了威胁，因为欧洲互联网主要由美国跨国巨头掌控。另外，由于利益驱动，当用户数据从一家网站数据库移动到另一家数据库时，很可能会发生有意或无意的数据泄露。

为了让用户自己掌控其数字身份，美国 Block Stream 公司的克里斯托弗·艾伦（Christopher Allen）提出自主主权身份（Self-Sovereign Identity，SSI），其核心理念是用户完全控制个人身份的使用及真正控制，用户成为自己身份的支配者和管理中心，同时还能拥有安全性和完整的可移植性等。这种治理模式是将线下的身份管理模式搬到线上，也就是说，数字身份也可以像身份证、护照等一样，放在用户信任的"数字身份钱包"里，由个人管理和控制。当需要获得服务时，用户再将数字身份复制或共享出来，交给网络服务或中介平台有条件地使用。数字身份钱包可以存储在手机、信用卡、手环等物品的智能芯片中，而很多公司也都推出了自己的数字身份钱包，如 ArcBlock 发布的 ABT 钱包、基于以太坊的 uPort 等。

SSI 治理模式既是一种以用户为中心的治理模式，也是一种去中心化的治理模式，主要区别在于视角不同。SSI 体现的是用户视角下的个人自主控制数据的价值取向，而 DID 治理的出发点是体系架构及其实现方式，两者相辅相成。SSI 可采用基于区块链的 DID 技术，这也是当前数字身份治理模式的主流趋势，国内外已有不少机构和企业都投入大量资源对 SSI 和 DID 进行研发。

SSI 还具有全球性，DID 全球性唯一标识符将有助于 SSI 进入国际身份管理领域。联合国与微软公司等众多机构联合成立的 ID2020 联盟，致力于为国际难民颁发 ID2020 数字身份证，让他们拥有合法身份，获得基本权利和公共服务，如医疗保健和教育培训等。

数字身份的治理导向价值观

价值观是人们理性行为准则之一。马克斯·韦伯在《经济与社会》中认为，价值理性总是"将价值观念一以贯之地体现在具体的行动进程中"，而工具理性"完全理性地考虑并权衡目的、手段和附带后果"，并且价值理性对工具理性具有引导和统领作用。因此，数字身份治理应以价值观为导向，就是将社会价值取向贯穿于治理体系中，这也体现了以人为本、以用户为中心的理念。身份治理的价值观应主要体现以下几方面的原则与目标。

信任与安全

构建安全可信的网络环境是数字身份治理的首要目标，这是数字政府、数字经济、科技金融及数字社会发展的前提。早期互联网就像一个丛林社会，充斥着大量的欺诈和欺凌，声誉、精神乃至财产都很可能受损；用户是匿名的，人与人之间缺乏信任，物理空间中的很多活动，特别是涉及切身利益的商务、金融等商业交易活动，就会非常谨慎、缓慢。良好的数字身份治理将有助于打造安全的数字信任环境，这样就可以打消用户的安全顾虑，改善用户的数字化体验，使用户对网络和数字化有信心，不用担心隐私数据被泄露，以便捷高效的优质服务赢得用户。

安全可信的网络环境也有助于提高企业的竞争能力，特别是对于中小企业，由于技术和资金的不足，在身份鉴别和风险防控方面投入有限，能力不足，生产经营成本居高不下。数字身份的安全治理可以有效减轻企业在商业信任方面的沉重负担，从而可将主要资源和精力专注到主营业务方面，增强其市场竞争力。

政府是网络和数字空间运行的监管者和执法者，肩负着数字空间秩序维护与安全保障的职责。数字身份的监管与治理应着眼于加强部门之间、部门与民众之间的信任关系，避免不必要的身份验证，强化政民互动，降低政务办理的时间成本。在数字社会安全治理方面，身份治理可有效降低社会各类电信诈骗和其他违法犯罪活动的发生，提高社会的稳定与和谐。

公平与包容

构建数字身份治理体系时还必须考虑到公平与包容。数字化社会给我们带来生活、工作上的极大便利，不仅生活品质和工作能力有了质的提高，而且社会运转节奏也急速加快。从某种意义上来说，数字化延长了人类寿命。公平意味着用户可以消除算法歧视或定向广告骚扰等问题。

不公平是很多社会问题的根源。实际上，对于交易博弈的双方来说，一方得到最佳结果，另一方可能就是最坏的结果。古希腊哲学家认为，公平就是最好与最坏的折中与妥协。身份信息治理要权衡多方价值目标，兼顾各方利益。在算法歧视中，用户之所以感到被歧视，实际上是由于其收益与预期相悖。如果为保护个人隐私而把个人数据全部封闭起来，这固然就不会有隐私泄露问题，但数据不分享、不使用就不会产生价值，也不利于社会发展。如何有序对个人数据治理，就需要通过技术手段、立法政策、监管监督、评估问责等一系列环节，让数据开发使用流程和机制公开透明，消除公众对隐私泄露、滥用的疑虑和担心。另外，建立公平合理的利益分配机制，让用户也能从数据价值开发中获得适当收益，用户也就愿意主动开放个人数据。

数字身份治理还要打破互联网巨头对市场的垄断，塑造公平竞争的良性市场环境，有利于中小企业的成长和崛起。互联网的超域性可以打破地域限制，这本有利于市场竞争的发展，但低边际成本又会引起强市场集中现象，出现"马太效应"，更广范围的用户越来越倾向于使用大型互联网平台，进而形成垄断平台，这种客户信息的不对称就阻碍了中小企业的发展。身份治理应关注互联网巨头对用户数据的垄断问题，通过采取治理措施，形成商业数据开放共享、合作共赢的生态化市场机制。

包容则意味着所有人都可以注册数字身份，所有人均可获得或享受数字化带来的好处和便利——包括那些文化水平低且技术运用能力有限的人。据 CNNIC 发布的第 44 次《中国互联网络发展状况统计报告》，截至 2019 年 6 月，我国网民规模达到 8.54 亿，互联网普及率达 61.2%，仍然有相当一部分人群被排斥在数字空间的大门之外，与现代数字社会绝缘脱节。

数字身份治理还需要强化数字普惠，即通过提高民众的数字素养，并减少数字身份使用的复杂度，缩小数字鸿沟，以便让更多的人迁徙到数字空间。比如通过个人大数据分析金融风险，尽最大可能降低金融服务的门槛，通过实施普惠金融让更多的人有机会使用金融服务。政府还可以通过监管和调控，增强企业与劳动者之间的互动与了解，使劳动者群体获得更多的就业机会，企业能够快速找到岗位需要的员工。

社会公共效益

数字身份治理不仅有助于个人和机构创造价值，同时还应促进社会公共价值创造，包括通过数字身份增加政府对社会的治理能力，维护国家安全和社会稳定和谐。数字身份的社会公共价值取向在于其公益性，服务全社会。比如在重点场合，为了防止发生突发暴力事件，而对民众实施的身份检查；在疫情期间，通过健康码等手段，对个人的行程和健康状况进行核查。

面向政府治理的数字身份应用通常具有较强的敏感性和争议性，且影响大、范围广。以美国为例，其"棱镜门计划"被斯诺登曝光后，在全世界掀起了一场危机和风暴。尽管美国政府声称监控活动具有立法基础，但其过度监控、侵犯个人隐私的行为还是引发了严重的舆论危机。可见，用于公共利益的数字身份治理应借鉴各国的通行做法，吸取其经验和教训。因此，数字身份治理首先要获得法律的充分授权，并且在组织实施过程中，政府相关部门应制定完善的实施、监督和问责机制，防止滥用和侵犯个人隐私权。

在大数据时代，运用个人大数据进行经济预测分析与调控、人口及区域发展规划等已经成为趋势，这其中涉及海量的个人数据，而这些数据的分析一般都是统计意义上的。因此，对这类数据的治理的关键是匿名化或去标识化，即通过技术手段，去除个人隐私相关内容与个人标识的关系，让人无法通过数据分析追溯或定位出具体是哪个人。这种数据的分析方式通常属于数据的二次开发利用。大数据大部分来自政府及公共管理部门，其次是商业企业，特别是互联网企业。要对这些数据进行综合分析，就需要通过数据集成方式将其汇聚到一起。这其实就需要利用个人身份标识，将其作为数据集成的"关联点"，对数据进行归集处理，也就是将不同来源的数据库中同一人的所有数据关联到一起。因此，如何既能将数据汇聚起来，又能保证个人隐私不被泄露，这对数字身份治理提出了严峻的挑战。

创新与发展

数字身份治理还应该有利于促进创新，这不仅包括科技创新，还有商业模式创新等，以创新理性推动数字经济的高质量发展。身份治理创新包括两个层面：一是如何发挥身份数据的"倍增器"作用，充分挖掘数据的潜在价值，产生经济效益和社会效益；二是在创新研究中，如何保护个人数据和隐私，维护公共利益。

面向创新的数字身份治理的原则不同于商业应用。与商业应用不同的是，创新研究对数据的使用大多属于数据的二次利用，使用范围相对较小，但具有更多的不确定性，这就增加了数据治理的复杂性。对创新中个人数据的治理，可适当借鉴科学共同体的伦理规范，这也是与商业应用主要遵循商业伦理的差别之处。

科技创新的目标是以人为本、服务于人。以基于人工智能算法的人脸识别过程为例，机器学习需要海量的人脸数据进行训练，10万人的训练数据对于机器学习来说只是中低量级，通常系统需要人脸数据量级可达到上百万甚至是千万级。如此海量数据，一旦发生数据泄露，后果将非常严重，这就需要制定严格的安全治理规范和措施。

| 数字身份的治理策略方法论 |

方法论是法国哲学家笛卡尔在《方法论》中提出来的分析问题手段，这不仅塑造了近代西方的思维方法和思想观念，也是现代科学研究的普遍方法体系。具体来说，方法论是一种以解决某类问题为目标的逻辑体系，它是联系方法、工具与问题或目标的桥梁和纽带。以下是适用于身份监管治理的策略及方法论。

构建监管治理规则体系

基于互联网的数字空间是一个全新的未知世界，等待着人们去发现和开拓，这犹如500多年前大航海时期地理大发现那样的波澜壮阔。早期从事互联网行业的只有少数技术专家和技术爱好者，他们是互联网的早期原住民。在那时的网络世界，人们崇尚自由，不在乎身份，既像一个自由鸟托邦，又像美国 19 世纪西进运动时期的野性西部，充满个人主义和自由主义，大多都像无视法律和道德的西部牛仔。在这种大环境下，互联网先驱约翰·佩里·巴洛（John Perry Barlow）在 1996 年发表的《数字空间独立宣言》（*A Declaration of the Independence of Cyberspace*）中强调，互联网是不属于任何国家的自由世界，物理空间的法则无法也不能管制互联网。互联网需要制定自己的社会契约，以确定如何根据独特的法则进行治理。

随后互联网在资本推动下见证了巴洛的理想破灭。数字空间与物理空间的经济社会深度锚定融合，网络也逐步从丛林世界变成秩序社会。全球最负盛名的网络法律专家、哈佛大学法学院教授劳伦斯·莱斯格（Lawrence Lessig）在其经典名著《代码：塑造网络空间的法律》（*Code and Other Laws of Cyberspace*）中认为，网络空间并非一个超越规管的自由区域，其本质是代码，即塑造网络空间的各种软件和硬件，所谓的网络自由只是一种假象。他指出，互联网正由一个自由主义的乌托邦变为一个被资本利益控制的商业名利场，也可能成为政府的工具。他提出的解决之道是采取宪法的制定原则来构建互联网规则体系。

数字身份的治理应基于完善的规则体系，这具有鲜明的工具理性特征。基于规则的治理的优势在于公正和透明，治理主体只要完成合规性要求即可。这里说的规则是广义上的法律和政策，范围涵盖战略规划、决策程序、法律法规、规章制度、标准规范等，这都体现了监管治理的目标、价值、理念和策略。

数字身份的规则体系与物理空间的法律规则相比，有两个显著特征。一是数字空间的规则应是技术导向的。数字空间以信息和数字技术为基础，数字空间的治理规则无法离开技术，因此技术是虚拟世界中规则治理体系的重要支柱，相关法律的制定不仅需要法学专家，而且还需要通晓技术的专家。二是数字空间的法律规则还要具有国际性，因为互联网是超越时空的。由于没有了物理边境，网络犯罪也往往是跨国作案。因此，数字身份规则治理需要国际间的密切合作与协调，与国际接轨，并积极参与国际规则的制定。

在数字规则治理模式方面，国际隐私领域专家马利根和班伯格通过深入研究美国、英国、德国、法国及西班牙等国立法现状后归纳出三种基本模式：第一种是以法国、西班牙为代表的刚性模式，法律规范较为严谨、细致；第二种是以美国、德国为代表的柔性立法模式，以行业规范自律为主；而英国使用的是兼有两种模式的第三种模式，即所谓的折中或混合模式。

欧盟国家立法相对严格刚性，强调"技术统一"和"政府背书"。因此，法律和标准规范是欧盟的传统强项，这也是欧盟数字化战略秉承的重要理念，旨在扩大欧洲规则在全球的影响力。欧盟在其《数字化单一市场战略》中认为，法律及标准规范是实现欧盟合作目标的强大工具。《塑造欧洲数字未来》《欧洲数据战略》都明确提出了 ICT 标准制定和立法的必要性和具体内容。在个人数据保护方面，欧盟早在 1995 年 10 月就通过了《个人数据保护指令》，并在 2018 年修订升级为《通用数据保护条例》（GDPR），将隐私权作为一项基本人权加以保护，提高了隐私权保护的等级。

美国的立法模式较为审慎柔性，坚持"以市场为导向"和"技术中立"的原则。原因在于，严格完整的个人数据的保护和使用行为规范，可以有效遏制对个人数据权益的侵害行为，但过度僵化的法律条款可能不利于互联网和数字经济社会的发展，妨碍科技创新和进步。柔性治理模式基于产业界自行制定治理规则制度，通过自律措施来规范自身在个人数据的采集、使用及管理过程中的行为。

很多行业性国际治理准则和标准，都是基于美国的行业治理标准规范。国际反洗钱金融行动特别工作组在 2020 年 3 月发布的《数字身份监管指引》就借鉴了美国和欧盟等国家的数字身份框架和标准。基于行业自律的治理模式能够为数字技术和经济发展营造相对宽松的政策环境，对行业及产业发展限制较少，这是这一模式有利的一面。但这一模式主要依靠企业的自律，由于缺乏强有力的执行和监督，实际治理效果参差不齐。

美国法律体系相对完善，社会互信度高，组织或个人失信的社会成本也很高，技术治理规则大多植根于传统法律，技术手段主要起着辅助治理作用。欧洲国家的社会互信度也不低，但欧盟成员国众多，经济发展水平参差不齐，各国的政治、社会习俗并未完全融合，其商业互信程度也就没有美国那么高，所以欧洲国家实行了"全面适用"的强契约模式。从目前情况来看，我国的技术体系和法律环境在许多方面与欧洲更接近，因此研究欧洲的身份治理实践对我国数字化发展有较好的借鉴作用。

之前我国的互联网产业相对薄弱，为了鼓励行业发展的积极性，我国法律相关规定也相对宽松。但近年来，随着我国数字经济的发展，互联网巨头的垄断倾向日趋明显，实施反垄断监管势在必行。从 2020 年底开始，我国修订了《反垄断法》，还出台了一系列配套的相关法规，开始对互联网巨头展开严格监管，其中，隐私保护是数字经济竞争中的重要指标，数据垄断也是垄断的重要表现形式。

在数字身份治理方面，我国可借鉴成熟发达的市场经济国家的通行做法，制定完善的治理规则体系。这些立法规则适用所有类似企业，事先并不知道对谁特别有利。基于规则的治理也有利于我国扩大数字经济领域的对外开放，对于国外的数字服务平台，只要认同我国的价值观，满足我国法律法规及政策的合规性要求，就可以一视同仁参与到数字经济生态体系中，既不给予超国民待遇，也不刻意歧视，让国内外企业都公平公正地参与市场竞争。

建立数据分类分级治理体系

身份治理主要用于保护个人隐私和权益，同时还要促进数据的共享使用，过度保护不利于创新发展。为了避免一刀切，使治理更有针对性，我们可以采取分类与分级治理策略，实施因"类"制宜、有的放矢的治理。身份数据分类治理一方面可以更好地对数据进行保护，另一方面还可以便于对数据进行梳理，便于对数据实施进一步的共享交换与开发利用。

数据分类分级应符合国家相关法律。2021 年 6 月，我国的《数据安全法》正式发布，其中分类分级是重要治理原则，个人数据是重要类别，其他如业务数据和公司数据也有很多涉及个人数据，比如订单数据、人力资源数据、身份基本信息、鉴权信息、个人日志信息、个人元数据、公开信息以及隐私信息等。《网络安全法》及国家标准 GB/T 35273—2020《信息安全技术—个人信息安全规范》以及 JR/T 0171—2020《个人金融信息保护技术规范》等还根据不同业务或领域需求对用户个人数据进行分类，这些都可以作为分类治理的基础。也可以利用聚类方法提取治理对象和主体的特征，按照治理需求归纳概括精准的特征标签，基于问题导向建立治理维度——数据泄露、电信欺诈、隐私保护、价格歧视、数据滥用等。

身份治理还可采取分级治理方法，根据不同的数据敏感程度、不同应用场景的安全要求、治理对象的安全风险，借鉴网络及信息安全风险评估方法中的风险等级或相关行业标准规范要求分级，以便施行等级保护。比如可依据个人数据价值和数据泄露可能性，将个人数据的保护等级划分为三级：一级数据为通过去标识、匿名化处理后可公开的汇总数据，用于创新发展；二级数据需要征得用户的明确同意；三级数据则严禁转让交易，如用户鉴权信息、用户名、口令、密钥等，这些数据涉及重大价值权益。

建立身份监管治理执行机制

监管治理执行机制包括监管机构、监管策略和监管工具。监管机构是由国家授权的政府职能部门，其利用监管策略和监管工具，对监管对象和内容实施监督管理。数字身份监管治理通常需要多部门联合参与，需要与很多专业领域监管合作协同，如金融监管、保险监管、价格监管、药品监管等。数字身份治理也是这些领域监管的重要内容和手段。

数字身份认证机构监管治理是重要环节，其治理模式大致可划分为以下三种。

第一种是官方集中管理型。率先采用这一模式的是最早制定电子签名相关法律的美国犹他州，之后美国多州纷纷效仿，不少国家如新加坡、韩国、德国等，也采用这一监管模式。这一模式要求身份认证机构必须具备可靠资质条件，包括硬件、软件及从业人员等，由法律授权政府监管机构对认证机构颁发许可证，并实施监管。政府监管机构允许符合法定条件的认证机构承担相应的责任。这一模式主要利用政府的行政力量实施监管。

第二种是民间合同约束型。这一模式基于市场自由、技术中立等理念，以美国加利福尼亚州、澳大利亚等国家和地区的监管为代表。在这一模式下，政府只宣布认可计算机网络通讯记录的书面法律效力，承认电子签名与手写签名具有同等效力，制定关于数字身份安全性的原则标准，但政府并不规定采用何种技术实施签名和认证，也不过问由谁来充当网络交易中的认证者，而是交由交易当事人自行商定。这种监管基于"最低限度主义"，有利于营造自由宽松的营商环境，能灵活适应各种新技术发展，有利于数字经济和创新科技的发展。但无为的监管治理模式也可能会带来一些重要问题，比如在线交易中的风险责任分担是法律问题，不是靠当事人协议所能完全解决的。

第三种是行业自律型。行业自律型是一种多元监管治理模式，其主要思路是，监管职责由政府专门的监管机构和认证行业协会共同承担。监管机构主要负责监管治理规则的制定；行业协会通过设立认证标准委员会，负责对适用于身份认证的行业标准进行修订与发布，并负责选定会员所采用的密码技术、标准规范。认证机构从事认证相关的具体业务，任何官方或非官方的组织机构，只要是行业协会的注册会员，都有资格申请成为认证机构。

传统的市场监管、金融监管等在很大程度上依靠人工调查和执行，有可能会出现个人偏见或偏差，监管结果因人而异，效率也不高。为此，应积极运用监管科技手段，从各种来源搜集监管相关的数据，再通过大数据分析、人工智能或开源情报等，将互联网商业模式中的个性化分析技术应用到监管治理中，打造数字身份监管治理平台，实行精准监管、生态化治理，增强监管治理的公平性和客观性，从而提高监管治理质量和效率，降低监管成本，减少监管失误。

监管治理还可以采用基于设计的监管，就是在网络数字平台设计阶段就考虑监管需求，将各种监管法律法规和政策标准体现在设计方案中，提前预防或控制违规行为和活动，可采用智能合约或 API 等方式，将监管指标提供给监管部门的监管平台。比如，商品质量溯源监管系统就是给商品赋予统一的身份编码，在流动和销售各环节的系统中都设计有可供监督监管的查询二维码或接口。

数字身份治理还可以让用户参与监督。比如，用户自主主权身份可用于治理平台的算法歧视，用户可以利用权威机构提供的个人数字空间或数字身份钱包，自主管理个人身份数据，确立个人数字主权，赋予个人用户拥有对其在互联网平台上的数据的删除权。如果用户对互联网平台的服务或价格不满意，可以要求平台彻底删除其账号及个人数据，自由选择其他平台，或者向监管平台投诉，以此实现各方利益的公平与均衡分配。

建立数字身份监管治理评估指标体系

指标体系是指通过对构成事物的基本要素进行科学提取和归纳，得到整体性的指标集合，从而形成标准体系，以实现对事物的本质把握和理解，并发挥引导、评估功能。数字身份监管需要构建指标体系，并利用大数据智能分析发现违规违法行为；监管过程是否规范、实施效果是否符合预期，也需要由指标来评估衡量。数字身份监管治理评估指标体系可借鉴经济合作与发展组织（OECD）在 20 世纪 90 年代开发的一套监管质量概念框架与评价体系。

OECD 评估体系的框架结构总体包括准则和指标体系两大部分。其中准则是参与各方在治理过程中秉承的原则，主要包括三个：一是透明性，监管规则的制定与实施应透明，并咨询听取相关各方的意见；二是公平性，评估过程要无歧视性，条件相似的企业与个人应得到类似待遇；三是高效率、低成本，监管规则要具有可操作性，其技术标准应尽可能与国际标准接轨，合规程序应尽可能简化，为实现监管目标所施加的负担或限制要最少。

为有效评估数字身份监管治理，需要构建完善的评估指标体系。我们根据治理目标、对象及其特性，基于 GRC 体系 ① 原则，并借鉴 OECD 监管指标体系框架，提出身份治理评估指标体系，其顶层框架主要包括以下四个维度。

监管治理能力评估

监管治理能力评估维度包括监管政策、机构及工具等。监管政策是监管治理活动依据的准则，主要评估政策的实施收益、风险和可操作性等；监管机构是执行、落实监管活动的主体，主要评估其自身素养及其设置形式，这将直接影响监管效能与效果；监管工具则是监管机构或主体所选择和使用的工具和方法等。监管工具评估既要求技术手段上的先进性与进步性、方式方法的合理性、科学性，也要求技能、技巧的有效性。监管能力评估需结合监管性质、政策规范以及监管的条件、依据来综合实施。

安全风险评估

监管治理的核心目标是防控风险。所谓风险是指遭受损失或伤害的可能性，通常是实现某个目标不希望出现负面结果的潜在不确定因素。因此，风险是不可能消除的，只能采取防范措施，降低风险发生的概率，这就需要对风险进行评估。对网络和信息安全风险，评估主要涉及三方面因素：信息资产、面临的威胁，以及系统弱点和漏洞。安全风险评估的发展已经相对成熟，目前已经制定了一系列国家标准，如 GB/T 20984-2007《信息安全技术—信息安全风险评估规范》、GB/T 18336 1-3：2001《信息技术安全性评估准则》等。

---

① GRC 意为治理、风险和合规（Governance, Risk, Compliance，GRC），这是一种治理导向的企业战略评估体系，旨在解决不确定性（风险管理）和诚信（合规）的同时可靠地实现目标。

合规性评估

国际标准化组织 2014 年 12 月发布的国际标准 ISO19600《合规管理体系—指南》提出，合规义务包括合规要求和合规承诺，前者包括监管机构制定发布具有强制性的法律法规、监管条例规定等；后者包括企业与社区、公共部门、客户签订的协议，以及企业的要求、政策、程序、自愿原则、规程、环境承诺等。合规性评估是监管治理实施过程中对合规要求和合规承诺履行情况进行的符合性评估检查。

监管治理影响评估

监管治理对企业的影响是多方面的。一方面，数字身份监管治理需要均衡各方的利益，比如可能导致互联网平台利益减少，但用户获得了更多收益，增强了社会公平性。当然，数据及合规性治理也可能给企业带来效率上的提升。但另一方面，在互联网平台监管过程中，监管方和被监管方都需要调动各种资源，付出相应的成本，监管偏差也可能会对正常经营的平台企业运行产生影响。为此，我们需要对身份治理相关的成本收益影响进行分析，评估监管治理带来的长期经济和社会效益，以减少监管成本与失误，并提高效益。

最后，监管治理要具有可问责性，即利益相关方职责明确，可进行有效问责，否则监管治理就像没有牙的老虎。问责也是 OECD 监管体系的重要要求。数字身份依存于互联网，对数字身份治理的问责机制，实质上就是对互联网平台或网站的问责和惩处机制。针对一些平台价格歧视、算法歧视、数据滥用等问题，可进一步强化约谈机制或平台服务惩治机制，如罚款、停业整改等；针对非法获取、泄露、出售、提供公民个人信息以及网络金融犯罪、网络诽谤、网络诈骗等违法犯罪行为，要加强监控，并与司法机构协调监管治理，追究责任人的法律责任。

参考文献

[1] 李子阳. 数字身份应用中的区块链和 PKI 技术 [EB/OL]. 知乎专栏·子阳 Alex.（2019–11–19）. https://zhuanlan.zhihu.com/p/92578895.

[2] 王利明. 隐私权概念的再界定 [J]. 法学家，2012（01）.

[3] 什么是数字身份？管理它的重要性 [EB/OL]. IT 帮.（2018–07–26）. https://www.it-bound.com/archives/26162.

[4] Steven Li. 算法陷阱：我们的隐私无处可藏 [EB/OL]. 知乎专栏·风控斋.（2020–08–30）. https://zhuanlan.zhihu.com/p/205786745.

[5] 法人机构识别编码 (LEI) 简介 [EB/OL]. gleif.（2020–09–19）. https://www.gleif.org/zh/about-lei/introducing-the-legal-entity-identifier-lei/.

[6] 张凌寒，李荣. 美国纽约算法监管遇挫启示录 [EB/OL]. 腾讯新闻.（2020–01–18）. https://baijiahao.baidu.com/s?id=1655780135043462545&wfr=spider&for=pc.

[7] 汪德嘉，等. 身份危机 [M]. 北京：电子工业出版社，2017.

[8] 美亚柏科. 从"边界防护"到"零信任"：一文读懂网络安全 vs 数据安全 [EB/OL]. 搜狐网.（2020–12–03）. https://www.sohu.com/a/435955595_401311.

[9] IDHub 数字身份研究所. 从 1995 到 2018，翻开数字身份的时间简史 [EB/OL]. 巴比特网.（2018–09–13）. https://www.8btc.com/article/271900.

[10] 陈俊. DID 起步：图说去中心化身份 [EB/OL]. ArcBlock.（2019–06–04）. https://www.arcblock.io/blog/zh/post/2019/06/04%20/intro-to-did.

[11] 张一锋，平庆瑞.《中国区块链发展报告（2019）》｜分布式数字身份发展与研究 [EB/OL]. 微信公众号：中钞区块链技术研究院.（2019–11–13）. https://www.8btc.com/media/513668.

[12] 崔久强，吕尧，王虎. 基于区块链的数字身份发展现状 [J]. 网络空间安全，2020（6）.

[13] 李小平. 区块链＋数字身份：DID 身份认证的新战场 [EB/OL]. 登链社区.（2020–06–04）. https://learnblockchain.cn/article/1088.

[14] 分布式数字身份产业联盟. DIDA 白皮书 [R]. 2020–08.

[15] Andrew Tobin, Drummond Reed.White Paper: The Inevitable Rise of Self-SovereignIdentity[EB/OL]. The Sovrin Foundation.（2016–09–29）. https://www.evernym.com/wp-content/uploads/2017/07/The-Inevitable-Rise-of-Self-Sovereign-Identity.pdf.

[16] Hameiz. 区块链战"疫"行动：身份识别的应用 [EB/OL]. 巴比特网.（2020–05–19）. https://www.8btc.com/media/598020.

[17] IDHub 数字身份研究所. 数字身份是个大问题，它将如何恢复人们对数字世界的信任 [EB/OL]. 巴比特网.（2019–03–15）. https://www.8btc.com/media/374146.

[18] 冯慧兰. 发挥数字身份的威力 [EB/OL]. 世界银行博客.（2020–08–20）. https://blogs.worldbank.org/zh-hans/voices/harnessing-power-digital-id.

[19] 马克斯·韦伯. 经济与社会（第一卷）[M]. 阎克文，译. 上海：上海人民出版社，2010.

[20] Australian Government - Department of Health. Framework to guide the secondary use of My Health Record system data[R]. 2018–05.

[21] 何颖. 政治学视域下工具理性的功能 [J]. 政治学研究，2010（4）.

[22] 朱悦. 隐私治理策略的国际比较 [EB/OL]. 虎嗅网转自微信公众号：经济观察报观察家.（2019–08–14）. https://www.huxiu.com/article/313373.html.

[23] 荀雨杰，魏景茹，陈昱含.《数字身份监管指引》解析 [EB/OL]. 和讯新闻.（2021–01–06）. http://news.hexun.com/2021–01–06/202770871.html.

[24] 王荣华，王爽，袁晓波. 电子签名的立法比较研究 [J]. 东北农业大学学报（社会科学版），2006，4（3）：110–112.

[25] 张国山，刘智勇，闫志刚. 我国市场监管现代化指标体系探索 [J]. 中国行政管理，2019（8）.

[26] Rowe. An Anatomy of Risk[M]. New York: John Wiley and Sons，1997.

[27] 上品上生 . 终于有人把法务、合规、内控、风控、审计的关系讲清楚了 [EB/OL]. 搜狐网 .（2020–12–20）. https://www.sohu.com/a/328641868_228431.

[28] 王磊，王丹，郭琎 . 构建新型互联网平台监管体系的着力点 [EB/OL]. 中国经济网 .（2021–01–15）. http://review.qianlong.com/2021/0116/5289097.shtml.

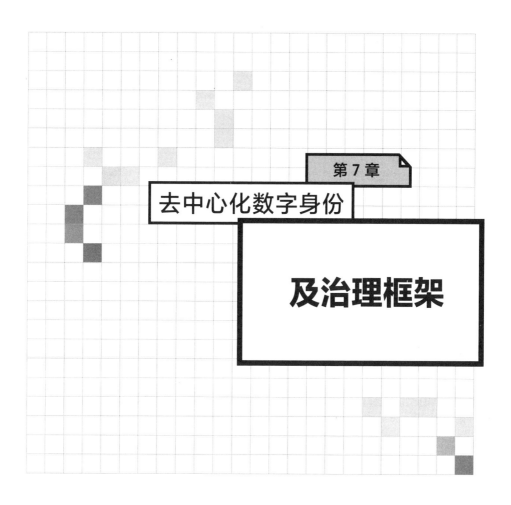

第 7 章

去中心化数字身份

及治理框架

如果说互联网有什么核心理念，那一定非去中心化莫属了。美国国防部当初设计互联网雏形 ARPA 网的初衷就是要打造一个去中心化的防御网络体系，以避免指挥中心被破坏后网络瘫痪。万维网的组织模式也强调去中心化，从最早的专业小圈子扩张到社会各阶层，博客、微博、自媒体、网红主播颠覆了传统的媒体传播模式，引起社会结构的巨大变革，而区块链和元宇宙更是将去中心化的特点发挥得淋漓尽致。

去中心化演变过程也是去宗教化的历史。互联网之所以诞生在美国，与美国立国的新教伦理分不开。马克斯·韦伯在《新教伦理与资本主义精神》中明确指出，新教伦理推动了资本主义的形成与发展，其核心理念来源于 16 世纪兴起的宗教改革。马丁·路德倡导"因信称义"，让每个人都可以直面信仰，打破了中心化的教皇体制，去除了人与上帝之间的教会这个中介。区块链的很多术语都来自《圣经》，比如比特币的创世块、共识机制等。另外，主权的概念也逐步地去中心化，从最早用于神学中表征上帝的至高无上，到政治家用于摆脱宗教束缚，设计现代主权国家秩序，再到如今赋予每个国民以数字身份主权。在去中心化、去中介的浪潮中，基于全新理念设计数字身份治理体系具有重要意义。

基于区块链的价值与信任治理机制

宾夕法尼亚大学沃顿商学院教授凯文·沃巴赫（Kevin Werbach）在其著作《区块链与新信任结构》中归纳了四种不同的"信任结构"：一是点对点信任，基于熟人社会的道德和名声而建立的成对互信；二是利维坦式信任，基于中心化的权威机构，促成互不信任的各方达成协议或合约；三是中介信任，由专业中介机构，如信用卡中心，让没有互信的双方达成交易；

四是去中心化信任，这是伴随着区块链而兴起的新信任结构，即利用信息通信、数字加密等技术手段让没有互信的各方建立信任关系，以此为基础可建立去中心化的数字身份体系。

区块链：价值与信任基础设施

去中心化身份的基础是区块链。2019 年 10 月 24 日，习近平总书记在中央政治局第十八次集体学习时强调，要把区块链作为核心技术自主创新的重要突破口，明确主攻方向，加大投入力度，着力攻克一批关键核心技术，加快推动区块链技术和产业创新发展。

区块链最主要的特征就是去中心化，这体现在两个方面：一是区块链底层的基础网络是点对点（即 P2P）网络；二是其底层数据结构的组织是通过共识机制，集体维护一个加密存储的分布式账本。在此基础上，构建一个免信任^①的、开放透明的网络交互环境，从而实现安全可信的数据共享和交易。比特币就是区块链的典型应用实例。

区块链作为一种创新的分布式计算范式和基础架构，通过数学算法和信息技术，建立一种"技术背书"的信任机制，以解决网络交易过程中的信任和安全问题。但区块链并非一种全新的技术，而是一系列现有技术的组合创新，比如利用分布式账本、节点共识机制和密码学技术保证数据的不可篡改性和不可伪造性。综合运用这些技术，就能消除第三方中介机构，从而在无中介担保或监督的环境下，建立去中心化的"信任"网络。

区块链通过算法和共识机制保证数据的不可篡改性，从而实现无需第

---

① 免信任意味着任何人都可以随意参与，但并非没有信任，而是采取了去中心化信任模式，无需中心化的第三方管理机构。

三方的信任与安全。区块链的数据基础是分布式账本，每一个节点都存有完整的账目，各种操作都由分布在不同地方的多个节点共同完成。区块链的运作基于协商一致的规则和协议，通常利用共识机制来保证链上数据的不可篡改性，比如工作量证明（PoW）、权益证明（PoS）、授权股权证明（DPoS）等。区块链系统中的每一个节点都拥有最新的完整数据库拷贝，但系统维护由其中所有具有维护功能的节点共同承担，这种模式又被称为集体维护。除非能够同时控制住网络系统中超过 51% 的维护节点，否则少数节点对数据的修改无效。

加密算法也是保证链上数据的不可篡改性的关键。加密算法在区块链中有两种用途：一是数据加密，二是数字签名。区块链的基础安全技术采用非对称加密，即利用公钥与私钥的相互配合来实现数据的加密、解密。区块链通常采用椭圆曲线加密算法或哈希算法，在现有计算条件下难以通过公钥来穷举推出私钥，因此这种加密技术安全性较高。数字签名及验证确保信息为真正的持有人发出。

区块链还利用算法保证链上交易数据的完整性，这就是默克尔树，它是由一系列哈希值构成的树状结构。哈希值就是通过哈希函数将任意大小的数据转化成固定大小的数值，且由结果数值极难逆向推算出数据。哈希值可以被视为数据的指纹或签名，用于验证数据的完整性和准确性。通过构建出区块链账本数据的默克尔树，可大大提高数据校验速度。因为两棵默克尔树的根节点相同，意味着所代表的下层数据必然相同，用其根节点校验数据可以大大减少数据传输量和计算复杂度。

基于上述机制和算法，区块链节点之间实现了去中心化信任，即整个系统中价值和信息交易都可自动完成，排除了人为干预，也就无需第三方中介机构就能保证信任。由于节点之间无须公开身份就能建立信任，因此这种匿名性可以有效保护参与节点的隐私。另外，除了其中被加密的私有信息外，账本交易数据和交易规则可被所有参与者审阅，所有人都可以监督交易的合法性，整个系统的运作机制公开透明。

根据体系的准入方式的不同，区块链可分为三种类型：公有链、联盟链、私有链。公有链就是任何人在任何时刻都可以加入其中，不需要许可就可以读取或发送交易数据，因此公有链又称无需许可链。从组织形式上看，公有链最具去中心化特性。比特币采用的就是典型的公有链，发展也最成熟，号称"黑市交易中可信度最高的数字货币"。但公有链的缺点是系统运行效率很低，不适用于高速实时场合，如以公有链为基础的比特币的交易速度只有 7 笔 / 秒。

联盟链是目前讨论较多的区块链形式，它具有一定的去中心化特性，以有限的几个机构为节点，节点之间相互联系，实现信息共享。联盟链牺牲掉一部分去中心化的特性，但提高了系统的运行效率。联盟链具有一定的中心化特征，比如联盟链的加入需要管理机构的许可，也被称为许可链。联盟链的优势在于，去中心化的程度可以调节，可最大限度地达到效率与去中心化之间的均衡。

私有链的所有记账本及确认权限仅由某个企业或机构所控制，使用场景也不公开，是一种最具有中心化特征的内部分布式数据库，我们对此不做进一步讨论。

数字货币：价值与信任的基石

以色列历史学家尤瓦尔·赫拉利（Yuval Noah Harari）认为，想象推动了人类认知革命，而货币的运作是人类想象最成功的范例，它构建了人类社会最高效的互信机制。在现代社会，货币是国家主权信用的体现。

自 2008 年中本聪提出比特币体系以来，数字货币如雨后春笋般纷纷进入市场炒作。当前市场上数字货币主要有三类：第一类是以比特币为代表的公链数字货币，具有显著的去中心化特征；第二类是以天秤币（Libra）为代表的联盟链数字货币，具有中心化和去中心化的混合模式特征；第三类是以我国数字货币和电子支付工具（DCEP）为代表的主权数字货币或中央银行数字货币（CBDC）。这三类数字货币各有特色，其目标定位和应用特征也不尽相同。

数字货币与其他电子支付有明显的区别，那就是数字货币可以不依托于银行账户体系，如网上银行、支付宝等在使用时必须登录个人账户查询余额，而数字货币本身就内置密钥，因此可以放在数字钱包中独立使用。

我们先看看比特币。作为最早的数字货币，比特币具有很多独特的优势。最大的优势是采用了去中心化的运作模式，其交易可由算法控制完成，无需第三方交易机构的介入。由于没有运营中心，它也有助于保障系统的可靠性。比特币的另一优势是难以造假，交易也无法篡改和撤回，安全性较高。此外，比特币是匿名持有，其交易过程难以追溯。由此可见，比特币是一种持有者拥有主权的价值主张，还具有现金匿名快捷支付的功能。

比特币的所有权包括三个要素：地址、公钥、私钥。地址类似银行账户；公钥用于加密和验证签名，通常是公开的；而私钥主要用来解密和签名，相当于银行卡的登录口令。通常的比特币地址对应一个私钥，但比特币还支持多重签名功能，即一个比特币地址可对应多个私钥，每个私钥都有一个人控制签名权和支付权。比如有三个私钥，但需要其中两个一起使用才可以解密，这就是 2/3 多重签名。多重签名通常表示为 m/n，即共有 n 个私钥可以给一个账户签名，当有 m 个地址签名同意时，就可以启动一笔交易，因此 m 一定是小于或等于 n。多重签名应用场景很多，比如为了增强安全性的合伙经营等。

比特币的优势在某些情况下也可能是劣势。比如比特币发行总量为2100万枚，且永不增发，数量恒定，既不受政府控制，还不会产生通货膨胀，这些都使得比特币类似珍稀的黄金，因此，有人将其称为"数字黄金"。但这对于经济发展来说并非好事，因为没有货币发行适度刺激，就会引起经济通缩，反而不利于经济增长，这也是过去黄金、白银做流通货币时的弊端之一。另外，比特币的匿名特性使其对监管不友好，因此很多国家和政府都不承认其货币地位。实际上，去中心化削减的应该是中介机构和集中控制，而监管功能不宜弱化。

比特币的另一痛点是效率很低，且成本很高。据有关研究，比特币的交易速度为7笔/秒，很难用于日常支付场景。另外，比特币交易处理运算的"挖矿"需要的电力资源消耗十分惊人，高达600万度/小时，这个耗电量即使在全球国家耗电总量中也能排到前30名。另外，比特币与美元等主权货币汇率大涨大跌，波动极大，金融大鳄兴风作浪，肆意"割韭菜"，侵吞他人劳动价值，这也使得比特币不具有货币的稳定性这一关键特征。

Libra是由互联网跨国巨头Facebook公司牵头发行的超国家货币，运营管理系统的Libra联盟包括了Mastercard、PayPal等28个创始成员，既有互联网巨头、电信公司，还有银行卡清算组织、支付机构、投资机构等。在金融层面，Libra与美元等一系列主权货币实行一篮子综合挂钩，定位超国家货币；在技术上，Libra采用了区块链与中心化的混合架构，交易执行效率较比特币有了明显提升，有利于实现在线支付功能。再加上Facebook在全球范围内的20多亿用户，Libra的这些优势让人不容小觑。不过，到目前为止，Libra并未得到各国政府的支持，欧盟等国就明确表示反对，而美国政府对此也未明确表态支持。2020年12月，Facebook公司发布新的白皮书，将 Libra 的名字改为 Diem，并将其重新定位成只锚定美元的稳定货币。

无论是比特币还是 Libra 都不是主权数字货币。当前主权数字货币的典型代表是我国的 DCEP。按照中国人民银行的定义，DCEP 是具有价值特征的数字支付工具，这里的价值支付是指不需要账户就能实现价值转移，甚至没有网络也可以实现支付，这也被称为"双离线支付"。可见，DCEP 在某种程度上采用了去中心化的理念，使用方式上实现了与纸币最大限度的等同，且价值直接锚定法定人民币，最终取代当前流通的纸钞。

早在 2014 年，中国人民银行就启动了 DCEP 项目。根据目前中国人民银行发布的技术报告，DCEP 架构以中心化形式为主，作为法定数字货币，有国家信用为其担保。DCEP 采用了传统的双层投放架构，上层是中国人民银行投放给商业银行，下层是商业银行或金融机构分发给民众。另外，DCEP 采用技术中立的策略，商业银行和金融机构可自主选择技术路线，如在记账方面就可能使用区块链技术。

数字货币的一个重要特性是其匿名性交易。现金、比特币等具有很强的匿名特性，但不利于监管。如何在个人隐私与金融监管之间取得平衡，既能满足一定程度的匿名性交易，又可实施必要的监管，这对于数字货币来说很关键。DCEP 采取了可控匿名方式，即小额面值实行匿名性交易，但大额面值可追溯。

目前，世界很多国家也都开始试验本国的主权数字货币。根据国际清算银行的数据，截止到 2020 年 7 月，乌拉圭、厄瓜多尔、乌克兰已经完成了零售试点，中国、韩国、瑞典等六个国家正在进行试点工作。另外，欧盟、美国、日本等国家和地区也在筹划设计本国的数字货币。

智能合约：创新社会契约模式

契约是社会经济运转的基础。传统契约通过当事各方签署纸介质的合同或协议，而随着互联网的兴起，基于电子签名的电子合同成为在线契约的新形式。但无论是纸介质的契约，还是电子合同，其实施执行通常仍需要在线下完成。

随着数字经济的不断深化，数字空间的数字活动、数字资产的应用越来越广泛，网上运行的金融、商业、社会等应用系统越来越多，这不仅改变了价值交易模式，还将变革商业模式、社会关系及组织形态，这一切都需要构建完全在线的数字契约模式。基于区块链的智能合约就是实现这种数字契约的新技术。

智能合约与数字货币紧密关联。尽管欧盟反对 Facebook 的数字货币 Libra，但德国银行协会发表文章，对 Libra 使用的智能合约机制赞赏有加，认为这将引发"可编程经济"革命，并提出欧盟"需要一个可编程的数字欧元"。

智能合约是伴随着区块链的发展而兴起的，但智能合约的概念出现的更早。早在 1994 年，尼克·萨博（Nick Szabo）就提出一套以数字代码形式定义的承诺，其机制类似于计算机程序中的"if/then"语句，当一个预先编好的条件被触发时，智能合约便代理参与方自动执行相应的合同条款，以实现虚拟世界与真实世界资产的交互。他将这种自动执行的合约模式称为智能合约。自动售货机就是智能合约的一个简单实例。

1996 年，伊恩·格里格（Ian Grigg）提出了李嘉图合约，其目的是为了使股票、债券等金融工具更高效地完成金融交易。用一句话概括李嘉图合约，就是发行即合约。具体地讲，李嘉图合约是一个特定的结构化文档，其中定义了基于互联网发行的某种类型的价值，并通过标识发行人和签署人、加入合适的期限和条款等，使之成为合约。李嘉图合约需要创建一个基于法律合规的智能合约模板，经过验证后，再创建相应的自动执行代码。

由于技术条件限制，智能合约的概念提出后很少得到应用，主要原因还是智能合约难以保证内容的不可篡改性。区块链的出现对智能合约是一个重大转机，特别是 2014 年以太坊出现后，智能合约受到越来越多的关注。智能合约是以太坊系统的核心功能，它是一种使用专有合约语言 Solidity 编写的程序代码，运行在以太虚拟机上。以太坊上的各种交易和应用都是以智能合约方式实现的，包括 uPort 中的身份管理等。

在以太坊中，用户有自己使用的外部账户和合约账户，专门存放智能合约。合约账户除了有自己的以太坊地址之外，还包括账户余额，也就是账户中有多少以太币；账户状态，也是智能合约变量的状态；合约的程序代码。当用户向合约地址里发送一笔交易后，该合约就被激活，然后根据交易数据，合约会自动运行。

综上所述，智能合约只是一种运行在区块链上的代码，并没有法律上的权利和义务，也不是我们通常意义上所说的法律合约。它也没有人工智能那般的智能，只能严格按照预设代码自动执行。为此，国际金融标准组织 ISDA 在 2018 年发布报告，提出将法律效力引入智能合约中，称为智能法律合约。传统智能合约以代码为基础，智能法律合约则强调法律合规，在金融领域执行金融交易。

R3 公司主导开发的 Corda 是一个"受区块链启发的"分布式账本平台，主要用于金融服务设计，其中的智能合约包括程序代码和法律文本，它们一起作为交易状态的附件共同存证。在执行中，法律文本的效力更强，如果智能合约中的程序代码与合约的法律文本不相符，将被明确认定为程序设计缺陷。而以太坊上面的智能合约则秉承"代码就是法律"，即使合约有错也要继续执行。鉴于 Corda 系统的这种面向法律和金融的特性，欧盟、瑞典、瑞士、泰国、委内瑞拉等国家和地区央行的数字货币技术测试和概念验证基本都基于 Corda 平台。

Accord 项目是基于 Corda 平台的智能法律合约语言规范及实施参考，由思科、微软、甲骨文、英国电信、Github 等 34 家厂商共同参与的项目，现由 Linux 基金会托管。通常计算机中的形式化语言都未考虑到法律合规问题，再严谨的智能合约代码也无法确保所开发的合约代码具有法律效力。Accord 项目提出的形式化合规语言和模板，并落地在计算机语言和验证方法上，将计算机和法律结合起来，这相当于为企业区块链的用户开发了法律合同层，同时保持技术中立。

美国大宗商品期货交易委员会在 2018 年提出，基于智能合约的交易也需要监管，这为智能合约赋予了新特征。2020 年 3 月，英国央行英格兰银行提出智能合约的三种架构设计方案：（1）将智能合约系统和核心账本系统结合在一起，这是以太坊等传统智能合约的架构；（2）将智能合约系统和核心账本系统分开，分属两个系统；（3）智能合约系统和核心账本系统完全分离，但通过第三方支付系统接口链接。这些架构设计主要为了便于对其进行监管。

去中心化身份以及信任服务体系

去中心化身份标识规范

去中心化身份标识（DID）是在分布式账本上标识定位特定主体（即人

或物），并通过加密的专用通道实现主体之间凭证的交换和验证，通常不需要传统中心化身份注册机构和机制。

万维网联盟已经对去中心化身份标识进行了标准化，这就是《DID 规范》。《DID 规范》包括 DID 标识符和 DID 文档两部分，都保存在区块链上一个全局键值对 DID 基础设施库中，其中 DID 标识符作为键，DID 文档是其值。这一规范构成了去中心化标识体系的基础层，图 7–1 为《DID 规范》的组成结构。

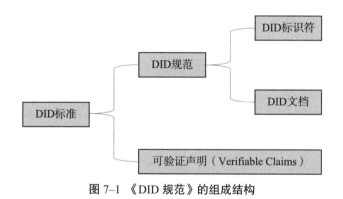

图 7–1　《DID 规范》的组成结构

DID 标识符

我们先看万维网联盟对 DID 标识符的规定。去中心化对标识符的要求除了要满足去中心化的要求外，还需要具有持久性、全球可解析、加密可验证性。目前常用的标识符有通用唯一标识符（UUID）和统一资源标识符（URI）等方式，其中 UUID 是 ISO 提出的通用唯一标识符格式，不使用中心化注册机构即可提供通用唯一性，但不能进行全局解析；统一资源名称（URN）利用名称定位资源的 URI，可以进行全局解析，但需要中心化注册机制。UUID 和 URN 都不支持以加密方式验证标识符的所有权。

DID 标识符是一种 URI 方案。首先它具有全局唯一性，并且采用分布式账本技术注册管理，不需要中心化的注册机构，具有去中心化的持久便携特性，可实现用户自主可控。DID 标识符由算法自动生成，同时还会生成一对密钥——公钥和私钥。公钥与 DID 的绑定关系发布到分布式账本上，从而将身份相关数据锚定在区块链上，私钥则由用户保管。另外，DID 能实现全局解析、以加密方式验证等。

DID 标识符的格式是："did:" + <did - method> + ":" + <method 特定的标识符 >，其中，"did"为模式，"<did - method>"为注册特定 DID 方法的厂商缩写。比如：

did:example:123456789abcdefghi

这就是一个 DID 标识符实例。DID 标识符以"DID 方法"，即"did"开头及随后的字符串（上面例子中的"example"），用于区分解析每个厂商的 DID 操作方式，其后对应一组公开的标准操作，如 DID 的创建、解析 / 验证、更新和停用。每一种分布式账本都有专属的 DID 方法，DID 方法还需要向 W3C 注册，以便被 DID 解析器辨识。

很多人在网上习惯使用电子邮箱或者手机号作为身份标识符，但这样做时，个人数据容易被跟踪、关联和归集，可能导致安全风险。另外，在现实社会中，一个人往往有多种角色：在单位，他可能是个软件工程师；回到家，他可能是个父亲；业余时间，他还有可能是个收藏家。而 DID 基于开放标准，用户可以拥有一个或多个 DID，分别适用于不同场景。

DID 被分为两类：一个是公共 DID；另一个是成对唯一 DID，用于标记一对关系，通常是采用化名。如果用户希望将自己的身份数据向公众开放共享，可以选择使用公共 DID 与数据链接起来；如果用户希望保护自己的隐私，则使用成对 DID 进行匿名身份交互较为合适。因此，DID 身份系统采取默认匿名的策略。不同 DID 使用不同的密钥对，并限定使用范围，且彼此之间没有联系，即使丢失或被窃，用户可以很轻易生成一个新的 DID 标识符，这样偷窃 DID 就没有任何价值。

DID 文档

与 DID 标识符相关联的是 DID 文档。DID 文档也称 DID 描述符对象，它是一个 JSON-LD 格式[①] 的对象，内容主要包括 DID 标识符、公钥列表及详细信息、DID 身份验证与授权方法、用来实现与实体可信交互的服务端点、文档时间戳（可选）、DID 持有者的数字签名（可选）等。

这里要说明的是，无论是 DID 标识符还是 DID 文档，都没有记录与个人数据中相关的任何真实信息。仅凭《DID 规范》中的信息无法验证一个人的身份，因此，DID 标识符和 DID 文档可记录在区块链账本上。而身份验证要利用应用层中的可验证凭证，这其中包含身份真实信息，一般在链下存储，如身份中心。线上线下仅可通过对等网络链接进行加密交换。DID 解析器将 DID 标识符作为输入，然后返回 DID 文档中的相关元数据。

可验证凭证及其认证

可验证凭证是一个 DID 给自己或另一个 DID 的某些属性做背书而发出的描述性声明，并附上自己的数字签名，用以证明这些属性的真实性，因此，可验证凭证是一种数字证书。这是我们物理空间的凭证在数字空间的映射，如身份证、护照、驾驶证、银行开具的流水证明、购物小票等，其

---

① JSON-LD，即 JavaScript Object Notation for Linked Data，是一种基于 JSON 表示和传输互联数据的结构化表示格式。

中的关键属性可证明某些事项，比如护照证明身份、驾照证明技能、银行流水证明个人收入水平等。凭证开具者还需要加上印章等防伪手段，如果出具机构越权威，则其公信力越强。

按照 W3C 的标准规范，可验证凭证是 DID 体系的应用层，在《DID 规范》之上，也是整个 DID 体系的核心与价值所在，只有通过可验证凭证，DID 才可以用来标识主体的真实身份信息（或用来标识组织机构的身份）。2019 年 11 月，万维网联盟发布《可验证凭证数据模型》（*Verifiable Credentials Data Model*）V1.0，定义了可验证凭证的标准数据格式，其核心模型设计、使用场景等都参照了物理凭证，使可验证凭证在保持物理凭证优势的前提下，还具有数字空间的很多特点，如密码学安全、隐私保护和机器可读等。

可验证凭证内容包括三个部分数据。一是凭证元数据，包括凭证类型、颁发机构。二是声明，关于主体属性的陈述，采用"主体—属性—数值"形式，比如一个声明"张三—职称—教授"，意思就是张三拥有的职称是教授。多个声明组合起来构成信息图，可描述主体的复杂属性关系，这也是可验证凭证的核心内容。三是证明，即颁发者对凭证内容认可的数字签名，防止数据被仿冒或篡改。

传统身份认证需要身份主体（即用户）提交自己的身份信息，服务提供商根据用户信息决定用户是否有权使用相应服务。很多服务提供商不允许匿名访问，且用户提供的信息往往远超出身份认证的需要。为保护个人隐私，DID 身份体系允许使用匿名凭证。这是一种特殊凭证，其中不包含用户 DID 标识符。匿名凭证的这种匿名性意味着获得访问授权的用户可以进行相应的操作，但无法识别该用户是谁。因此，在访问控制模式上，匿名凭证适用于基于属性的访问控制，即访问控制主要依据的是用户属性、操作方式和环境条件，并根据这些属性和条件制定访问策略。

身份认证还需要秉承信息最少披露原则。为此，万维网联盟规范定义了可验证表述，其内容通常来自一个或多个可验证凭证，让用户可针对特定场景选择性地披露身份的角色属性，从而实现身份属性的细颗粒度组合出示。可验证表述的优势是服务提供商无法获得包含完整数据的凭证，以防止其用户身份凭证被伪造。

DID 凭证或表达的验证还允许不包含具体的声明数据，而是利用密码学验证算法提供有关声明结果。比如，有些场合需要判断一个人是否成年，一般以 18 岁为基准。这时可以利用常用的零知识证明算法，返回验证结果"是"或"否"，而无须告知确切年龄生日。

DID 身份验证就是让用户证明自己确实拥有某个身份 ID，通常通过验证计算，证明自己拥有的私钥与区块链上的某个身份公钥相匹配。DID 身份验证可使用通常的"挑战—应答"方式，即验证者先发起挑战，身份拥有者根据挑战做出应答，验证者再检验应答是否有效。

目前，国际上还没有关于 DID 验证标准规范的提案，仅有重启信任网路公布了一份验证流程 DID-Auth 方案。DID-Auth 并不是一种具体规范，而是一种身份验证实现框架，可使用不同方式实现。有机构在研究如何借鉴成熟的身份认证标准 OpenID Connect 和 WebAuth，将 DID 身份认证方式集成到注册 / 登录应用程序中。

去中心化信任服务体系

作为信任服务基础设施的 PKI 体系技术成熟，使用广泛，其核心是可信第三方证书机构（CA），负责数字证书的颁发和维护。整个体系的安全性依赖于 CA，这不符合去中心化的理念。为此，万维网联盟去中心化身份解决方案工作组的联合创始人克里斯托弗·艾伦（Christopher Allen）等人在 2015 年发布白皮书，提出去中心化公钥基础设施（DPKI），其目标是，任何单一的第三方机构出现问题都不能危及整个系统的完整性和安全性。

DPKI 并非要彻底颠覆 PKI 架构，而是对其不足之处进行改造和扩展。DPKI 体系引入验证节点（矿工），替代 CA 机构的作用，其主要目的是确保链上数据的安全性和完整性。这样的好处是，没有了中心化管理机构，也就不存在第三方机构引起的攻击问题，也没有了后门和管理员特权，还避免了单点故障问题。

由于没有专门的证书管理机构，DPKI 体系中的身份所有者要亲自在去中心化的账本上对身份凭证进行注册、签发、授予和验证等，还有进行隐私数据生物存储和可信计算的算法等。DPKI 生态体系中的参与角色包括：凭证持有者，即用户；发证方，即向用户签发可验证声明的机构或个人；验证方，即服务提供方，通过用户 DID 及可验证凭证，验证用户的真实性；另外，还需要一个标识符注册库或可验证数据注册库角色，用于维护 DID 标识符，通常是去中心化的文件或可信数据库，如分布式账本、政府部门数据库等。

去中心化身份生态系统的工作流程为：凭证发行者根据身份所有者申请注册签署颁发可验证凭证；身份所有者将可验证凭证或表述以加密方式保存，并在需要的时候自主提交给凭证验证方进行验证；凭证验证方在无须对接凭证发行方的情况下，通过检索身份注册表，即可确认凭证与提交者之间的所属关系，并验证属性声明的真实来源。这种验证基于属性，由代理之间相互认证，因而不需要依赖第三方。

在去中心化的生态环境中，如何确保约束规则和机制的正确执行？如果没有可盈利的机制，很多系统很难持续运营下去。DPKI 可以利用经济激励机制约束"矿工"遵守规则和协议，即遵循规则协议的将获得经济回报，违反协议的就会受到惩罚，这也是中本聪设计比特币所采用的运行机制。

DPKI 系统中没有专门的 CA 机构管理证书密钥，但在去中心化的身份体系中，一个用户往往拥有很多 DID 标识，不同的 DID 标识都拥有独有的私有消息安全通道和认证密钥，并且随着物联网的深入发展，DPKI 的应用场景不再限于人在互联网中的身份认证，越来越多的物联设备也接入网络。

根据"Zooko 不可能三角形"理论，没有任何标识符能够同时满足容易记忆、安全性和去中心化这三点要求。万维网联盟的 DID 标识符放弃了第一点，即 DID 不考虑用户的记忆，为此用户需要使用专门的密钥管理工具——去中心化私钥管理系统（DKMS）。DKMS 是一个基于分布式账本的身份代理软件，也叫数字身份钱包，主要发布链接验证公钥和数据所有者验证公钥信息，提供公开的身份验证和凭证验证。DKMS 的主要组件包括消息通信组件、身份钱包组件、本地数据容器组件。结构化信息标准促进组织正在推广其 DKMS 规范。

在消息通信方面，去中心化身份联盟提出 DIDcomm 协议，对消息通信进行了标准化，以使代理软件就能够建立链接、维护交互关系、颁发凭证以及提供证明。DIDComm 通信不需要服务器控制交互状态，而是采用 P2P 模式，基于共同规则和共识进行交互。

去中心化数字身份方案及演变

去中心化数字身份出现的时间并不长，但很快得到了全球关注。2017年，去中心化身份联盟成立，微软、埃森哲、IBM、以太坊企业联盟、R3、超级账本、金融机构万事达卡，还有国内的微众银行等都已经加盟。去中心化身份联盟的宗旨是通过提高去中心化身份系统互操作性和标准化，构建可让所有参与者都能自由交互的身份生态系统。

万维网联盟是 Web 技术领域的国际标准化组织，其下属的 Web 支付工作组和万维网联盟可验证声明工作组专门负责制定 DID 标准规范，包括 DID 标识符、DID 文档、数据模型等。万维网联盟已经发布了《DID 规范》《可验证凭证数据模型》等。还有一些国际组织在积极参与标准的制定，比如 2016 年成立的重启信任网络（RWoT），在数字身份领导者克里斯托弗·艾伦的领导下，已经发表了超过 40 篇相关研究论文、技术规范与开源代码，《DID 规范》中有很多内容都来自 RWoT 的研究成果。目前，RWoT 正在制定去中心化认证规范 DID Auth。

随着《DID 规范》的发布，很多企业都在研发相关的 DID 项目和实施方案。目前，国内外已经问世的去中心化身份项目已经超过 200 多个，影响较大的有微软公司的 ION、uPort、Indy、Civic、ShoCard，还有我国微众银行的 WeIdentity。由于这些方案均基于万维网联盟的标准规范，而且 DID 标识符为每个方案都规范了方法协议，这意味着这些系统之间可以实现互操作，而不是互不相容地竞争。

微软公司在 2018 年 10 月发表了《去中心化身份》白皮书。2019 年 5 月，微软公司发布了其 DID 身份系统 ION。这套系统采用了标准的《DID 规范》，具有较强的普适性。为此，业界有人将这一系统与在个人电脑上普及使用的 Windows 95 相提并论。微软公司的这一 DID 方案包括三层结构：协议层的 Sidetree 协议、网络层的 ION 和应用层的 DID 系统。其中 Sidetree 是标准组织去中心化身份联盟在 2017 年提出的开源协议，可实现去中心化 PKI 功能，并操控分布式账本上的数据；ION 是基于 Sidetree 协议的开源网络；应用层 DID 负责实现 DID 规范管理。

ION 系统基于比特币和以太坊的区块链网络，已经开始为联合国 ID2020 项目提供技术支持，以解决困扰全球的 11 亿多难民的身份问题。由于缺乏相关身份文件，导致他们无法参与当地的政治、经济、文化和社会生活。ID2020 项目可为难民提供可便携的数字身份钱包，以管理其医疗记录、教育和职业证书、营地工作记录等。

另一重要的 DID 身份系统是基于以太坊区块链的 uPort 系统，它在操作方式上类似于社交平台的身份管理。uPort 系统主要包括三个功能组件：智能合约、开发者库和移动应用 APP。其中开发者库便于第三方应用开发者把 uPort 系统集成到自己的应用程序中，移动应用 APP 供用户使用，智能合约完成身份管理的核心功能。

智能合约是一种自动执行的程序代码，uPort 系统使用智能合约地址来标识身份，这是一个包含 20 个字节的 16 进制字符串，这个地址与 DID 作为其全局唯一持久标识 uPort ID，其格式基于以太坊提出的数字身份标准提案 ERC725。uPort 系统包括三种智能合约：密钥合约，负责管理多种身份公钥；声明合约，负责管理可验证凭证；执行合约，负责完成转账、授权等身份代理操作。uPort 系统通过智能合约绑定相应的 DID 身份标识和凭证，当用户需要身份核验时，系统执行声明合约，检查用户的可验证声明和凭证。如果已经通过身份核验，系统自动避免重复身份认证。此外，uPort 系统还允许用户在丢失移动设备时恢复身份等功能。

2017 年，瑞士的楚格州利用 uPort 系统在以太坊区块链上创建了世界第一个由政府签发的去中心化身份系统，其去中心化模型引入了个人身份所有权、身份管理、身份核验等。市民可以在以太坊公共网络上创建和验证自己的数字身份和数字签名，用于使用公共服务，并可与第三方机构共享个人数据。从市民的角度来看，uPort 系统服务允许向特定企业或政府机构选择性地公开特定信息，从而使公民能够完全控制并拥有其个人数据的所有权。

数字主权身份及其阿喀琉斯之踵

2020 年美国总统大选后，美国政坛乱象频出，特别是 2021 年初发生暴力冲击国会事件后，美国各大互联网平台封杀时任总统特朗普的行为，震惊了互联网世界，用户数字主权问题成了世界关注的话题。

用户自主主权身份及其应用

用户自主主权身份的兴起

互联网上的身份管理系统都属于集中式用户管理模式，即用户的各种身份信息都要提交到网站管理平台。正如克里斯托弗·艾伦所说的，许多人在网上注册的身份只是从互联网平台那里租用的，用户没有真正的主权。

用户自主主权的概念源自以用户为中心的理念。早在 2005 年，Sovrin 基金会主席菲利普·温德立（Phillip Windley）等人创建了互联网身份工作室，提出"以用户为中心的身份"理念，强调网络身份应该以用户为中心，即用户对身份有更多的控制权、更好的体验和去中心化信任等。这一理念重点关注身份应用的两个环节：用户授权和互操作性。为此，互联网身份工作室支持制定了数字身份的很多标准和协议，如 OpenID、OpenID Connect、OAuth 和 FIDO 等。

互联网身份工作室的这一理念初衷是让用户掌控自己的身份，但实施过程并不顺利。因为技术门槛的限制，用户还是需要到互联网平台注册 OpenID 账号，用户看起来拥有了控制权，但也随时有可能被注册平台剥夺。特朗普被封杀就是一个最明显的实例。

微软公司的身份架构师金·卡梅伦等人在 2008 年提出"以用户为中心的身份元系统"，其中包括七条身份法则和一个系统框架。系统允许用户存储、控制自己的数据，并可发布给第三方。他们倡导个人控制、许可和同意的价值观，主张从身份声明的提供者到依赖方的数据流，只有在用户请求时才被允许。这通常需要独立的个人数据存储，但要覆盖范围很广泛的客户群，就需要复杂耗时的数据集成，难以形成规模效应，并且也无法摆脱服务提供商及其单方面制定的用户协议和隐私政策。

2016 年，艾伦倡导的 RWoT 组织正式明确提出了"自我主权身份"这一术语。艾伦在卡梅伦的"身份七法则"的基础上进一步归纳出自主主权身份的十大法则，并将其概括到三个维度：安全性，身份信息必须保证安全；可控性，用户必须能够控制谁可以查看和访问其数据；可移植性，用户必须能够在任何他们想要的地方使用他们的身份数据。

自主主权身份最主要的特征是其自主性，即用户身份独立于服务提供商，这与 DID 的去中心化特征很相似。事实上，自主主权身份在技术实现上多采用 DID 的技术实现模式。那两者有什么区别呢？从技术实现看，DID 不仅强调身份系统分布架构的去中心化，从底层协议到上层应用程序，以及数据的存储、验证、交易等环节均需要基于分布式账本，目的是保证没有单独某个或一组节点可以控制流程产生的数据。而自主主权身份主要看重用户对身份数据的自主控制和使用授权等权限，其流程中并不完全排斥中心化环节，如系统运营、链下存储、凭证验证等关键环节。

自主主权身份之所以可以不需要使用集中式注册中心、身份提供者或证书颁发机构，其关键在于基于去中心化公钥基础设施。作为信任链起点的"信任根"放在区块链的分布式账本上，用户可以自由使用任何共享的信任根，并通过共识算法对其直接管理，这样每个用户都可以自主颁发自己的身份标识。这一机制既消除了中心化管理的弊端，还免除了单点故障。

用户自主主权身份 Sovrin 网络及其治理

目前，影响较大的自主主权身份架构是初创公司 Evernym 推出的 Sovrin 网络体系。Sovrin 基于许可型分布式账本，即联盟链，采用类似解析 IP 地址的 DNS（域名系统）模式管理信任根。DNS 系统具有扩展能力，不过可扩展的验证节点数量有限，且不使用共识协议，还容易受到攻击。为此，Sovrin 网络在结构上设计了两个节点环：一个是验证者节点环，用于写入交易数据；另一个是规模更大的观察者节点环，通过只读区块链复制满足数据读取请求。

与很多系统的事后实施隐私保护不同的是，Sovrin 网络采取隐私优先的原则，包括设计隐私和默认隐私等原则，即在系统设计上嵌入全流程的用户隐私保护措施代码，并且在用户使用身份认证时采取默认隐私保护模式。这些隐私保护措施主要有以下三项：

- 用户可采用成对匿名 DID 与其他 DID 交互，确保身份信息安全；
- 私有代理，将可验证凭证等个人数据存储在链下，仅通过 P2P 私有通道实现数据加密交换；
- 使用零知识证明，身份验证时可最少化信息披露。

这些措施可以让大规模个人数据泄露成为历史。

Sovrin 体系于 2015 年着手开发，2016 年成立专门的 Sovrin 基金会管理运营。2017 年 7 月，Sovrin 正式上线，生成了第一个创世交易，由最初的

10 个被称为"管理者"的机构节点共同参与完成。这些管理者是网络中的超级节点，提供计算资源和人力资源，基于 Sovrin 信任规则维护网络运行。目前，Sovrin 有 50 多个管理者，来自德国、瑞士、荷兰、法国、美国、加拿大、印度等 14 个国家或地区，包括思科、IBM、美洲国家组织职员联邦信贷联盟、国际航空电信集团等大型机构。但这一机制并不完全符合去中心化的设计理念。

Sovrin 是一种实现自主主权身份的互操作性身份协议，它定义了一个分层次的、去耦合的模块化模型，但它并不是一种具体的解决方案，也不依赖于特定软件实现。开发商可基于 Sovrin 协议和基础设施搭建具体的互操作平台。2017 年，负责托管系统的 Sovrin 基金会将 Evernym 开发的开源代码库转交给 Linux 基金会，发展成为 Hyperledger Indy 项目，主要包括实现身份自主管理的工具、库和可重用组件。2019 年，该项目中又独立出 Hyperledger Aries 项目，其包括一个加密身份钱包，以及跨区块链的交互通信协议。

Sovrin 治理基于 ToIP 框架体系，这是 Sovrin 社区成员在 2019 年底发起的一个数字信任框架，后成立 ToIP 基金会，由 Linux 基金会托管。ToIP 使用双堆栈架构解决互联网上的信任关系，分别为 IP 治理堆栈和 IP 技术堆栈，二者均为四层堆栈结构（参见图 7-2）。IP 治理堆栈从下到上分别为：网络设施治理框架、供应商治理框架、凭证治理框架和生态系统治理框架；IP 技术堆栈的底部两层实现技术信任，包括 DIDComm P2P 通信协议层，实现代理应用之间的点对点通信，还有公共网络设施层，已实现 DID 方法和网络设施；第三和第四层提供了人际信任框架，分别为身份数据交换协议和应用生态系统。Sovrin 社区与 ToIP 基金会合作开发 Sovrin 治理框架，目前已经成立了 Sovrin 设施治理框架工作组和 Sovrin 生态系统治理框架工作组。

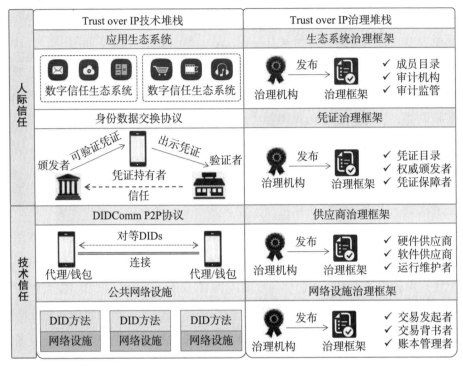

图 7–2　ToIP 双堆栈体系图

加拿大不列颠哥伦比亚省的可验证组织网络

目前，已有政府开始实施自主主权身份。2019 年，加拿大不列颠哥伦比亚省开展了 Sovrin 的商用试验，即在 Hyperledger Indy 系统的基础上构建了名为可验证组织网络（verifiable organization network，VON）系统。这一系统主要通过匿名凭证技术为企业提供标准化的可验证凭证，其中的密码学原理保证了凭证发行者和接收者身份的真实可信、凭证内容完整未被篡改，以及凭证的有效性。系统还提供离线验证特性，即凭证验证无须联系凭证的发行者，以奠定政府与企业之间相互信任的基础。

通常自主主权身份体系中没有凭证发行方和验证方，为了方便接收存储身份凭证，不列颠哥伦比亚省政府建立了一个凭证注册库 OrgBook BC，并引入凭证发行机构运营 OrgBook，负责接收并验证企业身份凭证。此外，VON 系统现在只能支持企业公开身份的颁发，不能使用隐私保护功能。由此可见，VON 系统的用户控制和隐私保护程度并不理想。现阶段的 VON 系统主要还是培育生态系统，用户控制身份数据和隐私等功能将来会再扩展，因为 VON 网络遵循 Sovrin 协议，易于扩展功能。

VON 生态系统建设基于司法管辖区域，每个管辖区域形成一个生态系统，主要包括企业、凭证发行 / 验证机构及政府部门，OrgBook 注册库和管理系统是参与者合作的枢纽。这些生态系统之间可以相互链接，并基于 Hyperledger Aries 标准实现端与端之间的互操作，形成跨区域的 VON 体系。

为推动生态系统的成长，不列颠哥伦比亚省政府采取了 Facebook 推广社交网络的"精明网络效应"策略，也就是先在哈佛大学拉一批核心用户作为种子，然后再引发用户增长的网络效应。对于 VON 系统来说，其核心用户就是到政府办事或与政府交互的企业，比如餐馆老板想获得食品供应许可或酒精饮料供应许可，或缴纳税款等，这些都涉及大量的资质凭证的可信交换。政府各部门都要接入到 VON 系统，精简重构各种繁文缛节的流程，把所有政府部门的相关业务系统整合到一起，为企业提供优质的政务服务，通过政府服务的供给侧改革，吸引培育核心用户。目前，这一系统已为企业发放了超过上千万份可验证凭证，每年为政府节省了数十亿加元的开销。

Sorvin 是一种用户自主主权身份的信任协议，其本身不依赖于任何中心机构，用户身份也不能被剥夺。需要说明的是，虽然 Sorvin 白皮书在显要位置提到了数字世界身份与物理世界身份难以验证的难题，但通过分析，我们可以发现 Sovrin 并不解决该问题。Sovrin 的目标是任何人都可以发布包含数字签名的证书，其他人都可以验证，当前其他数字身份方案也都在努力解决这一问题。

用户自主主权模式的局限性与用户数字主权

互联网上数字身份模式是用户与互联网企业之间博弈的结果。在卡梅伦和艾伦等人的积极倡导下，去中心化和用户自主主权身份的理念已经得到越来越多的认同，相关的标准规范、技术框架和实施项目都在积极推进中。但从目前各种方案的试验效果来看，这些技术方法还是存在其局限性，这也是它们的阿喀琉斯之踵。

首先，用户自主主权身份系统的可持续运行仍存在问题。众所周知，主权都需要依托领土和疆域，否则，寄人篱下谈所谓的主权只是一个笑话。数字空间的疆域需要强有力的数字化基础设施支撑，这就需要持续投入大量的计算资源、存储资源、软件资源和运维资源等，对数据的分析利用还需要开发大数据分析、人工智能等复杂算法。而这对于个人来说，显然不具备这些条件。

尽管区块链提供了分布式账本，但这主要限于用户身份标识等基本信息，用户大量的数据需要链下设施来存储管理，而且分布式账本的运行也是有成本的，那就是"矿工"的计算资源的付出，不仅效率低，成本还很高。

但如果用户将数据托管到商业云服务平台，这似乎又回到之前的互联网平台管理模式，用户还是无法获得自身数据的控制权。即使用户能够控制数据的使用，平台如果不能从个人数据中盈利，也就没有动机为用户免费托管数据。其结果可能是，服务商要么采取收费策略，要么拒绝提供服务。这也是自主主权身份的商业模式仍然不成熟的主要原因。

其次，身份的真实性是信任的核心基础。在去中心化的条件下，用户身份的真实性验证比较麻烦，这也是互联网上最棘手的难题之一。Sorvin 白皮书中很明确地提到了这一问题，但其解决方案并没有很好地解决这一问题。Sovrin 的认证理念是任何人都可以发布包含数字签名的证书，其他人都可以参与验证。比如一个普通员工给自己颁发一个"总经理"凭证，但得不到权威验证就没有人会相信。这种建立信任策略效率低、实施成本高，还很可能会出现不少冒名顶替、伪造个人信息等不法行为，滋生网络黑市及诈骗活动。由此可见，在去中心化体系中，有公信力的验证仍然很重要。

再次，去中心化并不意味着没有中心，而是弱化不必要的中心。完全去中心化往往意味着原始民主的低效。完全消除中介不仅牵涉社会分工和各方利益，而且不一定能够取得预期效果。事实上，以去中心化闻名的比特币运作模式为例，其背后也有中心化的算法设计者、规则制定者以及系统运维者，他们都是中心化色彩很浓的角色。自主主权身份模式也不是必须全流程的去中心化，而是采用合理的去中心化策略，比如可以利用去中心化的理念重构中介业务流程，实现扁平化的组织结构。在身份治理上还可采取统一规则，且尽可能地将各种规则转化成密码算法或智能合约，实施程序化自动执行，最大限度地减少人为因素的干预。

最后是自主主权身份系统的可用性问题。事实上，最早的自主主权身份模式雏形是 20 世纪 90 年代初出现的优良保密协议（pretty good privacy，PGP）系统，这是一个基于 RSA 公钥加密体系的邮件管理软件，既可加密邮件和数据，还能使用数字签名。PGP 系统采用了去中心化的信任网络模型，允许节点担任公钥的发行者和验证者，任何人都可以参与验证，由此建立分布式信任。

PGP 系统功能强大，理念也很先进，但其操作复杂，曲高和寡，可用性和用户体验也不佳，只有少数计算机专家或极客才会使用，后来连其开发者菲利普·齐默曼（Philip Zimmerman）也放弃使用。正如艾伦所说的那样，面向技术熟练用户的系统可能不会自动扩展到包容大多数用户。这给自主主权身份系统的推广提供了前车之鉴。尽管目前自主主权身份系统的可用性在不断提高，但离大众普及仍然有一定差距。

数字身份与数字主权

近年来，从用户自主主权理念中发展出数字主权的概念，既包括国家在数字空间的自主主权，以体现国家在数字经济社会发展中的自主行动能力，还涉及用户或国民数字主权。国家数字主权包括数据主权、网络主权、云主权等，国家对此有不受他国干涉的自由权、所有权和管辖权，其中数据主权涉及每一个公民。公民数据主权的主体是公民，其要素包括三大支柱：公民数字主权身份、网络支付及数字货币、电子合同及智能合约。

在用户与互联网企业围绕用户自主主权的博弈过程中，尽管用户数量庞大，但由于技术手段和信息手段的严重不对称，用户处于弱势地位，仅仅依靠技术手段难以奏效。一个可行的途径是将个人数字主权与国家数字主权结合起来，即个人用户依托国家的力量，从而主张和掌控自己的数据权利。

将个人数字主权与国家数字主权结合起来可以实现双赢。一方面，政府掌握着真实可信的公民身份信息，并可为公民提供数字化信任服务基础设施，实现身份认证、网络支付等服务。政府可委托权威机构为身份真实性背书，以构建一个安全可信的数字空间，同时还可以实现去中心化的隐私保护和治理，方便用户在网上进行各种交互和交易活动，促进社会经济的健康发展。

另一方面，公民和企业还可以为国家安全、政务服务、公共服务及社会治理、宏观经济调控决策等提供大数据资源，提高政府决策和调控能力。

同时还可将数据应用及相关功能接口对社会开放，以扶持各类中小企业的创新研发，抑制互联网巨头的垄断行为。

主张数字主权需要避免造成互联网的碎片化。近年来，由于网络安全、地缘政治和贸易保护等因素，互联网可能会被撕裂，即有碎片化的风险。有法学家悲观地认为："全球互联网时代正在过去。各国政府都在建造网络壁垒，阻止跨境信息的自由流动……这将撕裂万维网的全球性。"如何在确保国家和个人数字主权安全的前提下，保持一个统一和完整的网络空间，不仅对中国，对世界各国都是一个严峻的挑战。

近年来，欧盟在个人数字主权方面出台的举措得到了广泛关注。当前欧盟数字市场主要由美国互联网巨头所掌控，如谷歌、苹果、Facebook、亚马逊和微软等，它们凭借技术优势，收集了大量个人数据，并通过数字广告获得巨额利益。而"剑桥分析事件"表明了互联网平台也能将个人数据用于政治操纵目的。美国的《澄清境外数据的合法使用法案》（又称云法案）赋予美国执法机构调取美国企业存储在境外服务器上用户数据的权利。这不仅使欧洲公民失去对个人数据和隐私的控制权，也严重削弱了成员国在诸多领域的数据管辖权，引起了欧盟的严重关注和忧虑。为此，欧盟开始不遗余力地捍卫自身的数字主权。

欧盟主张，国家行使数字主权的关键在于其"制定全球及本国规则和标准"的能力。为此，欧盟在 2018 年实施了《通用数据保护条例》，其中第 20 条明确赋予了用户对个人身份数据的便携权、被遗忘权和其他控制权，并规定了严格的监管和保护措施。

2020 年 2 月，欧盟密集出台了一系列数字化战略，其中，《欧洲数据战略》明确提出，通过建设欧洲云基础设施 Gaia-X，构建单一数据空间，并授权数据主体利用个人数据空间及相应工具控制其个人数据。2021 年 3 月，欧盟委员会发布《2030数字罗盘：欧盟数字十年战略》报告，提出欧盟2030年的愿景是赋予公民和企业数字主权，确保其数字生态系统和供应链的安全及抗打击能力。

欧盟已启动了自主主权身份的研发工作。欧盟在2020年就建成了欧洲区块链服务基础设施，以此为基础，欧盟经济与社会委员会于2019年开发了一个欧盟自主主权身份框架，提出采取去中心化的数字身份模式构建自主主权数字身份体系。2021年，欧盟委员会发布《欧盟数字身份框架》倡议，制定了数字身份钱包的技术架构、参考框架、共同标准和最佳时间，帮助欧盟各国在跨国政务及公共服务满足"仅需一次"的认证原则，即只需经过一次认证，就能获得各种服务，其应用场景包括学历证明、难民管理、福利补贴、医疗保险等。

元宇宙时代的数字信任基础设施

在元宇宙时代，数字身份将发挥更为关键的作用。在传统互联网时代，网络身份账号体系大多是各大互联网平台主导开发，国家主权数字身份尚未普及。互联网平台掌握着海量用户的大数据，其背后的商业资本很多来自海外，不少还在海外上市，这对国家数据安全、金融安全都将产生重大风险。2021年7月，网约车平台滴滴出行在美国上市后不久，就爆出因严重违规收集用户信息影响国家安全而被相关部门调查。另外，互联网平台利用自己掌控的数据优势，对用户进行算法歧视，对老用户收取更高价格，即大数据杀熟等。不同支付平台不能互通也会给用户带来不便。

为此，我们需要基于统一的主权身份，建立跨部门、跨领域的数字信任框架，制定统一服务标准、数据标准等，让公私机构的网络服务平台都采用统一身份认证方式，形成基于规则治理的数字信任生态系统，实现在线身份验证和交易、网络支付和数据保护利用等功能，促进参与者之间的协作共享。

数字信任体系的目标定位和设计方法

目标定位

作为元宇宙时代的基础设施，数字信任框架的目标定位主要包括以下三个方面。

- **数字主权**。当前，互联网平台垄断着用户个人信息，网络聚合效应和大数据分析使互联网企业获取了巨额利润，但信息的不对称也使用户面临歧视和欺诈。为此，需要国家主张数字主权，并通过技术和法律手段，帮助个人获得个人数据控制权。
- **社会公平**。社会公平是经济社会发展的重要目标。统一数字信任体系可以让数字化服务普惠大众，缩小数字鸿沟，保障个人数字权益不受到服务提供商的算法歧视，实现社会公平与效率的均衡。
- **数据安全和金融安全**。个人身份数据不仅涉及每个人的切身利益，通过海量用户大数据分析还能推断出国家经济社会状况，也可能利用数字媒体操纵用户，进而危及国家数据安全；金融是国家经济社会的命脉，完全由国际资本掌控隐藏着巨大风险，这就需要将金融与金融科技区分，按照国际接轨标准规则进行金融监管，以保障国家金融安全。

设计方法

数字信任平台作为整个数字经济社会的基础设施，几乎涉及所有的政府部门、公私机构和社会公众，用户数量和业务类型众多，各类业务往往需要跨部门、跨领域共享合作，相关平台系统结构和功能复杂，利益相关各方协调工作艰巨。因此，需要一种能够为各参与方都能普遍接受的顶层设计方法论，让业务、数据和技术实现相互分离，且又能够实现数据共享、交互协作。

组织架构是目前应用最广泛的顶层设计方法论，美国 CIO 委员会在此基础上提出的美国联邦组织架构（FEA）顶层设计方法论，就是专门用于跨部门、跨领域复杂系统的顶层设计方法，它通过将复杂系统科学地分割成一系列有机联系的小系统，再由相应的部门分头组织实施。FEA 设计方法确定了统一的框架，采用共同方法论和标准体系，再加上一致的描述语言，定义了体系的目标、业务、服务、数据、应用和技术等涉及的标准、指南和管理规则，便于构建各子系统和服务平台之间的连通与交互关系。这些子系统叫采用不同的技术路径和加密算法。

鼎信框架的组织架构

数字信任框架采用了 FEA 理念，建立了一个目标驱动的架构体系，分别包括绩效架构、业务架构、技术架构等。据此可构建数字信任元平台，这也是数字信任的关键基础设施，主要包括三个核心功能系统：一是去中心化的数字身份系统，二是统一的网络支付体系，三是数字资产体系。这些功能可分布式实现，但又相互协作，从而在数字空间构建信任环境，因为基于三个支柱，又可称为鼎信框架（Trinity Trusted Framework，TTF）。

鼎信框架的架构体系是一个层次结构，最顶层为绩效架构，向下依次为业务架构和技术架构，如图 7–3 所示。

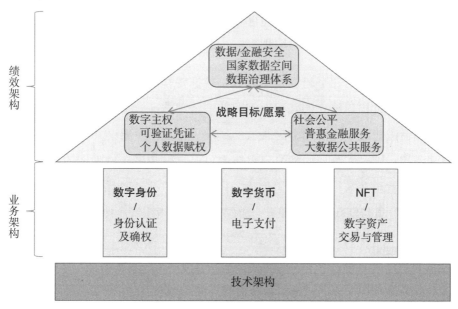

图 7–3　鼎信框架的架构体系

绩效架构

绩效架构主要是基于系统目标定位，建立绩效指标，勾画系统需要实现的愿景。绩效架构用于提出系统的"为什么"。

鼎信框架绩效架构的第一个目标是建立数字主权。包括两个维度，一个是去中心化可验证身份凭证，让用户能够掌控自己的身份凭证及数据，如身份凭证的颁发、核验和管理；另一个是身份的可携带性，赋予个人自由选择服务平台的权利，抗衡互联网巨头对个人信息过度滥用、算法歧视等。

绩效架构的第二个目标是保证社会公平。去中心化数字身份验证的目标不只是简单地追求效率，而是侧重程序的公开透明及数据的不可篡改性，并将社会公平价值观嵌入平台算法和数据治理中，综合权衡风险、效率和公平之间的关系，利用数据实现普惠的金融服务和公共服务。大数据分析还可揭示个人真实的经济社会状况，甄别出真正需要帮助救济的群体，消除伪造申请条件获得补贴救济的情况。

绩效架构的第三个目标是保障国家数据安全和金融安全。保障数据安全还可以通过构建统一的数据空间及监管治理体系，掌握数字经济社会发展动态，以对数字经济和金融领域的风险进行提前预警，并实现对市场的宏观调控。同时，统一的网络支付体系可以打破网络支付割据的局面，有利于数字货币在数据空间传递价值，促进数字经济高效运转，激励移动支付市场的竞争与创新，以实现统一金融监管，打击黑灰产业非法洗钱。

业务架构

业务架构说明系统要做什么，主要包括业务流程和相应环节的执行角色。具体业务架构和流程如图7-4所示。

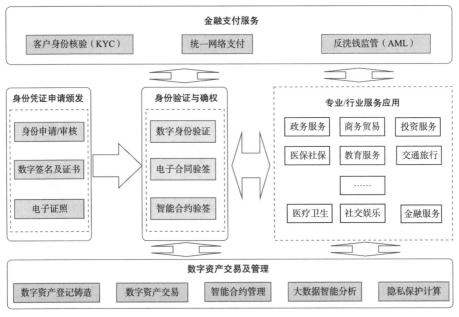

图7-4 鼎信框架的业务架构和流程

业务流程起始于身份凭证的申请和颁发。用户需要向身份管理机构提交自己的身份信息，这类机构通常为有公信力的政府、企事业单位、商业机构、银行机构等。身份管理机构经过审核后，向用户颁发身份凭证。身份管理机构是身份凭证发行者，用户则是身份凭证持有者。

与传统证照类似，用户的可验证身份凭证也分为以下几类：一是仅包含个人数字签名的可验证凭证，通常用于各种日常社交或普通商务场合，类似名片或个人简历；二是包含获得国家背书的权威认证机构颁发的数字证书的可验证凭证，类似身份证、社保卡等；三是包含行业认证机构的数字证书的可验证凭证，通常用于行业相关的交易，属于功能性身份凭证，类似银行卡、医疗卡、交通卡等。可验证凭证可保存在个人数字空间，也可使用数字身份钱包进行统一管理。

用户使用在线服务需向服务提供商提交身份凭证，以验证其身份凭证及声明信息的真伪，服务提供商就是身份验证者。身份验证者既需要验证身份凭证的真伪，也需要验证用户本身，关键在于通过密钥验证相应数字签名的真伪。去中心化的数字身份可以提高身份验证的便捷性和安全性，同时还能保证用户隐私。为了防止网络欺诈，用户能够验证身份验证者的身份。

鼎信框架体系还包括其他需要信任的服务设施，如网络支付、客户身份核验和反洗钱监管等在线金融服务，这些都离不开可信用户身份核验。

数字资产管理也是重要的信任基础设施，可以实现数字资产的申请登记（或铸造）、资产交易、智能合约管理，以及大数据分析和隐私保护计算。其中个人数据为重要的数字资产，对数字资产不仅需要身份的核验，还需要个人数字签名的核验。

在数字时代，对数字身份、数字资产的管理涉及大量的地址、密码、密钥等，通常的方法是为用户提供专门的应用程序或数字钱包。权威部门或机构也可以提供统一的个人数字空间，将个人常用的个人信息、证照信息、资产信息等进行统一管理。同样，企业也需要类似的数据空间，将各种需要与政府或外部交互的重要信息进行统一存储管理。另外，为了保护个人信息，企业也有义务将其采集和使用的个人数据的元数据上传到数据空间中，便于监管部门的统一监管。

技术架构

技术架构决定系统在技术上如何实现。鼎信框架平台的技术架构是采用 FEA 理念构建的一个多层次堆栈结构，包括了一系列参考模型，包括数据参考模型、应用参考模型、治理参考模型、基础设施参考模型和安全参考模型，如图 7-5 所示。这些参考模型与 FEA 在技术架构上基本相似，但 FEA 中的绩效参考模型和业务参考模型在我们的框架体系中被提取出来，作为单独的架构。另外，数字信任框架增加了治理参考模型用于实现对数据和应用系统进行治理，并通过标准接口提供对外服务。

数据参考模型用于设计鼎信框架平台的数据层。平台数据有两种模式，一种是分布式账本上的去中心化身份标识和去中心化文档，以及凭证撤销注册表、发行凭证的公钥，可采用联盟链方式。这种身份认证机制可让验证方随时随地验证身份。区块链上还有智能合约，可将法律和监管政策转化为自动执行的程序代码，嵌入应用系统中，使法律法规也能像技术标准和管理策略一样，由系统自动完成相关业务的合规合法。另一数据模式就是数据空间，存储相应身份数据，如可验证凭证、客户身份核验数据、密钥、医疗健康数据、公共服务办理凭证，还有交易数据、电子合同、金融账户等。数据空间以保护用户个人数字资产为目标，为各种需要信任的服

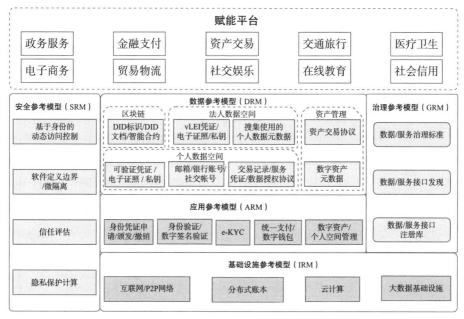

图 7-5　鼎信框架的技术架构

务提供数据，由个人自愿上传。数据空间可采用集中式管理，亦可采用分布式存储，由用户自己决定存放的位置。用户在自己的数据空间提供相关元数据描述，以告知别人如何发现其个人数据。

应用参考模型为鼎信框架平台的各类服务组件、应用程序等提供技术标准分类体系，这是一个逻辑集中、物理上高度分布式的应用系统设计模型，不同业务分别由相应的机构承担运行和维护工作。应用参考模型可为用户提供数字加、解密和验证、身份验证、安全网络支付、数字钱包等服务，提供数据保护与授权管理、个人数据空间及数字资产管理、大数据智能分析及数字画像等功能模块，可为数字经济社会平台提供信任服务，如金融科技、政务服务、公共服务、商业及金融平台、学籍及教育证书管理、医疗卫生平台等，也可为初创企业提供试验沙盒。

治理参考模型可实现鼎信框架平台数据／服务治理标准化、数据／服务接口的发现功能，以及一个管理各种对外服务和数据接口的注册库，各种互联网平台或身份依赖方都可以根据相关使用规则和协议发现并使用身份验证、网络支付及数据保护功能的服务接口。关于具体治理方法及策略，我们将在下一节中讨论。

鼎信框架平台的技术架构还包括基础设施参考模型和安全参考模型。基础设施参考模型除包括常规的互联网、移动互联网和服务器等软硬件外，还有 P2P 网络、分布式账本及智能合约等区块链服务，云计算和大数据计算设施也是新型的关键设施；安全参考模型提供了隐私保护与安全防护相关的通用语言与方法，既包括技术手段，也有业务和管理策略。数字信任体系采用零信任安全体系架构，使用基于身份的动态访问控制机制、软件定义边界和微隔离等技术，以及动态信任评估、隐私保护计算等一系列安全强化措施。

数字信任体系的治理

鼎信框架的治理体系主要基于技术架构的治理参考模型，首先要构建一个治理信息注册库，内容包括以下四部分。

- 各类治理机构信息及其角色职能，比如平台管理者、信任服务提供者、信任服务使用者、数据系统管理者、系统运维管理者等，具体包括负责人、责任人及其地址和联系方式。
- 需要治理或服务的信息系统或平台，包含所在领域、数据结构（特别是个人元数据）、安全等级、使用的个人数据、数据法律授权情况以及数据获取渠道或服务接口等。
- 信任服务统一接口标准，形式一般为可编程接口或微服务等，为各类公

私机构的数字服务平台提供诸如身份验证、移动支付、数据保护使用等
服务。注册库主要存储服务及其语义描述，如服务的输入和输出参数、
服务提供策略（基于什么样的原则、为谁提供服务，以及为什么要提供
这项服务）、服务质量指标（可用性、可靠性、效率、安全级别等）。

- 数据治理信息，包含相关的各类元数据分类、XML 格式的数据内容分
  类、用户数字画像标签等。

信任服务接口是治理体系的核心。信任服务接口通常包括以下四种类
型：（1）数字身份类接口，包括身份申请注册与身份注销服务、身份及证
照凭证的验证服务、数字签名验证等服务；（2）电子支付类接口，为初创
企业开发新的商业模式创新提供统一的支付服务，以及客户身份核验等；
（3）个人数据授权使用及保护类接口，提供个人数据和数字画像便携移植
以及隐私保护计算服务接口；（4）综合查询类接口，比如为第三方的服务
或应用 APP 开发者提供服务接口目录查询或管理、智能合约模板或数据授
权使用协议的查询等。

数据治理体系可借鉴 FEA 的数据参考模型，包括以下三方面的内容。

- 数据描述，使用统一的标准化方法描述数据和元数据，以支持数据的发
  现与共享。对注册库中每一个单独的数据库 / 服务，以及它们的组件，
  都要进行描述；
- 数据上下文，主要提供了数据的标准分类方法；
- 数据共享，为数据跨机构的共享访问与互操作提供统一的服务接口。

在注册库中，所有服务接口和数据库都应采用标准化方式描述，既需
要有人类可读的自然语言格式（如常用的网页描述 HTML 格式），还需要有
机器可读的格式，如用于语义描述的语言 OWL、XML 格式，以及描述网
络服务输入输出的语言格式的 WSDL、数据定义语言 SQL DDL 等。

信任生态系统及其运作机制

信任生态系统组成结构

生态系统原指自然界中生物种群与环境之间通过能量流动、物质循环和信息传递形成的自适应、协调和统一的动态体系。数字经济社会也需要构建类似的平衡体系。鼎信框架的信任生态系统可以让系统中各参与者群体（与自然生态系统中的生物种群相对应）通过去中心化身份体系在数字空间建立相互信任关系，安全地在数字空间中完成各种商业、金融或社会交易活动。鼎信框架体系的参与主体主要有消费者或个人用户、服务提供者、记账矿工、去中心化自主组织社区，还有监管者、验证者、程序开发者和资产交易所。鼎信框架的生态系统组成要素如图 7-6 所示。

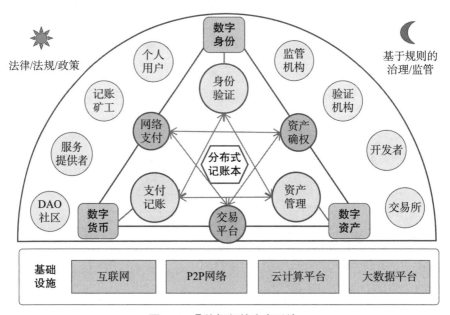

图 7-6　鼎信框架的生态系统

元宇宙拥有完整的经济体系，并具有三项基本要素：数字身份、数字货币和数字资产，这也是鼎信框架体系的三项基本要素。在这些要素中，数字身份需要对身份信息进行验证，数字货币需要去中心化记账，数字资产需要资产管理功能。经济系统的运转还需要网络支付等金融服务对数字资产进行确权，还有数字资产的交易平台。

在数字生态体系里，各参与者承担相应的功能角色分工，各司其职，如个人用户、凭证验证机构、交易平台、服务提供者和监管部门等，在生态系统中都有相应的分工定位。具体来说，信任生态系统最重要的业务功能是身份认证，个人用户数量庞大；角色定位是身份凭证的申请者和持有者；身份管理机构负责身份的颁发者和审核者审核身份信息的真伪；服务提供者需要对客户身份凭证进行验证，是数字身份的依赖方。

建立信任是鼎信框架体系的核心功能，包括两个目标。一是对用户信息的核验，这需要用户信息的开放；二是需要保护用户的个人信息和隐私，需要让用户能够掌控自己的信息。这两个目标是有所冲突和矛盾的。在实际应用中，需要制定策略和原则，保证这两者达到均衡状态，实现生态系统的良性互动和数据的有序流动。

去中心化身份验证机制

在数字信任生态中，用户的可验证凭证起着关键作用。可验证凭证不仅安全、不可篡改，还具有可移植性，便于用户自主证明身份。用户使用需要认证身份的服务平台时，无须在平台上注册账户，也就不用设置登录口令。身份信息不再全部提交给平台，由用户按照信息的"最小披露原则"，根据服务需求提交并管控自己的身份信息，以保护个人隐私数据。平台不需要保存大量的个人信息，也就不存在个人数据泄露的风险。这种方式类似现实中实体证照的使用，且更加灵活、安全，既满足传统的线下身份认证的需求，也适用于数字空间身份认证场景。

用户身份申请和验证可以采用自助方式。用户首先在可信数据空间生成加密私钥，再将个人信息及私钥生成的签名发送到身份核验服务器，经过核验服务器验证签名后，再用公钥注册用户的个人数据，颁发身份凭证。在身份认证时，验证者利用区块链上的数据和验证程序对用户出示的可验证凭证进行验证。去中心化身份验证不需要用户私钥就能够保证信息为声称用户所发，也就避免了用户身份冒用问题。如果用户不希望服务商提供继续使用自己的个人信息，就可以撤销授权，而无须经过服务提供商的同意。

可验证凭证还可附加元数据。如第三方认证证书，允许用户在不同的行业应用场景中使用不同的可验证凭证，比如金融机构颁发的金融服务凭证、医疗机构的诊疗凭证、电子商务网站的登录凭证，都是围绕用户的服务需求而展开应用。各类身份证照或资格证明都以可验证凭证的形式发送到公众的个人数据空间，既便于验证使用，也便于身份证照的管理。对于重要的应用场景，可验证凭证需要权威机构颁发，还可利用人脸识别或者指纹等生物特征信息进行验证，以进一步增强交易的安全性。

数字信任生态系统基于去中心化的身份体系，采用联盟型区块链，主要由身份认证权威机构主导，负责维护区块链节点，审核身份声明或凭证的真实性与有效性。在信任生态体系中，政府和公共部门是关键参与者，承担多种角色。首先，政府和公共部门可为公民提供数字化信任基础设施，为公民数字主权身份提供依托平台。其次，政府还是整个经济社会信任体系的监管者和协调者，包括制定生态体系的法律法规、技术及管理标准等，通过制定生态体系的规则体系，促进生态体系的规则治理，并通过大数据分析、人工智能算法、智能合约等方式，打击身份造假、金融诈骗、侵犯或泄露个人信息等违法违规行为。

统一支付体系是信任生态系统中的价值传递枢纽，身份认证可以为金融服务提供者验证客户身份的真实性和有效性，或者再结合客户的个人信息对客户实施身份核验。统一支付体系还有助于用户将银行账户与身份标识绑定，允许用户使用简明易用的标识符代替繁琐的账户名，也便于用户进行跨行转账和支付。

统一支付体系可以基于开放银行理念，由央行、商业银行和金融服务机构联合制定统一的金融支付接口，并对接数字人民币系统，构建数字金融基础设施。金融科技企业可利用这些开发接口开发创新金融服务应用，如移动支付、数字货币钱包、投资理财、个人信贷等。统一支付体系有利于明确金融服务与金融科技的分工与界限，即金融服务机构专注于提供体验为王的金融服务和风险防控，保障国家金融安全；而金融科技企业专注于互联网和金融模式的创新，激发数字金融市场的活力。

信任生态系统还可进一步促进数字经济社会的创新。公共部门通过提供统一可编程接口，获得在线身份认证、转账支付、个人数据同意授权等，很多初创企业不再自行开发或购买信任管理软件、搜集数据等，不再将资源投到基础性的身份认证、法律政策合规等，这大大地降低了系统开发的成本，也让创业者能够专注业务创新，提高效率和效益。另外，电子签名可实现交易的远程许可授权，同样会大大降低创业交易成本。

个人数据空间及数据同意授权机制

个人数据同意授权体系是鼎信框架的另一个重要部分，也可以说是个人在数字空间的门户。DID 标识和 DID 文档保存在分布式账本上。对于个人来说可验证凭证以及其他个人真实数据，可以保存在个人私有存储设施上；但对于大众来说，依托公共机构的云存储平台创建数据空间来存储个人数据是一个更为安全和便捷的方法。数据空间为个人用户掌控个人数据权益提供了技术支撑。数据空间主要托管各类个人数据，但按照使用者及其目的的不同，可分为以下三个视图。

- **个人视图**。主要供个人用户使用，包括个人身份数据，如可验证身份凭证、加密密钥、数字签名等。为了方便与公民交互沟通，还需要分配一个永久的电子邮箱。用户数据还包括其行为数据、交易数据、数字资产等。这些数据可以是原始数据，也可以是经过大数据分析算法处理后获得的一系列具有特定目的或用途的用户画像或特征标签，还可以是用户对其数据的同意授权协议、电子合同、智能合约等数据。

- **企业视图**。为了加强政府对企业使用用户数据的监管，国家应制定法律或政策，要求企业将自己搜集的数据的元数据提交到数据空间，比如搜集了用户的哪些数据、数据类型和范围、数据使用的用途和范围，这些数据还应该实时更新，及时反映数据的变化。企业用户还可以通过数据中介获取其他企业或政府部门采集的开放数据，经过用户同意授权或隐私处理。

- **数据中介视图**。数据空间的个人数据汇聚起来就是大数据，可供商业、金融、政府及公共部门为用户提供精准的个性化服务提供依据，改善用户的服务体验，以方便个人的日常生活、旅游出行、娱乐工作等。但民众数量庞大，又极其分散，数据中介负责代理用户的数据，撮合用户和企业签订数据同意授权协议。

数据空间是公民个人数字中心，有助于公民掌控其数字主权。数据空间的数据进行适当加密，并建立安全透明的访问控制机制，让用户自主控制对其数据的访问，保障数据的安全性和完整性。比如，允许用户设置数据空间的访问权限、允许哪些人在什么时间访问什么资源、哪些人被加入黑名单拒绝访问，这些权限还可被修改或撤销。另外，访问日志记录下访问情况，比如访问者及其来源情况、访问时间、访问了哪些数据内容等，从而可对潜在的数据侵权者进行追溯和跟踪。所有这些都可以通过可视化的权限仪表盘进行统一设置和管理。

个人数据空间还有一类特殊用户，那就是政府及承担公益服务职能的公共部门。为履行政务及公共服务、社会治理、市场监管和宏观经济调控决策等职责，履行职责的工作人员依据程序和规则，可以无须经过用户授权就可以访问数据空间。但政府部门的数据访问情况同样需要记录在日志上，同时国家还要制定严格的法律法规，对于政府部门人员因私或在非业务职能情况下访问个人数据的行为，进行严厉的惩罚。

个人数据空间的作用不仅仅是单纯保护数据和数字资产，还应该注意数据保护下的开发利用，商业机构和数据主体都能从中获得利益。其中一类是针对每个用户个性化数据的直接使用，以提供满足个性需求的服务；另一类是数据的二次开发，这些数据可以进行脱敏处理，也可用以商业模式创新或科学研究目的。数据的二次开发往往需要数据交易流转。

个人数据是一类特殊的数字资产。个人数据的交易和利用需要建立完善的数据同意授权机制。个人数据的一个特征是分散性很强，商业机构使用个人数据前需要得到用户的同意授权，但获取每个用户授权的过程太繁琐。一种解决方法是设立第三方中介机构，专门处理用户与企业签署数据同意授权协议。通过这一协议，用户可以使用可视化数据授权 APP，自主控制自己数据的分享内容和范围，即决定哪些数据可以分享、分享给哪些企业等。另外，用户还可以撤销或修改数据授权。这一过程是透明的，让用户以较细的颗粒度对数据进行管控授权，从而增强用户对数据商业开发的了解和信任。

个人数据开发还需要遵循"设计隐私"原则，即在系统设计阶段，就将隐私保护计算算法提前嵌入到数据利用流程的每一环节种，如使用同态加密、零知识证明、安全多方计算以及联邦计算等隐私保护计算方法，让数据使用者无须了解具体数据的情况下，就可以获得分析结果。这样既可以释放数据的潜在价值，又可以避免对个人敏感或隐私数据的直接使用而可能引起的风险。另外，还可将个人数据去除用户标识或匿名化处理，这样就可以将数据直接开放给商业企业或研究机构使用，以实现数据创新和增值使用。

参考文献

[1] 马克斯·韦伯.经济与社会（第一卷）[M].阎克文，译.上海：上海人民出版社，2010.

[2] 卡尔·施米特.政治的神学 [M].刘宗坤，吴增定，等译.上海：上海人民出版社，2015.

[3] Kevin Werbach. Blockchain and the New Architecture of Trust[M]. The MIT Press; Illustrated edition，2018.

[4] 冀俊峰.区块链技术及应用——电子政务发展的新疆域 [M]// 周民.电子政务发展前沿 (2019).北京：中国市场出版社，2019.

[5] 中国信托业协会.区块链在信托中的应用研究（一）[EB/OL].新浪网.（2018–01–16）.http://finance.sina.com.cn/trust/cpdt/2018–01–16/doc-if-yqqciz7875511.shtml.

[6] 刘懿中，刘建伟，张宗洋，徐同阁，喻辉，区块链共识机制研究综述 [J].密码学报，2019.

[7] 任泽平，连一席，谢嘉琪，甘源.一文看懂区块链：具有两大核心性质、三大关键机制的分布式数据库 [EB/OL].金融界网站.（2019–10–26）.https://bc.jrj.com.cn/2019/10/26074028303319.spotml.

[8]　段倩倩 . Libra 只是一个开始，区块链将冲击全球清算网络 [EB/OL]. 第一财经 . （2019–08–12）. https://baijiahao.baidu.com/s?id=1641645547294525696&wfr=spider&for=pc.

[9]　易柏伶 . 比特币、Libra、法定数字货币的一场"三国杀" [EB/OL]. 新浪财经 . （2019–09–20）. https://finance.sina.com.cn/blockchain/coin/2019–09–20/doc-iicezueu7173080.shtml.

[10]　王广忠 . 比特币的多重签名技术 Multisignature[EB/OL]. 知乎 . （2019–01–14）. https://zhuanlan.zhihu.com/p/54858521.

[11]　Ray Dalio. 比特币，我是这么看的 [EB/OL]. 王潜，刘嘉培，编译 . 虎嗅网转自微信公众号：溯元育新 . （2021–02–01）. https://m.huxiu.com/article/407830.html.

[12]　王志诚 . 一文了解比特币、Libra 和 DCEP 的前世今生 [EB/OL]. 新浪财经 . （2020–04–21）. http://finance.sina.com.cn/blockchain/roll/2020–04–21/doc-iircuyvh9041165.shtml.

[13]　Sunrye. 对央行数字货币 (DCEP) 的技术研究报告 [EB/OL]. 登链社区 . （2019–11–06）. https://learnblockchain.cn/2019/11/06/DCEP-research/.

[14]　宋科 . 央行数字货币的全球趋势与政策启示 [EB/OL]. CMF 中国宏观经济专题报告（第 20 期）. （2020–12–23）. http://ier.ruc.edu.cn/docs/2020–12/940537de56d845f4a3a22efb1382ee3b.pdf.

[15]　ElaineW. 德国银行协会发表论文，呼吁建立可编程的数字欧元 [EB/OL]. 巴比特网 . （2019–10–31）. https://www.8btc.com/article/647500.

[16]　蔡维德 . 智能合约：重构社会契约 [M]. 北京：法律出版社，2020.

[17]　圣佛兰 . 法律与区块链：当今全球监管趋势的法律视角 [EB/OL]. 小芒格，译 . 知乎 . （2018–05–20）. https://zhuanlan.zhihu.com/p/37083677.

[18]　蔡维德 . 智能合约 3 大架构分析：英国央行 3 月数字法币报告 [EB/OL]. 巴比特网 . （2020–03–31）. https://www.8btc.com/article/576355.

[19]　分布式数字身份产业联盟 [R]. DIDA 白皮书，2020–08.

[20] 区块链之美. 分布式数字身份 DID 调研 [EB/OL]. CSDN.（2020–03–24）. https://blog.csdn.net/jingzi123456789/article/details/105081289.

[21] Antrn. 去中心化身份（Decentralized Identity）[EB/OL]. CSDN.（2020–09–08）. https://blog.csdn.net/qq_38232598/article/details/108469618.

[22] DID 相关概念 [EB/OL]. 百度·DID 开发中心. https://did.baidu.com/did-concepts/.

[23] 张一锋，平庆瑞. 分布式数字身份发展与研究 [M]// 姚前，朱烨东. 中国区块链发展报告（2019）. 北京：社会科学文献出版社，2019.

[24] 平庆瑞. 分布式数字身份原理、模型与关键技术 [EB/OL]. 碳链价值.（2021–01–25）. https://www.ccvalue.cn/article/829809.html.

[25] 分散式公钥基础设施 DPKI 是如何促进互联网安全通信的 [EB/OL]. 21IC 电子网.（2020–05–29）. https://www.21ic.com/article/758609.html.

[26] 逻辑赵. 分布式身份认证——未来信任生态的基石 [EB/OL]. 知乎专栏·CP-Chain.（2019–09–03）. https://zhuanlan.zhihu.com/p/80919000.

[27] 王泽龙. 谁来确认 10 亿难民的身份？一文看懂微软去中心化身份项目 DID[EB/OL]. 巴比特网.（2019–05–28）. https://www.8btc.com/article/417492.

[28] IDHub 数字身份研究所. 从 1995 到 2018，翻开数字身份的时间简史 [EB/OL]. 巴比特网.（2018–09–13）. https://www.8btc.com/article/271900.

[29] 周亮. 区块链技术对自主权身份的演变介绍 [EB/OL]. 电子发烧友网.（2019–07–18）. http://www.elecfans.com/blockchain/996127.html.

[30] Andrew Tobin, Drummond Reed. White Paper: The Inevitable Rise of Self-SovereignIdentity[EB/OL]. The Sovrin Foundation.（2016–09–29）. https://www.evernym.com/wp-content/uploads/2017/07/The-Inevitable-Rise-of-Self-Sovereign-Identity.pdf.

[31] HashKey & TokenGazer. 去中心化身份（DID）研究报告 [EB/OL]. 巴比特网.（2019–11–14）. https://www.8btc.com/article/514089.

[32] A. Abraham. Whitepaper about the concept of self-sovereign identity including its potential[EB/OL].（2017–10）. https://www.egiz.gv.at/files/download/Self-Sovereign-Identity-Whitepaper.pdf.

[33] 潘鲁鲁. 详解四大分布式数字身份项目一文带你看透 DID 本质 [EB/OL]. 巴比特网.（2020–05–19）. https://www.feixiaohao.com/news/8557453.html.

[34] TokenGazer. Sovrin：技术落地可期，但推广难度较大 [EB/OL]. 百家号·TokenGazer.（2018–11–14）. https://baijiahao.baidu.com/s?id=1617078975363035134&wfr=spider&for=pc.

[35] John Biggs. Hyperledger Announces Aries, a Toolkit for Blockchain-Based Identity Management[EB/OL]. finance.yahoo.com.（2019–05–14）. https://finance.yahoo.com/news/hyperledger-announces-aries-toolkit-blockchain-190026302.html?guccounter=1&guce_referrer=aHR0cHM6Ly9jbi5iaW5nLmNvbS8&guce_referrer_sig=AQAAACoJAUsx0IkFzTOi6j7roHQ6yTe5-OtC23wG-vC94Fb6EY1cdERxxnYQOGfXVuOP-Q5m5EWOGuvvOpua6qEWDWK-mKPvdvtvYppdU9WvLi4OUaWagsUPdytlTEcdz2pICdxORZ5k-ddSIGaAZ-BQnkC6_Rzuw4PGo7jbfOr2jg1GbpD.

[36] John Jordan. Use case spotlight: The Government of British Columbia uses the Sovrin Network to take strides towards a fully digital economy[EB/OL]. Sovrin.org.（2019–03–11）. https://sovrin.org/use-case-spotlight-the-government-of-british-columbia-uses-the-sovrin-network-to-take-strides-towards-a-fully-digital-cconomy/.

[37] 本体，季宙栋. 区块链：通往自主主权身份的道路 [EB/OL]. Linus 公社.（2018–06–04）. https://www.linuxidc.com/Linux/2018–06/152700.htm.

[38] nana. 身份体系中一个极端的存在：SSI（自主身份）[EB/OL]. 安全牛.（2019–03–30）. https://www.aqniu.com/news-views/45921.html.

[39] 柯静. 面对数字主权的争夺，欧洲急了 [EB/OL]. 虎嗅网转自微信公众号：瞭望智库（ID：zhczyj）.（2020–07–22）. https://www.huxiu.com/arti-

cle/370632.html.

[40] Milton Mueller. Will the Internet Fragment?: Sovereignty, Globalization and Cyberspace[M]. London：Polity，2017.

[41] Michael Shea，等 . 去中心化身份即元平台：合作的力量 [EB/OL]. 腾讯云转子微信公众号：本体研究院 .（2020–03–19）. https://cloud.tencent.com/developer/article/1601140.

[42] 陈自富 . 数字信任当以人为本 [N]. 人民日报（人民时评），2020–11–17.

[43] 穆勇，等 . 电子政务顶层设计：理论、方法与实践 [M]. 北京：人民邮电出版社，2019.

[44] 翼俊峰 . 元宇宙浪潮：新一代互联网的风口 [M]. 北京：清华大学出版社，2022.

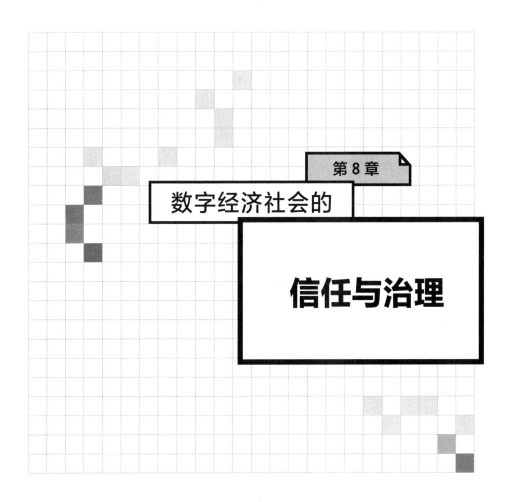

第8章

数字经济社会的

信任与治理

提起身份，不少人会认为这是关于人的专用术语，并将数字身份等同于网站或平台账号。但在数字空间，身份往往不限于人，接入/映射到互联网的实体不仅包括人类，还扩展到网络及计算机软硬件设备以及数据资产、数字资产等。随着物联网的兴起，各种接入到其中的智能物品也被赋予数字身份，以实现万物可信智联；而数字孪生则将物理世界的各种物体数字化，映射到数字空间，进行身份识别与交互。这种虚拟的数字空间很接近柏拉图设想的理念世界，但与柏拉图认为的"现实世界是理念世界的模仿"不同的是，数字空间往往是物理世界的摹本，人们在数字空间的交互更具有超智能特性，并可作用赋能于物理世界。

从数据资产到数字资产：创新资产要素管理

数据资产

在大数据时代，人们越来越意识到数据的重要价值，数据不仅是资源，还是生产要素，也称数据资产。2020 年 3 月 30 日，《中共中央、国务院关于构建更加完善的要素市场化配置体制机制的意见》（以下简称《意见》）发布，《意见》中首次将数据列为与土地、劳动力、资本、技术同等重要的生产要素，提出要培育数据要素市场，这就需要数据资产化。数据资产化的目标是在组织内部形成通用的"数据描述语言"，以便各部门在运营过程中基于同一标准对数据进行跨部门汇总分析。数据资产化的关键是对数据进行确权和治理，数据确权意味着明确数据为谁所有，未来收益如何分配；数据治理则是将数据标准化整合处理和分析，并进行质量和价值评估，揭示其蕴含的经济社会价值，以实现对数据的定价和交易。

数据治理是一个复杂的过程，需要采用专业的方法论。阿里巴巴集团提出的 OneData 是一种重要的数据治理及资产化方法论，这也是当前数据中台的核心理念。OneData 体系包括三个核心组成要素，其中基础要素是OneID，通过统一数据关联萃取，解决数据孤岛问题。当企业发展到一定阶段，部门和业务变得越来越复杂，各个部门、业务、平台、系统等都独立地管理存储其数据，这些数据彼此孤立，难以关联，数据中的很多特征和价值都难以发现。OneID 是通过将同一实体在不同数据库中的数据进行识别，并关联起来，以消除数据孤岛，实现数据融通，提升数据质量。

OneID 基于强大的数字身份识别技术，ID 之间通过映射打通关系，即ID 映射。ID 映射通过 ID 映射关系表，建立多种 ID 之间的联系，比如对于用户数据，可依据他的手机号、身份证、用户名、邮箱、IP 地址、设备 ID 等信息，综合利用业务规则、大数据分析、机器学习、知识图谱等分析方法进行 ID 映射，将分布在不同数据库中的相关实体数据都映射归集到统一ID，保证企业核心数据身份的唯一性、一致性、完整性、相关性和准确性，将基于 ID 生产的标签聚合起来，得到关于实体更精准、全面的数字画像。

OneData 体系的第二个组成要素是 OneModel，其目标是通过标准化数据建模进行数据资产的构建与管理。具体来说，就是基于维度建模方法，构建维度表、明细事实表、汇总事实表等，并在设计、开发、部署和使用等环节保证数据建模的规范和统一，从而有利于管理者对数据资产在分析、应用、优化、运营等方面进行管理，以期降低数据管理成本，洞察数据价值。

OneData 体系的第三个组成要素是 OneServic，其理念原则是数据复用而不是数据复制。为了更好的性能和体验，OneService 通过构建服务元数据中心和数据服务接口，屏蔽底层的多数据源与复杂物理表，为各业务应用系统提供所需的数据。

数据要成为优质资产就需要对其进行有效治理，并通过互操作实现数据共享，这都需要用到元数据。这是一种描述数据的数据，包括数据目录、数据描述、数据标签或画像等，也就是数据资产的身份数据，就像一本书的书名、作者、出版社等。数据目录词汇是描述数据目录和数据集的元数据标准，这是利用资源描述框架构建的扩展词汇表，以支持数据目录之间的互操作。

数据资产化需要对数据进行规范的语义描述。高度可重用的元数据（如 XML 模式、通用数据架构）、参考数据（代码列表、分类表、数据字典等）是数据的语义资产，用于描述数据资产元素的含义。欧盟在 2010 年发布的《欧洲互操作框架》中推出欧盟公共管理的互操作性解决方案，针对这一方案，欧盟于 2012 年提出一个语义资产描述规范——资产描述元数据架构（asset description meta-data schema，ADMS）。2015 年，欧盟发布欧盟公共、商业及公民管理的互操作性解决方案，并将其升级为 ADMS v2.0。ADMS 是一个描述语义互操作资产的标准语言，其格式为 XML 或 RDF，主要包括联邦资产注册库，可用于查找、发现、共享和发布语义资产。ADMS 让不同组织机构采用相同形式描述数据，以实现数据资产重用和系统互操作。

数字资产

数字空间的另一类虚拟资产是数字资产，这一概念定义的争议较大。按照目前主流的定义，任何以数字形式存储的内容都可被称为数字资产，所以各种形式的数据、业务流程和信息系统、文本文件、图片文件、音视频文件、文档文件（如 pdf、word、html、电子表格等文档）都是数字资产。

从表面上看，数字资产与数据资产类似，只是范围有些区别。但业界主流观点认为，数字资产是由数字对象衍生出来的经济权利的集合体，更强调其权利属性。比如电子票据，它是纸质票据或者非数字物品权属凭证的一种数字化资产表达形式，因此它就是数字资产的一种方式。但如果在数据交易中的一组交易数据或数据库，其交易方式是以传统的纸质方式签署的协议或合同，尽管其内容主体是数字形式的，但由于其资产表达是物理形式，这就不能被称为数字资产。当然，其数据主体还是数据资产。

数字资产具有很高的价值，但同时也具有易复制、易篡改性以及使用的不排他性。区块链技术的出现重新定义了数字资产的内涵。区块链具有去中心化、难以篡改、可溯源等特性，解决了数字资产管理中的痛点，为数字资产的价值变现、风险控制、精准营销提供了安全和可信的基础。数字资产在区块链上的表示形式可以为智能合约、通证或代币，其应用将从订货合同到物流单据、从证券到资本。

基于区块链的数字资产是数字空间原生的资产，这也是价值互联网的体现形式，其价值载体就是区块链上的通证。数字资产以两种方式赋予通证价值。第一种方式是完全通过算法提供，与物理世界的资产无关，比如，比特币等加密货币通常作为区块链中的计算奖金和交易手续费支付给验证节点。当前加密货币尽管可以作为支付工具购买现实世界的商品或服务，但其本质上是数字资产，而非真正的法定货币。第二种方式则基于某些储备资产发行，通证作为储备资产的价值符号或凭证，如 Facebook 推出的天秤币，其价值锚定美元。这种数字资产将区块链作为金融基础设施，承载物理世界的资产及交易。

对于比特币之类的数字资产，其每一个通证都是完全相同的，这也被称为同质化通证。例如，每一枚比特币都没有差别，可以彼此交换，并且可以被拆分。还有一类通证是非同质化的，即非同质化通证（NFT）。非同质化通证通常可以是照片、视频、音频和其他类型数字资产，每一个非同质化通证都有唯一标识，独一无二、不可拆分。非同质化通证强调资产的稀缺性，解决了传统数字时代"复制粘贴"无法保护知识产权的难题，其作用相当于证明资产的数字证书，其中的元数据包括版本号、铸币编号、创作者、创作和上链时间、收藏者等信息。

非同质化通证随着区块链的发展而出现，其雏形可追溯到 2012 年出现的"彩色币"，这其实是一种小面额个性化比特币。非同质化通证受到公众关注开始于 2017 年的"加密猫"项目，它是基于以太坊公链构建的。"加密猫"则是一系列虚拟宠物猫，每一种猫都有独特的外貌特性，如品种、毛色、年龄等，都是由其基因，也就是一组 256 位的无符号整数来决定的。通过排列组合，这些虚拟猫的种类相当多，使用以太币购买。"加密猫"上线后快速走红，成为当时市场关注的热点。其售价从几百到上千美元，其中创世猫 4 号卖出了 250 以太币的天价。

非同质化通证的不可复制特性构成了稀缺性，使其快速成为艺术品、收藏品、游戏等行业价值承载的新形态，并涌现出了很多非同质化通证平台和产品。每件非同质化通证作品都拥有独一无二的数字身份，避免了复制盗版的可能性；其所有权也被记录在区块链上，保证其真实可验证，只能被唯一的藏家"独享使用或鉴赏"。

非同质化通证的出现大大加快了数字资产化的趋势。相较于传统资产，非同质化通证的价值源于其可编程特性，保证其不可拆分、不可复制，以及透明、可信性、加密安全性等。非同质化通证具备了数字资产管理、转移可能性和客观价值，可能将催生通证经济。

当然，非同质化通证还有不少问题需要克服。比如，非同质化通证可以确保版权的真实性和可证性，但无法保证作品的原创性及是否侵权，也不能阻止原作者将非同质化通证作品拿到另一个公链上进行二次销售。另外，还有国家政策法规层面上的问题，比如数字资产在很多国家的现行法律中属于哪种财产权利，目前尚无明确规定。

对数字货币、非同质化通证资产的管理需要通过数字货币钱包，其主要功能是通过与区块链交互，完成发送或接受加密数字货币的交易。与物理世界中的钱包不同的是，数字货币钱包并不存储加密数字货币，而是数字货币的密钥对（即私钥和公钥），私钥体现着数字货币的访问权。另外，数字货币在交易中并不离开区块链，数字货币钱包中还要包括一个基于公钥和私钥生成的公共地址，这是由一组字母数字组合而成的标识符，用于定位寻址数字资产在区块链上的"位置"。

非同质化通证是数字空间的艺术收藏品，其价值也完全基于网络虚拟世界，但它代表着物理世界的范式向数字空间转移的趋势，其价值主要靠所有权和访问权来体现。

基于区块链的数字资产是一个新兴产业，其发展速度很快，数字资产和业务的种类越来越多，因而出现了去中心化金融（decentralized finance，DeFi）体系，也称分布式金融或开放式金融。DeFi 是一种基于智能合约构建的金融生态体系，它不依赖金融机构做信用中介，参与者加入也不需要许可，交易过程透明且可审计，允许用户完全掌控自己的数字资产和流动，并且可以像堆乐高积木一样组合定制自己的个性化金融服务应用。DeFi 还不受地理、经济水平等条件的限制，交易过程完全由机器自动执行，可避免黑箱操作。

DeFi 业务基于公链区块链，利用智能合约开展去中心化的借贷、交易等金融服务，提高数字货币的流动性，扩大其价值认同。为了消除加密货币价格大起大落对市场造成的冲击，DeFi 使用与法定货币挂钩的稳定币，如稳定数字货币 USDC、DAI 就按照 1:1 汇率锚定美元。目前，去中心化的抵押借贷应用系统有 MakerDAO、Compound、Dharma、dYdX、ETHLend 等，这种模式不需要建立借贷订单，而是利用智能合约动态调整利率及分配，从而获得比传统银行服务更高利息、更低风险的金融服务。DeFi 将可能颠覆现有金融业组织结构和商业模式，构建全新金融模式。

DeFi 体系对参与者没有门槛限制，客户鱼龙混杂，又缺乏有效监管保障，所以这在很多方面会引发严重风险。比如应用系统由开发公司研发，对金融产品采取集中管理；黑客利用漏洞进行攻击，会造成资产被窃；区块链数字资产的匿名性，使得当前 DeFi 业务缺少身份认证环节，也就无法像传统金融那样进行客户身份核验。另外，区块链的低效率可能造成系统可用性和流动性问题，使资金的利用效率不高。这些都制约着 DeFi 的发展。

随着 DeFi 业务的进一步发展，去中心化的身份认证与核验类业务需求将越来越突出。去中心化身份核验基于社交媒体信用、贷款的还款记录、其他信誉用户的担保等，要让这些信息对金融决策发挥作用，就需要使用大数据智能分析技术进行数据挖掘，并反复试验。这种模式有可能降低担保，让被传统金融系统拒之门外的人们获得金融服务，比如在贫困国家，约有一半的妇女没有官方身份证，但她们往往都有智能手机。所以，数字身份核验技术可以推动普惠金融服务。

基于区块链的数字资产将对数字技术以及经济社会的发展产生重大影响。在新兴的元宇宙中，独立的经济系统是一个重要组成部分，用户可以创建资产，对资产进行交易、转让等，这就需要使用到 DeFi、非同质化通证等去中心化资产工具。

法人身份管理

无论是数据资产还是数字资产，都必须确定其所有权。除了个人之外，企业或法人机构也是资产的主要所有者。在资产交易和管理过程中，对法人身份及法人控制关系进行身份识别是至关重要的基础性环节。

2008 年金融危机后，国际社会普遍意识到法人身份管理的重要性。2012 年，ISO 于 2012 年发布国际标准《金融服务 法人识别编码》(ISO 17442: 2012)，为法人机构分配全球唯一识别编码，即全球法人识别编码（LEI）体系。2014 年 6 月，在二十国集团（G20）的支持下，金融稳定理事会联合全球众多金融监管机构，成立全球法人机构识别编码基金会（GLEIF），作为 LEI 体系的运营管理机构，推动 LEI 在全球范围的应用实施。

GLEIF 是一个非营利的国际组织，LEI 监督管理委员会负责对 GLEIF 进行监管，这个委员会由来自全球的公共机构的代表组成。GLEIF 负责全球 LEI 体系的实施和运营，并授权专业组织机构向参与金融交易的法人机构发放 LEI 编码，这些机构被称为本地运营单位（LOU）。

LEI 编码相当于企业的身份证号。按照 ISO 17442 标准，LEI 编码为 20 位字母或数字构成的代码，其中前四位是本地运营单位前缀码，5~18 位为机构标识符，19~20 位是校验码。LEI 编码是法人机构的全球唯一编码，能清晰且唯一识别参与金融交易的法人机构。要获得其有价值的信息，还需要链接到关键参考信息。ISO 17442 标准指定了最低限度的参考数据。LEI 体系的参考数据包括两个级别：一级数据是业务名片信息，例如法人机构的官方名称及其注册地址，它告诉交易者"谁是谁"；二级数据是关系信息，在适用的情况下，将允许识别出某个法人机构的直接母公司和最终母公司，它告诉交易者"谁拥有谁"。LEI 体系既可有效展示市场参与者的信息，也可揭示机构的组织架构和机构间的关联信息，实现机构所有权结构透明。

法人机构可以申请注册 LEI 编码，但必须将准确的参考数据提供给本地运营单位，如国家工商登记部门，在经过对数据的真实性和有效性的审核后，依据程序发放 LEI 编码，其有效期为一年。LEI 数据池是对公众开放的全球法人机构标准化数据库，其数据都是按照 LEI 监督管理委员会所建立的协议与程序进行登记并定期验证，GLEIF 提供全球 LEI 索引检索。

LEI 认证也需要数字化的凭证。2021 年 2 月，GLEIF 网站发布了《GLEIF 的 LEI 数字化策略》，其中介绍了 LEI 的两种数字化策略和方法：一种是将 LEI 嵌入到数字证书，另一种是将 LEI 嵌入到可验证凭证，即 vLEI。

先说嵌入 LEI 的数字证书。可信数字证书通过电子签名、电子签章等保证了签名者的身份，通过可信时间戳保证文档的完整性，并能及时掌控文档内容。LEI 是一种可识别组织身份的全球安全机制，将其与数字证书集成可提供额外的信任证明层。嵌入 LEI 的数字证书提供了定期更新的 LEI 参考数据链接，从而更有效地跟踪撤销 LEI 编码，为法人机构和相关人员提供更可靠的验证方式，以获得更多的信任。

数字证书方式技术和标准成熟，使用广泛，有利于 LEI 编码体系的推广实施。2020 年 8 月，ISO 更新了标准（ISO 17442-2：2020），提出了证书颁发机构将 LEI 编码嵌入到数字证书中的统一技术规范中。GLEIF 通过与证书颁发机构、可信服务提供商、应用程序及服务提供商、公共政策制定者等进行合作，促进法人机构使用 LEI 数字证书。

另一种 LEI 认证技术是基于可验证凭证的 vLEI 技术。数字证书方式应用广泛，但也有一些不足，比如证书不具有唯一性，证书撤销不及时，且实现方案多，通用性差，无法保证每家企业拥有全球唯一身份。解决这个问题的方法是将 LEI 嵌入可验证凭证，使用分布式账本实现去中心化的法人身份验证。vLEI 同样基于用户自主主权身份理念，即用户应控制其凭证中所承载的用户信息，并可选择以用户可控和安全的方式证明自己的身份及相关信息。

vLEI 体系包括三个基本要素：一是由遵循国际标准的 LEI 编码标识；二是法人身份，包括姓名身份信息；三是组织角色，分为官方角色和个人角色两大类。官方角色和个人角色凭证都是由法人机构颁发，其中官方角色通过法人组织或公共注册库进行验证，例如法人实体—首席执行官、法人实体—董事会主席等；个人角色需要与法人机构交互，并需要法人机构进行验证，如法人实体—其他员工、医院／执业医师—患者；社区成员、交易所会员、注册会员；受信任的供应商等。这三个要素结合起来就构成 vLEI 的核心内容。LEI 凭证通过机构的法定名称、人员及其在该机构中所扮演的角色来标识企业及其工作人员的身份。

GLEIF 与法人机构的利益相关者一起创建了 vLEI 生态体系。其中的 vLEI 凭证均由 vLEI 颁发机构创建。GLEIF 是 vLEI 的信任根，负责所有 vLEI 颁发机构的资格认证和授权，并向其颁发 vLEI 凭证，作为信任证明。获得许可的 vLEI 颁发机构可以为法人机构创建 vLEI 凭证，颁发机构不仅要使用其私钥对凭证进行加密签名，同时也需要验证凭证的有效性。法人机构再为与其交互的个人颁发角色凭证。这些关系构成了一个完整的信任链。其中 vLEI 凭证有五类：GLEIF 凭证、vLEI 颁发者凭证、法人机构凭证、官方角色凭证和交互个人角色，不同类型的凭证颁发给适当的法人实体或关联的个人，这些凭证可放到数字钱包进行统一管理。vLEI 生态体系治理基于 ToIP 信任标准框架，vLEI 凭证治理需要符合 ToIP 治理堆栈的第三层，即凭证治理框架；其生态系统治理要满足其第四层，即生态系统治理框架，这两个框架方案目前还在评审中。

vLEI 生态系统基于去中心化网络建立信任关系，GLEIF 正在利用密钥事件接收基础设施（key event receipt infrastructure，KERI）加密协议，构建 vLEI 的去中心化的公钥设施，为自验证标识符提供信任基础。KERI 是互联网的去中心化信任层，具有可移植性，即 GLEIF 可以链接到任何区块链或自主主权身份网络，而不需要额外的成本开销。KERI 还具有通用性，可被托管到分布式账本或云平台上，以利用去中心化的云管理技术。另外，KERI 是量子安全的，即可以抵抗经典计算机和量子计算机的攻击。GLEIF 正在开发 KERI 相关功能。

vLEI 的应用优势很多，政府及公共部门、商贸与金融机构都可从中获益。首先，vLEI 可以帮助企业在线交易时识别验证交易方的身份。LEI 编码的数据审核机制有效保障了参考数据的质量，GLEIF 和 LEI 本地系统通过扩展企业事件等附加数据，基于多个来源获取和追溯重要法人机构背景，这些多维度扩展属性信息可交叉验证，增强了企业数据的可信度。vLEI 与数字身份系统相结合，可为身份认证服务提供新契机，增强交易者之间的信任，避免争议或欺诈。

其次，vLEI 还是在线电子合同和电子文书的基础。通过 LEI 标识身份，联机查询 GLEIF 数据库，核验 vLEI 凭证持有者信息的有效性，实现可信签名，这对政务服务、电子商贸等都具有促进作用。企业在提交财务报告或监管报告前，经过独立第三方机构审核后，附加上审核机构"数字证书 + LEI"电子签名，可增加报告数据的可信度。

再次，LEI 编码可作为识别企业身份的唯一标识，统筹管理企业在网银、手机银行中的交易记录，整合企业国内业务和国际业务，增强其数字画像的完整性。这样不仅可以降低客户获取和维护成本，还可以大幅提升跨业务线和跨地域的风险管控能力，监管机构可实现多维度监管查询。

最后，vLEI 还有利于促进跨机构的数字身份信息共享。服务提供者可基于 vLEI 实现企业客户身份信息的共享使用，而不用重复收集客户数据，保护了客户隐私。比如医院向患者颁发 vLEI，通过跨机构身份互认，便于患者更好地与第三方医疗服务机构共享数据。

vLEI 的应用场景很多，麦肯锡在其 vLEI 白皮书《法人机构识别编码：交易对手唯一 ID 的价值》中列举了 vLEI 在三个领域的使用案例：资本市场、商业贸易和商业信贷。对于资本市场，vLEI 可降低客户关系相关业务的成本约 14%；在商业贸易方面，vLEI 有助于提高信用凭证的处理效率；而在商业信贷方面，vLEI 可实现对贷款人更高效的客户身份核验和尽职调查，识别并防控金融风险。

｜从万物智联到车联万物：融通物理 – 数字空间｜

物联网数字身份认证

物联网的概念是由麻省理工学院教授凯文·阿什顿（Kevin Ashton）提出的。他在 1999 年首先定义了物联网的概念，提出万物皆可通过网络互联的理念。当时他设想的物联网主要是通过物品编码和射频识别（RFID）技术将其接入到互联网，并通过唯一身份标识进行管理。2005 年，国际电信联盟（ITU）在其互联网年度报告《ITU 互联网报告 2005：物联网》中扩展了物联网的内涵，即除了 RFID 技术外，还可应用二维码、红外感应、激光扫描、全球定位等传感技术，能够在任何时刻、任何地点，让任意物体之间互联，实现无所不在的网络和无所不在的计算。物联网的目标是将现实世界数字化。

影响物联网的一个最基本因素是接入方式。有线连接速度快，但需要预先布线，成本高，难以广泛应用到大规模分布应用场景；无线方式种类较多，其中应用广泛的是超短距离的 RFID 和近场通信技术（near field communication，NFC）。RFID 又称电子标签，各种资产和设备都可以贴上 RFID 标签，将具有互操作性的物品相关信息规范地存入其中，通过无线数据通信网络将其自动采集到应用信息系统，再经过物品识别实现数据的共享和交换。NFC 则广泛应用于金融支付、身份认证等领域，如银行卡、交通卡、门禁卡等场景。RFID 和 NFC 都已经形成了完善的商业模式和产业链。

RFID 和 NFC 的使用距离都很短，不超过 0.1m。Wi-Fi、蓝牙等短距离通信技术的使用距离有所扩大，但其通信覆盖范围也就限于几十米，主要适用于各种室内场景，如智能家居、OA 智能设备等。长距离通信技术需要使用蜂窝移动通信技术，如 3G/4G 等技术，但由于成本居高不下，人们又开发了物联网通信技术，如 NB-IoT、eMTC，还有目前性价比较高的 LTE Cat.1 技术，其传输速度与 3G 相当，但硬件架构更简单，集成度更高，价格成本更低。LTE Cat.1 技术可广泛应用于诸如智能穿戴、物流跟踪、移动支付等场景，但对于需要高速度、低延迟的场景，如自动驾驶、远程医疗及智能制造等场合，则需要使用基于 5G 的技术。

物联网的另一关键要素是数字身份识别及认证。物联网中的身份实体有两大类：一是人员，即物联网的管理者或用户；二是物品，这其中既有数字空间的对象，如应用程序、服务、数据库、文件等，也有物理世界的对象，如汽车、楼房、电脑、手机等，还可能是动物，如宠物、家畜、野生动物等，这些物品设备同样拥有数字身份，具有身份标识，可通过 IP 地址、MAC 地址或移动用户身份模块 SIM 卡。

SIM 卡包含用户身份标识号码及密钥，一直作为移动手机上存储用户凭证，可对用户进行在线身份验证。但 SIM 卡的弊端是占用设备空间和耗电量都很大，更适用于物联网的是 eSIM 卡，尺寸小，并嵌在主板上随设备一起提供。eSIM 卡可为多个运营商提供配置文件空间，客户可以选择运营商，通过无线方式进行配置，且开箱即用，还具有防盗、防篡改功能，可广泛用于健身可穿戴设备、联网汽车和 AR 眼镜等场景。

尽管 eSIM 卡能够应对人类规模的数字身份证和验证挑战，但它对于验证数十亿智能互联的万物来说仍然力不从心，且对于超小型医疗设备，尺寸还不够小。iSIM 卡是一种基于软件的方案，无需芯片硬件。它位于处理器的片上系统中，可作为其上运行的每个应用程序的统一安全信任根。

设备身份防伪是建立物联网信任的基础。物联网通常需要感知并采集大量数据，再传输到物联网平台进行分析处理，做出决策和操控行为。这些数据可能来自汽车、生产线或门禁系统，面临着网络上的各种威胁，直接关系着人们的数据、隐私、财产及人身安全，还可能影响网络上其他用户和系统。通过身份防伪的设备才能阻止非法访问者，产生安全可靠的数据，让平台系统获得价值。目前，设备身份安全技术已经非常成熟，国际标准 IEEE 802.1AR《安全设备身份》等也已获得广泛认可和应用。

物联网用户通常要远程访问或控制网上设备的信息，这要求身份认证防伪有很高的易用性和安全性。通常的用户名 / 口令验证使用简单，但容易遗忘，还可能被窃取，安全性难以保证。更为安全可靠的方法是使用加密认证技术，目前已经有了成熟的技术和标准，比如密钥和数字证书、生物特征识别等。物联网设备身份管理可以创建、维护并使用长密钥，而无须使用口令验证。

为保障密钥和认证的安全，可在硬件芯片级别构建可信环境，这类似于在两个安全堡垒之间设立一条封闭的安全管道，如可信执行环境或安全模块等。ARM 公司提供的 Trust Zone 技术就是在手机端侧隔离出一个可信环境，这样手机可使用生物特征识别进行可信身份认证。在物联网上，目前普遍使用的可信身份认证协议，如 FIDO、IFAA、TUSI 等，可以让用户无须输入密码就能实现在线身份认证，这不仅降低了身份认证管理的复杂性，同时还提高了其安全性。另外，一些厂商提出安全芯片可信平台模块，将密钥存储在硬件中，即使数据被窃，也无法将其解密，从而从根源上保护了敏感数据和凭证。

物联网编码体系及溯源应用

与互联网类似，物联网同样需要计算、交互和传输等，这就需要将其中的每一个物品都赋予一个独特的数据标识编码，也就是为其分配一个数字身份，以便实现物与物之间的便捷交互。比如在贸易领域，RFID 技术可以大大提高物流效率。在工业领域的物联网，即工业互联网中，数字身份可实现制造环节的数字化和智能化。这些应用场景不仅接入的设备和物品数量、种类繁多，而且标识编码规则和标准各异，从而造成供应链上数据共享流通不畅；同时参与的用户角色也千差万别，其数字身份认证要基于所有相关功能模块标识的聚合信息。这些都需要供应链中所有参与方进行交互协作，建立生态系统的数字身份框架。

物联网数字身份框架的核心部分是对象标识编码体系。目前国际通行的 GS1 编码体系，最早来源于 1973 年成立的美国统一代码委员会（UCC）提出一套 12 位的数字标识代码 UPC。1977 年，欧洲国际物品编码协会（EAN International）成立，提出与 UPC 兼容的 13 位物品编码系统。1989 年，UCC 和 EAN 合作开发了 UCC/EAN-128 码，这是广泛用于物品追溯的条码标准。到了 2005 年 2 月，EAN 和 UCC 这两大标准机构正式合并，更名为 GS1，推出了 GS1 系统，也称全球统一标识系统。

GS1 系统的核心是其编码体系，它为在全球范围内标识货物、服务、资产和位置提供了统一编码。使用最广泛的是全球贸易项目代码 GTIN，用于物流管理的系列货运包装箱代码、参与方位置代码，以及资产、服务等标准化代码。GS1 编码能够以条形码符号来表示，以便在贸易流程进行电子识读。GS1 系统避免了各商贸机构使用自行编码引起的局限性，提高了贸易物流系统的运转效率和对客户需求的响应能力，广泛应用于国际贸易和物流中，成为事实上的全球通用商务语言。

为适应物联网中 RFID 标签编码识别的需要，EAN 和 UCC 联合成立了编码管理机构 EPCglobal，制定了电子产品编码系统（electronic product code，EPC）及相应编码体系。由于容量限制，条形码一般只能标识到物品类别，而 EPC 码容量足够大，能做到全球范围内一物一码，可用于商品质量防伪与追溯。EPC 编码体系是 GS1 系统的扩展，与全球贸易项目代码 GTIN 编码兼容，主要用于 RFID 标签。

物联网物品标识编码的国际标准方案是对象标识符（OID），这是由 ISO/IEC 和 ITU-T 两大国际标准化组织联合提出的，这一方案采用了多层次树形结构对任何类型的物品对象进行全球唯一编码，无论是物理对象还是数字对象，都可以唯一编码命名，不仅全球无歧义，而且终身有效。

OID 编码体系应用广泛。医疗卫生行业使用基于 OID 的 HL7 标准对电子医疗档案、电子账单、电子文档格式、医疗机构的组织机构及其注册信息、工作人员档案等进行编码管理；在信息安全领域，X.509 标准利用 OID 标识定义 CA 证书和安全访问数据格式；物流管理中应用广泛的 GS1 系统也被纳入 OID 体系。

全球 OID 注册管理系统 OID-Info，其根注册系统由法国电信负责维护，根目录下 ISO 和 ISO-ITU 联合的两个分支为中国分支。我国于 2007 年组建了"国家 OID 注册中心"，负责中国 OID 分支的维护、国内 OID 的注册、管理及国际备案等工作。

在数字资源管理领域有一个应用较广的标识体系，那就是美国国家创新研究所开发的 Handle 系统，其 10 个根节点分布在世界各地，各节点之间实行"多根并联、平等互通"，我国的根节点位于青岛。DOI 体系是 Handle 系统最常用的标识编码体系，其特色是允许用户根据实际需求在编码体系的部分字段自定义编码规则。DOI 体系多应用在电子图书、数字期刊文献及参考链接、数据治理、图像处理以及电子商务中的知识产权保护等领域。

其他国家也提出了编码体系。如日本提出的 UID 及 UCode 体系，主要用于电器产品智能化管理；韩国提出的 mCode 编码体系，用于数字广告、促销优惠券等移动商务领域，旨在促进公众生活的便捷化；中国物品编码中心等部门提出的 ECode 标识体系，用于我国自主开发的工业互联网。这些方案各有特色和优势，但仍处于发展阶段，使用范围有限，尚未得到国际标准认可。

除了物品标识编码技术，物联网数字身份框架还包括标识载体技术和标识解析系统。标识载体技术规定了标识编码数据的载体或存储读取形式。载体又分两类：一是被动标识载体，如条形码、二维码、RFID 标签、NFC 技术等，使用时需要借助读取设备；二是主动标识载体，比如通用集成电路卡、基带芯片、通信模组等，这些载体可自行读取数据，安全性较高，是物联网标识载体的发展趋势。数字空间中的对象通常使用数字载体，不需要物理载体。

物联网的标识解析系统类似于互联网的域名解析系统，它是物联网系统的神经中枢，主要功能是将对象标识映射至实际的信息服务，如物品、地址、空间位置等。2016 年 8 月，中国工业互联网产业联盟发布了《工业互联网体系架构（版本 1.0）》，2020 年升级为版本 2.0。我国的工业互联网标识解析体系架构采用分层、分级的部署模式，最顶层为"根节点"，往下分别为"国家顶级节点""二级节点""企业节点"等，最底层为"公共递归节点"，它是标识解析体系的用户侧入口设施，以递归方式实现公共查询和访问，可采用缓存方式提高服务效率。国家顶级节点与 OID、GS1 及 Handle 等不同标识解析体系的根节点实现对接，以实现全球范围标识解析服务的互联互通。

物联网数字身份框架还需要包括智能设备身份标识协作交互的可信机制。比如对于智能门锁，通常要在厂商的云计算平台存储管理用户身份及密码，而第三方服务提供商，如电视、照明、空调设备等，需要在用户打开门锁时与门锁设备进行交互，以便控制启动相关智能家电设备。不同参与者的访问可能引起设备身份信息或密码泄露。2020 年初，由阿里云牵头制定的国际标准 ITU-T Y.4462《开放物联网身份标识协作服务要求及功能架构》正式发布，其主要目标在于规范物联网环境下的智能设备身份标识协作服务。标准提出一个开放物联网身份关联服务，其功能是通过标准流程在物联网设备、用户、服务之间建立关联关系，这一过程被称为身份映射，以便物联网生态的各服务提供者进行可信交互。

ITU-T Y.4462 标准定义了物联网设备可信标识，并提出基于全球唯一、不可篡改、不可预测的物联网设备标识作为信任根，使物联网设备和云端可以相互协同，进行双向安全认证，以防止黑客恶意伪造或非法控制智能设备。该标准还规范了物联网设备认证和访问控制过程，标准所提出的芯片认证数据格式与国际标准组织"全球平台"的标准兼容。

ITU-T Y.4462 主要规范需要进行身份认证的物联网智能设备，不仅适用于智能门锁，还可扩展到智能摄像头、智能门窗、智能家电（居）、智能车机、智能穿戴设备等，这也将为智能社会奠定基础。

车联网 V2X

智能汽车是一种特殊的物联网系统。为了保障智能驾驶和人车安全，智能汽车通常搭载大量的如摄像头、探测雷达、麦克风等传感设备，形成车联网。但车联网至今还没有统一或公认的定义或名称。在国内，车联网最初在很大程度上等同于 RFID 标签，它催生了汽车电子标签管理和公路电子收费系统（ETC）等应用。其实车联网这个术语也起源于国内，其英文名称为"internet of vehicles"，这是我国对网络世界的贡献之一。

国际上与车联网对应的术语是"车载随意行动网络"或"车载自组织网"（vehicle ad-hoc network，VANET），这是由在道路上行驶的车辆自动组成的动态网络，让车辆之间能够相互传输数据。与此类似的还有"车路协同"（vehicle infrastructure integration，VII），主要利用车辆间和车路间的通信构建多个系统以增强交通安全、道路维护，提高交通运行效率。2006 年，美国提出 V2X（vehicle to everything），强调车辆与环境物体的信息交互，主要包括 V2V、V2I 和 V2P。

V2X 是智慧交通的基础。驾驶员在驾驶汽车过程中总会有些盲区，各种车辆驾驶员水平参差不齐，路上很多行人的安全意识淡薄，这些也是交通事故的主要原因。V2X 相当于给了驾驶员一个"上帝视角"，车与车之间、车与红绿灯之间都能够相互通信，并通过各种传感器（如摄像头、激光雷达等）感知到诸如车距、交通流量、周围行人、障碍物、红绿灯等情况，这样驾驶员就可以对紧急情况提前预判，采取适当处置措施，如减速、避让、分流等，减小交通事故的发生概率，缩减等待时间，缓解交通拥堵。V2X 技术也是无人驾驶技术的基础。

V2X 的核心问题在于通信标准。目前有两种主要的通信技术标准，一种是专用短距离通讯（DSRC），基于 IEEE 802.11p 标准，其原理与 Wi-Fi 类似，有效通信距离约 240 米，技术上较为成熟；另一种为蜂窝车联网（C-V2X），基于 3GPP LTE 标准，支持更远的通信距离、更强的可靠性、更高的容量和更好的拥塞控制等，并在全球范围内兼容性更强，是很有发展前景的通信标准。

与车联网密切相关的另一项重要技术是 Telematics，这是一个基于电信与信息科学的合成词，其含义为通过汽车、航空、船舶、火车等交通工具上内置的计算机系统、无线通信系统、卫星导航系统和互联网技术而提供信息的服务系统。目前这个词还没有公认的中文翻译，可以理解为"车载远程信息服务系统"。

Telematics 是车辆上的信息服务系统，可以不基于 TCP/IP 协议，也可以不接入互联网。根据使用目的不同，Telematics 的主要功能可分为三种类型。

一是安全驾驶、车辆维护及故障诊断服务。比如 Telematics 的车辆远程诊断和维护服务，可通过车辆上的传感器系统记录汽车的运行状态，比如温度、排气量、轮胎状况、汽油状况等，告诉驾驶员车辆系统的状态是否异常、配件何时更换等。当在行驶过程中出现故障，还可为维修人员提供准确的故障位置及原因。

二是交通信息与导航服务。能够提供地图导航、交通或路况信息，协助驾驶员进行路径选择、疏散交通拥堵等，或报告临近停车场的车位状况；提供安全与治安服务，比如与家中的网络服务器链接，随时了解家中客人来访、安全状况、对智能电器的操控等。

三是商务及娱乐信息服务。可方便用户使用各种网络应用，如金融服务、新闻信息、电子游戏等娱乐服务。

奔驰的母公司戴姆勒与数字身份公司联合研发车联网系统"Welcome Home"。该系统先对用户进行身份信息核验，以实现实名认证，再将用户身份信息与车辆绑定。同时，车载系统的个性化设置和移动出行服务偏好设置都绑定到用户身份上。这些设置并不限定于任何特定车辆上，用户可以随时随地将数据同步到其他车辆上，使用户获得个性化的驾驶习惯。系统还赋予了用户对数据的控制权限，以便与其他用户分享数据。所有这些功能都是在保护用户身份信息前提下实现的。

车联网的身份认证和安全特性较为独特，这主要是因为车联网是高速移动的网络信息处理系统，即通过移动通信技术和感知技术将车辆、路况、行人以及周围环境的信息进行感知和采集，然后对各种来源的数据进行融合和协同，并利用大数据和智能分析技术，为驾驶员提供驾驶决策。其独特性主要体现在以下几方面：一是由于车辆的高速运行，车联网具有高动态特性，而互联网、物联网往往是固定的，即使移动互联网也低速运动，这就对身份认证的响应要求更高；二是车联网系统是开放的，行驶中的车辆要频繁与各种车辆和设备进行链接交互和数据共享，面临的安全风险更高；三是车联网涉及很多个人隐私，行驶中采集的很多数据不仅属于个人敏感信息，还有可能涉及国家安全。

为保障安全，车联网的网络互联不使用远程终端登录模式，因为这种方式不容易控制访问权限，难以防范网络攻击。对于 C-V2X 通信技术，一般采用沙盒化机制。具体来说，就是预先定义一系列标准化的应用程序，每一个应用程序都分配一个身份标识 AID，美国标准称之为"服务提供者标识"（PSID），国际标准 ETSI/ISO 称之为"智能运输系统应用标识"（ITS-AID）。在车辆网络交互时，发送的消息都需要附加应用标识，接收者也只能限定于同一标识的应用才能处理该消息。这样即使消息有问题，也不至于影响其他应用。

沙盒化机制是安全的第一道防线，为保证消息的真实性，还可使用数字证书进行认证，而数字证书需要权威机构颁发，以便在车辆之间建立通信信任。国际标准 IEEE 1609.2 对数字证书和消息的格式进行了规范。由于网络带宽限制，IEEE 1609.2 使用椭圆曲线加密算法对消息内容进行压缩。

隐私保护是车联网在架构设计之初就要考虑的问题。为了防止车辆被数字证书跟踪，车辆通常被动态分配，在欧洲，一周可以分配 60 ～ 100 个数字证书，车辆在行驶中可以动态变换数字证书。为避免证书颁发机构的数据泄露，每辆车的数字证书通常由多个机构颁发。

车联网数据还涉及个人信息权和隐私权等相关法律问题。自动驾驶汽车上的数据记录设备包括事件数据记录器、车辆远程信息系统、全自动驾驶电脑等，记录的数据包括车辆标识、车辆状态、运行状态、充电状态、车速、行驶轨迹、制动踏板状态等。对这些数据的管理有两方面问题，一是如何界定哪些数据是隐私数据，哪些是个人数据；二是如何保障数据的完整性和安全性。一般来说，行驶轨迹、车内视频、语音通话等属于个人隐私，而其他数据则属于个人信息。另外，出于改善用户的驾驶体验、保障车辆部件的有效性和行驶安全性，以及改进设计新产品等方面的考虑，当前车辆的数据通常由车企控制管理，即通过移动网络传输到车企的数据库系统，这涉及如何防止数据被篡改，以及如何防止数据泄露等问题。

2021 年 2 月，有一辆特斯拉汽车的车主发生事故，用户方认为是由于车辆刹车失灵，而特斯拉厂家不认可这一说法，以致发展到车主到上海车展上抗议。后来，特斯拉公司选择公布当时的行车记录，社会舆论开展了对车辆数据的隐私权问题的激烈讨论。从公布的数据来看，主要包括时间序列、车架号、车速、制动踏板物理性移动信号、制动缸压力等，这不属于个人隐私，但属于个人信息。但作为公众关注的公共事件，在目前没有明确法律规定的情况下，车企选择公开数据似乎也无可厚非。关键问题是数据是否被篡改？这就需要从技术和机制上进行监管，比如说由第三方对数据进行管理，或者在车辆本地记录行驶数据的数据指纹，以确保数据无法被篡改。

当前，对车辆数据的规范管理迫在眉睫。国家网信办在 2021 年 5 月发布了《汽车数据安全管理若干规定（征求意见稿）》，其中包含了规范智能汽车数据处理活动的内容，以加强个人信息和隐私保护，维护国家数据安全和社会公众利益。

从智慧城市到超智能社会：数字化社会治理

1995 年，麻省理工学院教授尼古拉斯·尼葛洛庞帝出版了一本影响深远的畅销书《数字化生存》。这本书描绘了一个纯粹由数字化自组织形成的新世界。

20 多年过去了，书中预言的场景大多都已成为现实，数字化社会的生存方式已经悄然嵌入我们的工作、生活和娱乐之中。比如作者设想，在数字化世界，信息不仅无所不在，而且变得极端个性化，传播的受众将从大众聚焦到较小和更小的群体，最终精准地识别到个体。数字媒体就像扫描仪一样，将我的住址、婚姻状况、年龄、收入、驾驶的汽车品牌、购物习惯、饮酒嗜好和纳税状况等转化成 0 与 1 组成的数字化像素，也就能完全掌控了"我"——即人口统计表中的一条记录，也是大数据分析的基本要素。2015 年 10 月，Gartner 集团发布报告宣称人类将在 2016 年进入数字社会。

如今，数字空间的疆域还在不断地扩张、强化，新技术、新模式还在加速涌现，几乎我们每个人都情愿或不情愿地被裹挟进了数字化浪潮中。如何把控利用数字空间，既需要我们熟悉它的秉性特征，也需要每个人都具有基本的数字素养和能力。当然，对于老年人等数字弱势群体，更需要采取有效措施，让他们能够跨越这个日益扩大的数字鸿沟。

数字空间及其多维度特性

《数字化生存》设想的数字化空间，其核心组成要素是比特，这是数字空间的基本元素。也就是说，物理空间的要素是原子，数字空间的要素是比特，这两个世界遵循着完全不同的法则。由原子组成的物理空间，人类经过几千年的探索发展，建立了国家、组织与社会，并通过完善的法律法规和制度来规范人们的行为，以及人与人、人与社会组织的关系，这是物理空间平稳有序运转的基础。而在互联网建立起来的数字空间，其基本组成比特与原子有截然不同的特性，比如说，比特没有重量，易于复制，速度传播还极快，并且传播时能够轻易超越时空障碍。另外，原子只能由有限的人使用，并且使用的人越多，其价值就越低；而比特则可让无限多的人使用，并且使用的人越多，其价值反而越高，这也是数字空间能够零边际成本的基础。这个由比特构成的世界，尼葛洛庞帝称之为 BIT 世界，又称赛博空间、数字矩阵等。尽管名称五花八门，但其本质和特征都基本差不多。

在数字化生存时代，我们生活在两个不同的世界，一个是真实的物理空间，另一个就是由新一代互联网网络和通信（5G/6G）以及虚拟现实技术营造出的数字空间。这两个世界既有很大不同，又紧密联系在一起，犹如镜像的孪生体，也被称为数字孪生。那么它们的关系究竟是什么样的？其实多维世界能够较好地揭示这两个世界之间的关系。我们的物理空间是三维空间（即 3D 空间），如果将时间作为一个维度，可以构成四维时空。量子物理还提出多重世界、平行宇宙等概念，但目前还没有任何可信证据表明多重宇宙或平行宇宙的存在。如果将数字化作为一个新维度，就能自然地解释了物理空间与数字空间的多维关系，即数字空间是物理空间的多维创新延展，其中的对象可以是物理空间实体对象的一一映射，这就是所谓的"数字孪生"。数字空间和物理空间可以是相互关联的平行世界，其联系纽带就是数字身份。

数字空间具有超时空特性。在物理空间中，时间是不可逆的，也无法穿越。但数字空间，时间轴可以被轻易快进，或者快退，这相当于物理空间的穿越。在数字空间中，人与人交流的空间距离也能被轻易跨越。在物理空间中，有很多人们无法看到或实现的事物，比如人的性格与心理特征、穿墙视物、远红外线、紫外线等特殊条件景象，在数字空间中也都可以通过相应传感器获取数据并可视化展现出来。数字空间甚至还可以展现物理空间的多重摹本，这也是多维世界的重要特征。可以说，数字空间通过数字化这个新维度，具备了对低维度物理空间的降维打击能力，这也是电子商务超越传统商业的根本原因。

数字空间之所以具有超强特性的关键原因在于各种算法：搜索引擎算

法让我们快速精准检索到需要的信息；社交平台通过算法让我们获得超时空的社交链接；推荐算法通过如章鱼触角般的智能 APP，采集人们产生的各种数据，并对其进行分类聚类、特征分析等处理；而人工智能算法可利用机器学习识别和分析获得用户深层次的潜在特征和需求，这使得掌握着数据和算法的机构通晓个人的各种信息，洞悉个人的各种需求，比如擅长什么、喜好什么，然后对个人提供精准贴心的个性化定制服务。数字技术以其巨大的推动力和塑造力，正在深刻地改造和引导着我们的经济、社会与生活。

"元宇宙"概念进一步扩展了数字空间的意蕴。元宇宙不仅引入新一代网络通信技术、虚拟现实和增强现实，还采用了区块链技术和数字经济及社会模式，如物联网、去中心金融、数字资产等，从而构建出与物理空间高度关联或相似的全息数字空间，营造越来越真实的数字虚拟世界。业界认为元宇宙将引发一场革命，是下一代互联网的主要形态。

在元宇宙中，每个人都可以是元宇宙社会财富的创造者和交易者，因而数字身份是元宇宙的基本特征之一，人们因而可实现在数字空间的各种交互，就像科幻电影《阿凡达》中的主角阿凡达那样，将人的虚拟化身作为其在数字空间中的代理，尽管这是虚拟的，但却能代理数字空间实现各种经济社会活动。

元宇宙可以有各种形态，包括以文学、艺术、宗教为载体的文化形态，创造各种数字艺术；以科幻和电子游戏为载体的娱乐形态，设计虚拟现实游戏；还有以"去中心化"为特征的经济社会形态、创造增值数字产品和服务；等等。

数字社会是数据驱动的社会，即利用物联网打通和融合物理空间和数字空间。在古希腊圣地德尔菲的太阳神阿波罗神庙入口有一句哲学名言：

"认识你自己。"但我们往往很难了解自己深层次的特征和需求。然而，如今利用各类传感器和移动 APP 获取个人大数据，比如性格、行为、需求等，再通过数据分析就可获得个人数字画像和真实需求。通过"工业 4.0"可以便捷地提供个性化的产品；通过智慧城市建设，可感知到每个人的个性化需求，以便能在需要时获得高质量的公共服务；通过超智能社会建设，利用传感器获取人们的各种身体状态数据，让医生获取患者的身体健康状况和行为习惯等信息，从而更快、更好地给出病情诊断结果。

以数字身份及信任为基石的智慧城市

智慧城市的概念源于 IBM 在 2008 年提出的"智慧地球"，其核心理念是全面的智能物联、数据的充分整合、系统的协同运作以及对创新的激励。智慧地球以及衍生出的智慧城市等理念，迅速得到学术界、产业界和政府部门的关注和响应，开展了大量的深入的研究，各地政府纷纷出台智慧城市规划，启动相关项目的建设。智慧城市涉及的范围很广，既有城市基础设施规划，还有节能减排目标，更多的则是强调利用数字技术提高城市各类设施及服务的效率，使城市运作更加便捷、高效。

智慧城市的感知体系

人是智慧城市各种活动参与交互的主体，这其中既包括规划设计者，也包括城市管理者，更多的还是城市服务对象或公众，这些角色有的在产生数据，有的在使用数据。智慧城市通常包括一系列服务应用系统，一个用户可能存在于多个服务体系，拥有多个账户和身份。数字身份既可以用于保障系统和数据的安全，还可以打通不同部门系统的数据壁垒，让公众能够更加智能、便捷地使用智慧城市的不同服务。因此，在智慧城市建设中，统一数字身份识别体系对智慧城市至关重要。

智慧城市数字身份不仅基于互联网和移动物联网，还广泛使用物联网及车联网等，以对各种物品进行标识和编码。数字身份与传感器身份标识相互结合贯通，构建众多服务场景，创造更多价值。阿里巴巴达摩院在其发布的《2019年十大科技趋势》预测，数字身份将成为人在数字空间的身份证，从手机开锁、小区门禁到餐厅就餐、超市收银，再到高铁进站、机场安检，以及医院看病，靠刷脸走遍天下的数字社会已经到来。

在智慧城市的建设上，新加坡的理念和实践独具特色。"智慧国家2015"计划是新加坡在2006年提出的智慧城市战略。经过多年的持续发展，新加坡的智慧城市建设取得了引人注目的成效。2020年10月，瑞士洛桑国际管理发展学院在其《2020年智慧城市指数报告》中发布的全球智慧城市指数排行榜中，新加坡名列第一。新加坡的智慧城市发展体现了以下三个创新理念。

"连接" 的目标是建造安全、便捷的国家数字基础设施，其中重点项目就是新的国家数字身份系统，这一项目将致力于为每个新加坡公民颁发数字身份，建立公民、私营机构及政府部门之间的信任关系，新的身份认证采取多模态方式，其中包括人脸等生物特征识别方式，以便公民能够方便使用各种数字服务。

"搜集" 则是通过物联感知设备（如视频监控等）网络获取城市管理大数据。新加坡的智慧国家传感器平台也被称为智慧国家操作系统（SN-OS），主要由新加坡科技局牵头建设，具体实施是将传统灯柱改造为具有复合传感功能的"智慧路灯"，其中集成了传感器、人脸识别摄像头等，用于监测空气质量、交通流量，获悉停车位余量，并收集行人数据，这些数据可为城市规划、交通规划以及反恐提供参考。

很多国家已将视频感知技术应用到安保领域。2017年，我国建成了监控摄像网络系统"天网"，2019 年安装使用的摄像头已突破两亿。美国纽约市警局与微软公司共建的区域感知系统包括了大量摄像头、传感器，结合后台的数据处理系统后，可用来监控和迅速打击非法犯罪行为。英国也部署了发达的视频感知和监控网络。据报道，拥有 900 万人口的伦敦至少安装了超过 69 万个监控摄像头。

"理解"是指建立面向公众的国家数据共享体系，通过处理分析搜集来的大数据，准确分析刻画公民数字画像，以更好地预测并满足民众的个性化服务需求。

数字孪生城市

"数字孪生"这一术语最早出现在 2011 年美国空军研究实验室的文献中。美国学者迈克尔·格里夫斯（Michael Grieves）在 2014 年提出了明确概念，其定义为："数字孪生为物理空间中产品或资产在数字空间的精准映射或镜像，且能实时或定期更新，以尽可能地与物理空间的对应物相同步"。数据孪生最早应用于产业界的产品设计和生产。西门子公司给出的数字孪生定义为："实际产品或流程的虚拟表示，用于理解和预测对应物的性能特点。"

2018 年，Gartner 公司将数字孪生列为十大新兴技术专题，并认为数字孪生是物理空间实物或系统的数字化表达。数字孪生可以通过物联网，链接物理空间中的对象，提供其状态信息、响应变化、改善运营并增加价值。Gartner 公司还概括出了数字孪生的四个要素：数字模型、关联数据、身份识别和实时监测功能。

在我国 2018 年出台的《河北雄安新区规划纲要》中，明确提出了应用数字孪生技术进行城市智慧化管理的新理念，即"坚持数字城市与现实城市同步规划、同步建设，适度超前布局智能基础设施，打造全球领先的数字城市"。这就明确提出了建立数字孪生城市的理念。雄安新区建设在全国范围内掀起了"数字孪生城市"的热潮。

数字孪生城市的关键环节是 3D 建模。信通院在《2018 数字孪生城市白皮书》中对数字孪生城市的描述为：数字孪生城市是与物理维度上的实体城市紧密联系的数字化虚拟城市，两者同生共存、虚实交融，构成城市未来发展形态。其核心是在智慧城市框架之上建立一个"城市信息模型平台"（CIM），即通过数字测绘、标识感知、虚拟现实、模拟仿真等技术对城市进行 3D 重建，获得包含城市语义信息的 3D 城市模型。比如在雄安新区，物理空间的每一座建筑，在其 CIM 平台也同步生成一栋同样的数字大楼；路边的一个路灯更换了，CIM 系统也马上同步更新。

在数字孪生城市 CIM 系统中，物理空间中的实体与数字空间中的完全对应，这需要系统具有全要素数字标识能力，即不仅有地理要素，还要包括建筑、道路、河流、绿化、井盖、路灯等要素。对城市中的每一实体都进行数字标识，利用实体身份建立精准映射，便于对城市运作数据的实时采集、反馈，以及对终端设备的远程操控。对于数字孪生城市，数字标识通常利用二维码、射频识别标签、地理信息系统、卫星定位等技术手段，实现对城市的公用设施、交通设施、园林设施、特种设备等所有城市实体部件进行唯一数字化身份标识。

与虚拟现实的完全虚拟场景不同的是，数字孪生与物理实体紧密相关联，其联系纽带就是通过物体的身份标识建立的映射关系。还有一个类似概念增强现实，这是一种将虚拟的数字实体嵌入并融合到现实的物理场景中，形成集虚拟与现实于一体的混合现实。数字孪生技术让我们能够以高维视角增强我们对现实物理空间实体的掌控能力。

城市"大脑"

从仿生学角度看，早期的智慧城市建设侧重传感器和识别设备的部署，这对应着生物体的感知功能；数字孪生强调 3D 建模和仿真，可以理解为建造智慧城市的数字化躯体。但实际上，智慧城市不仅需要有城市实体的全方位感知和可视化模型表达，更需要对感知大数据进行融合分析、基于机器学习的模式识别和智能决策，以及敏捷的调度及执行机制，这需要为城市打造数字化的"大脑"。只有具备数字"大脑"的城市才是真正的智慧城市。

对于城市"大脑"，目前还处于发展早期，还没有公认的定义，不同专家和学者的说法也不完全一致。例如，中科院的刘锋博士团队根据互联网的类脑特征，提出城市要建设人工智能中枢，即城市大脑，主要包括两个关键要素：连接人、物、系统的类脑神经元网络（互联网、物联网）和能够解决城市各种问题、各种需求的云反射弧（智能业务决策系统），以实现对城市管理和服务的快速智能反应。

高文院士基于仿生视网膜理念提出了城市大脑的计算架构，这并非一种仿生视网膜的硬件，而是给现有摄像头增加人工智能功能，再将其与云计算结合起来，形成数字视网膜。这一架构包括八个基本要素，被分为三组：（1）全局统一的时空标识 ID，将不同视角的图像匹配到一个全局的视觉系统；（2）包括高效视频编码、高效特征编码和链接优化，对视频进行编码优化；（3）把模型可定义的功能组合到一起，进行分析判断。

"数字视网膜"理念的创新之处在于，其先进的视频编码标准与编码技术让前端摄像头拥有一定的人工智能分析能力，可对识别到的车、人、场景等主动进行特征提取。摄像头上传到云端的视频数据分为两路：一路通过高效编码作为视频数据存储；另一路上传的视频特征可直接让云端"智能大脑"进行读取和分析。这种摄像头与云计算协同的机制类似人类视网膜的工作原理。

在产业界，很多大企业也提出了各自的城市大脑理念。谷歌在 2012 年提出了谷歌大脑，这是世界上第一个用"大脑"命名的智能系统，也是谷歌整体人工智能计划的一部分。我国也有很多企业开展了城市大脑的研发和实践，如阿里巴巴的 ET 城市大脑、百度大脑、华为的城市超级大脑等。这些方案各有侧重，技术路线也不尽相同，且各具特色。按照技术和应用场景，城市大脑的功能可分为以下三个方向。

个性化服务与精细化调控。利用物联网、监控视频、传感器等感知基础设施和公共服务应用，获得海量大数据。这些数据来源多，价值密度极低，几百 GB 的数据量可能只有几 MB 的有价值信息，远超人类的认知能力。因此，必须将多来源的超大规模数据归集融合，并进行智能分析和挖掘处理，得到服务对象和服务设施的标签化的用户数字画像，获悉人们的行为习惯和服务需求，可对市场实现精细的微宏观调控，从而为每个人提供满意贴心的服务和商品。这将可能发展成为一种超越市场经济和计划经济的智慧经济新模式，兼具两者的优势，又可避免各自的缺点。

人工智能识别与调度。利用先进的人工智能算法，从海量数据中高效地洞悉人类难以发现的复杂隐藏规律。基于深度学习的人脸智能识别系统不仅可用于在线身份认证，还可用于发现违法犯罪行为，实现毫秒级响应，并能自动将执行指令发送到附近的警察终端设备上。智能算法可以精准识别并抓拍违章行为，并根据车辆外形、行驶轨迹、车内装置等多方数据比对，还原出真实的车牌号。比如北京市海淀区的"城市大脑"对渣土车号牌遮挡等违法特征识别的准确率已经达到了 95% 以上。

全局最优决策与全流程协同。城市大脑应该是城市的决策中枢。当前很多决策都是按照部门做出的局部次优决策，城市大脑可以实现跨部门、跨地域的数据资源共享，因此，可制定出很多城市管理问题的全局最优策略。比如城市智能运行和应急指挥系统可预警处理城市突发事件，预先防范自然或人为灾难；金融和市场一体化监管预测并防范金融风险；商品／食品／药品追溯体系便于监管产品质量；交通规划设计系统可以优化路口的红绿灯配时，对车辆进行智能调度，提高道路通行效率。

我国在智慧城市建设方面投资巨大，很多地方都在建设智慧城市，也取得了良好的效果。2020 年 5 月，在 IDC 评选的 2020 年度亚太区智慧城市大奖中，海南省海口市的"城市大脑"项目获得了"最佳智慧城市项目"。在 2020 全球智慧城市大会上，上海市获得了"世界智慧城市大奖"。

智慧城市建设中的数据共享与隐私保护

智慧城市数据的特点是涉及范围广，规模庞大，且隐私性强。无论是基于生物特征识别的身份认证，还是公共区域的视频监控，都不可避免地要涉及大量个人数据和隐私。人脸识别技术为民众在办理政务和公共服务过程中的身份认证提供便捷的选择，同时也广泛应用到移动支付和金融服务等领域，与人们的财产安全密切相关，一旦数据泄露或被滥用，其后果难以估量。因此，人脸识别的使用场景应该实行严格的"目的限定"，即所在应用的业务中是必需的，且经过法律授权。比如新加坡政府承诺对人脸特征的使用主要限于"验证"在现场的是否为本人，并不对人的生物特征进行识别。新加坡政府早在 2012 年就通过了《个人数据保护法案》，并承诺公民身份数据只用于验证，不进行身份识别，这些都增加了公民对政府的信任，打消了公众的安全风险顾虑。

个人数据和隐私问题往往也是国外一些智慧城市试点项目失败的重要原因。谷歌母公司 Alphabet 下属的子公司 Sidewalk Labs 曾在加拿大多伦多的滨水区、美国俄勒冈州波特兰市等地开展了智慧城市的建设试点，但在2020年5月和2021年3月，Sidewalk Labs 公司分别宣布放弃多伦多滨水区项目和波特兰市的智慧城市项目。这两个项目半途而废有多方面的原因，如经济上的不确定性和不可持续性，而更深层次的原因是个人数据和隐私保护方面的因素。多伦多的居民就对传感器收集个人数据和隐私等问题感到担忧，尽管 Sidewalk Labs 发布了《负责任的数据使用框架》，明确阐述了项目在数据收集、数据使用和数字治理方面的规则，并承诺数据存储在加拿大，但仍然难以取得居民的信任。对于波特兰市项目，其终止原因是波特兰市政府要求开发公司提供详细的个人数据，而公司不愿意妥协其隐私原则。这些都说明智慧城市建设中，如何建立数据共享模式和个人数据保护机制十分复杂。

实际上，智慧城市的个人数据和隐私问题的解决方法首先要着眼于规则治理层面，即基于国家的法律法规和标准规范。在个人数据保护方面，我国的《个人信息保护法》和国家标准 GB/T 35273-2020《信息安全技术 个人信息安全规范》都已经正式发布并实施，可作为智慧城市隐私保护的基本准则。国际标准化组织还于 2021 年 2 月正式发布了专门适用于智慧城市的隐私保护国际标准 ISO/IEC TS 27570《隐私保护——智慧城市隐私指南》，该标准采取了以公民为中心的理念，就如何在智慧城市建设中为保护公民隐私提供了标准化的指南。

公众信任是智慧城市广泛应用的前提，为此，个人数据和隐私保护需要体现在智慧城市项目建设的各个阶段，特别是在设计阶段基于"隐私设计"原则，比如哪些数据需要采集、用于什么场景、是否获得同意授权，以及对数据访问查询、处理保管等权限的设计。对个人数据处理分析还可采用隐私保护计算方式，实现"可用但不可见"。对于规划设计类传感数据，可利用视觉相关的分类和计数功能获得统计意义上的数据，而无须将

视频上传和录制，避免泄露个人隐私。另一方面，设计方案的制定可邀请
公众参与，采取调查问卷等方式，征集、讨论和分析数据保护的解决方案，
建立公开透明的数据利用机制，从而获得公众对智慧城市项目的理解和
信任。

超智能社会：从"工业 4.0"到"社会 5.0"

以大数据、物联网和人工智能为代表的新型数字科技给人类社会带来
的影响是深远的，人们的生活方式、生产方式、经济形态以及商业模式，
都在经历着一场革命。2013 年，在德国汉诺威工业博览会上，德国政府在
学术界和产业界的建议和推动下，提出了"工业 4.0"战略，其主要是将当
前的数字化转型置于工业革命的背景下，阶段划分原则是：以蒸汽机为代
表的工业 1.0，通过机械化大幅提高了生产效率；以内燃机和电气化为代表
的工业 2.0，实现了产品零件生产与装配的分工，以及大规模的流水线自动
生产；而以计算机和信息化为代表的工业 3.0，让生产自动化和信息处理变
得高效而便捷，让产能出现过剩。工业 4.0 面临的挑战是在生产力极大提高
的条件下，消费者的需求变得多种多样，工厂如何应对产品日趋复杂的个
性化定制。

工业 4.0 的解决方法是在生产制造中利用物联网、大数据、云计算、边
缘计算以及人工智能、数字孪生等技术，将人和各种设备和物品连接起来，
构建"网络 - 物理系统"，连通融合网络数字空间与物理空间，实现具有高
度自适应性和自学习能力的无人工厂。工业 4.0 还需要整合价值链中的所有
信息，链接其中的客户、商业伙伴、物品、设计者、反馈系统等，最终在
全流程实现高效生产出高度个性化的产品，同时产品本身还具有信息感知
和智能分析功能，让厂家通过智能服务优化产品的用户体验。

工业 4.0 是德国制造业数字化战略。与此类似的还有日本提出的"社会 5.0"战略，也称超智能社会。这一战略更是将其背景置于人类文明发展历史的宏大叙事中。所谓社会 1.0 指的是人类文明最初的狩猎社会，社会 2.0 为农耕社会，社会 3.0 为工业文明，伴随着信息革命而来的是社会 4.0。社会 5.0 与工业 4.0 的内涵类似，但范围更为广阔，如发展数字经济，推动产业数字化、智能化。社会 5.0 包括智慧城市的很多内容，并将解决社会问题作为优先事项，特别是应对日本社会面临的老龄化和少子化等棘手问题。

"社会 5.0"战略以信息和通信技术、物联网、人工智能等技术为手段，秉承以人为中心的理念，重构个人与社会的关系，形成一个以人为中心的新型社会，让每个人都能在需要的时候获得高质量的产品和服务。同时，"社会 5.0"战略还利用机器人、无人驾驶、无人商业和工厂等技术，大幅减少生产和服务环节对人的依赖，应对老龄化社会带来的影响。

日本的"社会 5.0"战略的关键举措是建立全国性的数字身份体系"MyNumber"，这不仅可建立日本的电子支付体系，还有助于在国民健康保险、社会福利、酒店入住等场合的在线身份认证。在 2020 年新冠肺炎疫情期间，政府在向民众发放疫情补助金时，拥有数字身份的公民在领取补助金时的效率大大提高。因此，菅直人内阁在 2020 年上任伊始就成立"数字厅"，其重要职能之一就是推进数字身份体系的全面实施。

"社会 5.0"是一种数据驱动型社会，这意味着两方面的含义：一方面是利用物联网感知获取大数据，为民众提供个性化服务；另一方面是通过数据驱动人工智能和机器人技术，开发无人化的应用场景。

在数据感知与获取方面，日本大力发展物联网或"网络－物理系统"，并形成专门感知人的网络体系——"人联网"，以获取经济社会运行中的人及相关设施的各种数据，特别是人的健康状况、生活习惯及行为模式等。

比如通过移动健康 APP 可以获取人们的身体状况，通过交通卡可获取人们的出行数据，通过分析公共交通监控视频就可得到车辆与行人的流量等，还有居民的网络购物消费数据、水电暖数据等，将所有这些数据汇聚起来，利用信息可视化技术，就能全面掌握整个社会的运行状况。

"社会 5.0"可从根本上改变社会运行及决策方式。物联网感知获取的数据规模庞大、种类多样，且实时性很强，这是传统社会无可比拟的，这样就可能大规模地预测人们的潜在需求，据此创新商业服务模式。比如电力企业可以通过监测用户的电力消费情况，基于统计分析预测用户将来的电力需求。居民还可以主动向供电企业提供自己第二天、下个星期、下个月的电力需求，电力企业就能准确预测电网未来需要多少电，按需调控发电设备的供给量。

为了便于医院或诊所管理老人监护等场景，可利用"无线体域网"构建健康监测系统。这是一种以人体健康为中心，将与人体相关的网络终端和传感设备链接起来的网络系统，可用于医院或诊所的管理或者老人监护等场合。这些传感设备包括便携式传感器、可穿戴传感器、智能拐杖等，以远程监测病人或独居老人的生命体征和行为数据，如心电图、血压、脉搏、体温以及饮食情况、运动情况等，让执业医师能远程诊断病人的健康状况。一旦发现病人异常迹象，系统可发出警报，提示医师重点关注。

数据驱动社会对数据利用的另一领域是人工智能，它将大大推进社会向无人化方向演变，缓解老龄化和少子化所导致的劳动力不足问题。无人驾驶汽车、无人机送货、无人自动化工厂、智能化无人商店等技术可提高物流速度和效率，还能为居住在偏僻地区、交通不便的人们提供便捷的送货服务。

"社会 5.0"是一个包罗万象的中长期战略，主要目的是在必要的时间为有需要的人提供满足其需求的物品和服务，要实现这一未来愿景不仅需要技术创新，更需要社会公众的广泛认同和深度参与，让每个人都能成为社会的主体，否则这个战略就是一个空想的乌托邦。这需要在全社会范围构建一个保障个人自主权和社会信任的体系环境，以增强企业对创新服务的积极性。这也保障了个人的隐私不受侵犯，消除公众对安全风险的顾虑。

日本是较早制定个人信息保护的国家。2005 年 4 月，日本就实施了《个人信息保护法》，并在 2015 年进行了一次大的修订。随着数字技术的飞速发展，日本又在 2020 年 6 月颁布了《个人信息保护法修正案》，于 2022 年 4 月正式实施。不仅日本政府重视个人信息保护，全日本都有很强的个人信息保护意识，这些都是日本实现超智能社会的基础。

参考文献

[1] 360 身份安全实验室 . 深度解读零信任身份安全——全面身份化：零信任安全的基石 [EB/OL]. 搜狐网·安全牛 .（2018–09–26）. https://www.sohu.com/a/256234927_490113.

[2] 袁博，李雨霏，闫树 . 推动数据要素市场化配置的四大关键举措 [EB/OL]. 搜狐网·中国信息通信研究院 CAICT.（2020–05–07）. https://www.sohu.com/a/393500599_735021.

[3] 刘典 . 加快数据要素市场运行机制建设 [N]. 经济日报，2020–09–10.

[4] 叶雅珍，刘国华，朱扬勇 . 数据资产化框架初探 [J]. 大数据期刊，2020，6（3）.

[5] 草帽小子 . 阿里/网易/美团/58 用户画像中的 ID 体系建设 [EB/OL]. 搜狐网·人人都是产品经理 .（2020–10–31）. https://www.sohu.com/a/428557733_114819.

[6] 石秀峰 . 什么是 One Data 体系？阿里数据中台解读 [EB/OL]. 商业新知·168 大数据 .（2020–03–28）. https://www.shangyexinzhi.com/article/1597206.html.

[7] Kami. OneData 之 OneService[EB/OL]. 知乎·Kami 说.（2020–03–05）. https://zhuanlan.zhihu.com/p/113325217.

[8] 于梦月，翟军，林岩. 我国地方政府开放数据的核心元数据研究 [J]. 情报杂志，2017（4）.

[9] Asset Description Metadata Schema (ADMS)[EB/OL]. Joinup. https://joinup. ec.europa.eu/collection/semantic-interoperability-community-semic/solution/ asset-description-metadata-schema-adms.

[10] 什么是数字资产 [EB/OL]. 腾讯网·竹聆科技.（2021–02–23). https://new. qq.com/omn/20210223/20210223A06KPU00.html.

[11] 星光大盗. 区块链概念下，你的数字资产是否和数据资产同一概念呢 [EB/ OL]. 知乎.（2020–07–02）. https://zhuanlan.zhihu.com/p/153348629.

[12] 徐思彦，秦青，张采薇. NFT 会是数字资产化的开端吗 [EB/OL]. 腾讯研究院.（2021–04–19）. https://www.tisi.org/18251.

[13] 隋其林. NFT 简史：加密的"艺术"世界 [EB/OL]. 微信公众号：01 区块链.（2021–04–03）. https://mp.weixin.qq.com/s/IEnWmm0qKEWhd9C5TCx-e5A.

[14] NFTLabs. NFT 攻略：如何成为加密艺术家？数字艺术品存储在哪里 [EB/OL]. 陀螺财经.（2021–04–03）. https://www.tuoluocaijing.cn/nft/detail-10048805.html.

[15] 杨嘎. NFT——加密艺术简史 [EB/OL]. 艺术中国.（2021–04–24）. http:// art.china.cn/txt/2021–04/24/content_41541957.shtml.

[16] 陈永伟. DeFi 的优势与风险 [EB/OL]. 经济观察网.（2020–09–21）. http:// www.eeo.com.cn/2020/0921/414658.shtml.

[17] Linda Xie. A beginner's guide to DeFi[EB/OL]. Nakamoto.（2020–01–03）. https://nakamoto.com/beginners-guide-to-defi/.

[18] GLEIF. ISO 17442: The LEI Code Structure[EB/OL]. https://www.gleif.org/en/ about-lei/iso-17442-the-lei-code-structure#.

[19] GLEIF. GLEIF's Digital Strategy for the LEI[EB/OL]. https://www.gleif.org/

en/lei-solutions/gleifs-digital-strategy-for-the-lei/.

[20] McKinsey & Company and GLEIF. The Legal Entity Identifier: The Value of the Unique Counterparty ID[EB/OL].（2017–10）. https://www.gleif.org/zh/lei-solutions/mckinsey-company-and-gleif-creating-business-value-with-the-lei/lei-in-commercial-credit#.

[21] CAPTCHA. 物联网发展历程 [EB/OL]. 知乎·物联网课程.（2020–01–08）. https://zhuanlan.zhihu.com/p/101644848.

[22] 小枣君. 变局之际，聊聊物联网的过去、现在和未来 [EB/OL]. 微信公众号：鲜枣课堂.（2020–03–19）. https://mp.weixin.qq.com/s/7-DgbmGSQ-jQ-mHCeDnWVow.

[23] Marc Canel. 物联网（IoT）中的身份认证 [EB/OL]. 搜狐网.（2020–05–12）. https://www.sohu.com/a/394565713_468740.

[24] 岂克文. 白话可信身份认证—FIDO、IFAA、TUSI[EB/OL]. 移动支付网.（2016–12–12）. https://www.mpaypass.com.cn/news/201612/12160934.html.

[25] 迷途. 物联网标识：万物互联的基础 [EB/OL]. 知乎·物联网那些事.（2020–03–05）. https://zhuanlan.zhihu.com/p/27558804.

[26] GS1 ——全球通用的商务语言 [EB/OL]. GS1China. http://www.gs1cn.org/Knowledge/GS1System2.aspx.

[27] 工业和信息化部电信研究院. 中欧物联网标识白皮书 [R]. 2014–11.

[28] 中国电子技术标准化研究院. 对象标识符（OID）白皮书 [R]. 2015–07.

[29] 杨震，张东，李洁，张建雄. 工业互联网中的标识解析技术 [J]. 电信科学，2017, 33（11）：134–140.

[30] 张旭，马应召，赵建萍. 用统一编码筑巢物联网 [J]. 中国自动识别技术. 2014（1）.

[31] 中国信息通信研究院. 工业互联网标识解析标准化白皮书 [R]. 2020.

[32] 谢家贵等. 工业互联网标识解析体系架构 [J]. 信息通信技术与政策，2020

（10）.

[33] 徐志刚 . 车联网发展简史 [EB/OL]. 科学网 .（2017–10–10）. http://blog.sci-encenet.cn/blog-556706-1080016.html.

[34] AutoLab. 中美车联网演进的分与合 [EB/OL]. 界面新闻 .（2015–01–03）. https://www.jiemian.com/article/219177.html.

[35] 李景聪，韩芬 . Telematics 的发展及其标准化进程 [J]. 计算机与网络，2008（17）.

[36] 潘永建，邓梓珊 . 简析车联网应用下个人隐私保护难点与对策 [EB/OL]. 通力律师事务所 .（2019–08）. http://www.llinkslaw.com/uploadfile/publica-tion/13_1565770410.pdf.

[37] 特斯拉维权背后：数据霸权下的科技傲慢 [EB/OL]. 搜狐网·电动汽车观察家 .（2021–04–22）. https://www.sohu.com/a/462216863_100044558.

[38] 灰犀牛法律 . 特斯拉公布行车数据，侵犯女车主的隐私权了吗 [EB/OL]. 知乎 .（2021–04–23）. https://zhuanlan.zhihu.com/p/367349441.

[39] cnBeta. 别闹，特斯拉没偷看你 [EB/OL]. 新浪科技 .（2021–04–09）. https://finance.sina.com.cn/tech/2021–04–09/doc-ikmxzfmk5770519.shtml.

[40] 唐柳杨 . 网信办发布征求意见稿，汽车数据安全立规 [EB/OL]. 第一财经 .（2021–05–12）. https://www.yicai.com/news/101048403.html.

[41] 尼葛洛庞帝 . 数字化生存 [M]. 胡泳，译 . 海口：海南出版社，1997.

[42] 王印红 . 数字治理与政府改革创新 [M]. 北京：新华出版社，2019.

[43] 书入法 . 一文读懂"元宇宙"[EB/OL]. 虎嗅网 .（2021–08–21）. https://www.huxiu.com/article/449944.html.

[44] 彭华盛 . 从《黑客帝国》看数字孪生 [EB/OL]. 腾讯云社区 .（2020–03–06）. https://cloud.tencent.com/developer/article/1595038.

[45] 王众 . 观察：在智慧城市中的身份识别技术 [EB/OL]. 中关村在线 .（2018–09–18）. http://net.zol.com.cn/698/6983899_all.html.

[46] 余快 ."不安分"的新加坡，"不拼单"的 AI 造城记 [EB/OL]. 雷锋网 .

（2020–10–17）. https://baijiahao.baidu.com/s?id=1680765878931320617&w-fr=spider&for=pc.

[47] 沈茂祯，李麞. 新加坡"刷脸时代"背后的隐忧 [EB/OL]. 澎湃新闻.（2020–11–24）. https://www.thepaper.cn/newsDetail_forward_10022930

[48] 王东昂. 未来触手可及：人工智能应用于智慧城市 [EB/OL]. 贸泽电子.（2021–03–08）. https://www.mouser.cn/blog/cn-smart-future-on-the-horizon-cities-built-on-ai.

[49] 李水青. 数字孪生城市：两派争鸣 噱头还是新风口 [EB/OL]. 安防展览网.（2019–12–16）. https://www.afzhan.com/news/detail/79259.html.

[50] 黄培. 详解数字孪生应用的十大关键问题 [EB/OL]. 搜狐网.（2020–06–30）. https://www.sohu.com/a/404919427_251620.

[51] 中国信息通信研究院. 数字孪生城市研究报告 [R]. 2018–12.

[52] 城市大脑全球标准研究组. 城市大脑全球标准研究报告（2020 版）[EB/OL].（2020–12–25）. http://www.wwns-r.org/.

[53] 脑极体. 城市大脑的"眼疾"与升级：解析高文院士提出的"数字视网膜"体系 [EB/OL]. 36Kr 网.（2019–05–08）. https://36kr.com/p/1723632058369.

[54] 高文. 数字视网膜：让智慧城市从"看清"向"看懂"进化 [N]. 光明日报，2020–06–04.

[55] 阿里研究院. 城市大脑探索"数字孪生城市"白皮书 [R]. 2018–07.

[56] 隐私计算联盟. 智慧城市中的数据流通与隐私计算 [EB/OL]. 安全内参.（2021–02–08）. https://www.secrss.com/articles/29192.

[57] 脑极体. 智慧城市应该装上怎样的"大脑"，"学霸"海淀分享了一些心得 [EB/OL]. 观风闻.（2021–04–10）. https://user.guancha.cn/main/content?id=493028.

[58] 孙盼. 中国智慧城市建设，上海有哪些值得借鉴之处 [EB/OL]. 亿欧网.（2019–05–30）. https://www.iyiou.com/analysis/20190530101523.

[59] 王德清. 多伦多之后，谷歌另一智慧城市项目流产 [EB/OL]. 雷锋

网 .（2021–03–07）. https://www.leiphone.com/category/smartcity/GEWv2u-gO8AZelPNq.html.

[60] 刘贤，孙彦，胡影，赵梓桐 . 数据安全国际标准研究现状 [J]. 信息安全与通信保密，2018（12）.

[61] Iothome. 纽约物联网战略为智慧城市发展铺平了道路 [EB/OL]. 51CTO 转自物联之家网 .（2021–04–29）. https://iot.51cto.com/art/202104/660324.htm.

[62] 高尚 . 工业 4.0：是怎样的一场革命 [EB/OL]. 知乎 . 工业数字化 .（2018–04–11）. https://zhuanlan.zhihu.com/p/35301162.

[63] 什么是工业 4.0[EB/OL]. 腾讯网·企鹅号·谭老师讲地理 .（2021–01–13）. https://new.qq.com/omn/20210113/20210113A0DGYN00.html.

[64] 刘群艺 . 疫情加速日本构建"5.0 社会"[EB/OL]. 第一财经 .（2020–07–26）. https://www.yicai.com/news/100713157.html.

[65] 枭枭 . 颠覆未来智慧城市的四大传感器技术 [EB/OL]. 传感器专家网 .（2020–08–08）. https://www.sensorexpert.com.cn/article/14055.html.

[66] 脑极体 . 万物皆可 IoT：日本养老启示录 [EB/OL]. 36Kr.（2019–01–18）. https://www.36kr.com/p/1723152433153.

[67] 颜丹丹 . 日本《个人信息保护法》修改的"三年之约" [EB/OL]. 腾讯网企鹅号·蒋丰看日本 .（2021–04–02）. https://new.qq.com/omn/20210402/-20210402A0DTDF00.html.

北京阅想时代文化发展有限责任公司为中国人民大学出版社有限公司下属的商业新知事业部，致力于经管类优秀出版物（外版书为主）的策划及出版，主要涉及经济管理、金融、投资理财、心理学、成功励志、生活等出版领域，下设"阅想·商业""阅想·财富""阅想·新知""阅想·心理""阅想·生活"以及"阅想·人文"等多条产品线，致力于为国内商业人士提供涵盖先进、前沿的管理理念和思想的专业类图书和趋势类图书，同时也为满足商业人士的内心诉求，打造一系列提倡心理和生活健康的心理学图书和生活管理类图书。

《数字中国：大数据与政府管理决策》

- 国务院参事、发展中国家科学院院士石勇作序推荐。
- 首部大数据在我国政府管理场景中的应用实践案例读本，全面展示我国电子政务与数字化建设的成果，深度理解实施国家大数据战略的重要意义。

《区块链数字货币投资指南》

- 国内极富影响力的权威数字货币平台巴比特团队倾心之作。
- 全面解析区块链数字货币投资价值、趋势与风险，助力投资者掘金未来资本市场的主流战场。
- 本书针对基于区块链技术的数字资产产品种类、投资技巧、风险识别等进行了阐述，对未来数字资产的投资极具指导意义。